Rによる実証分析［第2版］

回帰分析から因果分析へ

星野匡郎＋田中久稔＋北川梨津［共著］
Hoshino Tadao　Tanaka Hisatoshi　Kitagawa Ritsu

Empirical Analysis

Ohmsha

第２版刊行にあたって

早いもので，『R による実証分析』の第１版が刊行されてからおよそ６年が経ちました。この間，執筆時に想定していたよりもはるかに大きなスケールで，統計的因果分析などデータサイエンスの重要性はますます高まっています。それに伴い，R による統計分析の環境についても，様々なパッケージの開発が進み，よりシンプルで直感的な操作が可能となりました。そこで，そういった最新の分析環境を反映して『R による実証分析』を改訂したいという考えから，本書第２版の出版が企画されました。コードを改訂するだけでなく，第１版での解説を改善したり，パネルデータ分析に関する新たな章を追加するなど，理論的解説についても充実させました。今回の改訂により，ますます多くの方に『R による実証分析』を読んでいただければ幸いです。

最後に，第１版の企画時からさまざまな有益なアドバイスをくださり，また第２版の企画を提案した際も快諾してくださったオーム社編集局に，この場を借りて御礼申し上げます。

2023 年１月

著者らしるす

第1版はしがき

昨今の情報化の進展により，ビジネスにおける統計分析の有用性が幅広く認識されるようになりました。たとえば，「回帰分析を活用してビジネスの成功を」といった論調の記事もしばしば見られます。確かに回帰分析はわかりやすく，説得力もあり，さまざまな状況において有効な分析手法です。

しかしながら，「回帰分析が有効となるためには，いくつかのクリアすべき条件があること」は広く理解されていないように思われます。とりわけ，ビジネスの現場などで現れる社会・経済データは自然科学データと比べ，そういった条件が満たされない事例が多くあります。その結果，誤った分析に基づいて判断を下してしまい，大きな損失を被ることも考えられます。それにもかかわらず，回帰分析の有用性を解説する書籍や雑誌・インターネットの記事は数多くある中で，このような「回帰分析のリスク」について詳しく解説しているものはほとんどないのが現状です。

以上の背景から，

「社会科学データにおける回帰分析の“正しい”使い方を解説すること」

を主たる目的とし，本書の企画が開始されました。また，統計分析手法の解説書としてだけでなく，R によるプログラミングの作例も多く盛り込むことで，「実際に現場で使える実用書」としても役立つ内容になるよう執筆しました。

本書の全体的な構成は，

『基礎編』… 統計学の基礎から回帰分析まで
『実践編』… 普通の回帰分析が“使えない”ときどうするか

の 2 部に分かれています。Part I の『基礎編』では統計学や確率論の基礎からスタートし，統計的仮説検定の仕組みや，回帰分析について解説しています。このようなトピックを取り扱う教科書や参考書の類はすでに多く出版されていますが，とかく無味乾燥になりがちで，初学者にとって直感的なイメージがつかみにくいものが多いようです。そこで，この『基礎編』では，学習テーマごとに R による数値シミュレーションをその都度実施し，Rの操作に慣れながら，実際の体験を通じて統計学の基礎が理解できるよう工夫しています。また，「回帰分析の解釈」について詳細に解説している点も他書との違いです。単に回帰分析の手順を説明するだけでなく，

- 回帰分析の結果は何を意味するのか？
- 回帰分析はいつ“使えて”（因果関係を反映している），いつ“使えない”（因果関係を反映していない）のか？
- そもそも回帰分析とは何なのか？

といった事柄についても解説しました。

Part IIの『実践編』では，通常の回帰分析が使えない（因果関係を反映していない）ときに，どのような分析手法を用いればよいのかを解説しました。具体的には，マッチング法，不連続回帰デザイン，操作変数法といった手法を紹介しますが，いずれも単純な平均値の計算や回帰分析を少し修正するだけで実行でき，Rによるパッケージも備わっています。また，最終章では本書のまとめとして，実際の実証分析の手順をマニュアル化して説明していますので，レポートや卒業論文を作成する際に参考になるかと思います。

本書は高等学校で学ぶ数学程度の予備知識を前提としていますので，社会科学系の学部1，2年生であっても，数学が得意であれば難なく読み進めることができます。実際には，学部高学年の専門講義やゼミの教科書，大学院生の副読本，統計分析に関わる実務家の参考書，として本書を活用していただくのがちょうどよいのではないかと思います。

最後に，本書の執筆にあたって，一橋大学経済学研究科の柳貴英助教には，特に『実践編』の内容について，有益なコメントを沢山いただきました。柳さん，どうもありがとう！　また，本書の担当・編集をして下さったオーム社書籍編集局の皆様には，企画の段階からさまざまなアドバイスをいただきました。この場を借りて御礼申し上げます。

2016年10月

著者らしるす

目　次

Part I　基礎編

Part II　実践編

【本書ご利用の際の注意事項】

- 本書の画面表示等は，R のバージョン，モニターの解像度などにより，お使いの PC とは異なる場合があります。
- 本書内で使用している R のデータファイルは，下記オーム社 Web サイトの書籍紹介ページから，圧縮ファイル（zip 形式）でダウンロードできます。

  https://www.ohmsha.co.jp/book/9754274230025/
- 本ファイルは，本書をお買い求めになった方のみご利用いただけます。また，本ファイルの著作権は，本書の著作者である，星野匡郎氏・田中久稔氏・北川梨津氏に帰属します。
- 本ファイルを利用したことによる直接あるいは間接的な損害に関して，著作者およびオーム社はいっさいの責任を負いかねます。利用は利用者個人の責任において行ってください。

【本書のサポートページ】

https://www.rniyoru.com/

- 上記の著者による本書サポートページでは，本書内と同様の分析を行うための Python，Stata のサンプルコード，その他の補足の解説等を提供しています。

Part Ⅰ
基礎編

第 1 章
回帰分析の目的

第 1 章では，本書を読み進めるにあたっての問題意識を共有するため，社会科学の実証分析において特に重要な概念である，「因果と相関の違い」，「擬似相関」，「社会科学データの性質」などについて，導入的な説明を行います。これらの概念の解説を通じて，本書の中心テーマである，「回帰分析によってできること，できないこと」をあらかじめ概観しておきましょう。

1.1　相関と因果

1.1.1　相関関係と因果関係

図 1.1 を見てください。これは，30 歳から 39 歳までの，アメリカ人女性の平均体重と平均身長の関係を図示したものです。横軸には靴や衣服を含む平均体重（weight）が，縦軸には平均身長（height）が示されています。体重の単位はポンド，身長の単位はインチです。ちなみに 1 ポンドはおおよそ 0.45 kg，1 インチはおおよそ 2.5 cm です。

この図を見れば，身長の高い人ほど体重が重く，体重の重い人ほど背が高い傾向があることがわかります。このような変数間の比例的関係性を**相関関係**（correlation）と称します。図 1.1 の場合は特に**正の相関関係**（positive correlation）といいます。一方の変数の値が大きくなるほどもう一方の変数が小さくなる傾向があるときは，**負の相関関係**（negative correlation）となります。

ところで，図 1.1 は R で作成しています。このような図の作成方法については，本書の第 2 章以降で説明します。作図に用いた R コードはすべてオーム社 Web サイトにある本書のサポートページからダウンロード可能です。また，R にはさまざまなデータセットがあらかじめ収録されていて，図 1.1 の作成に用いたデータは `women` という名称で保存されています。これらの R の組み込みデータの使

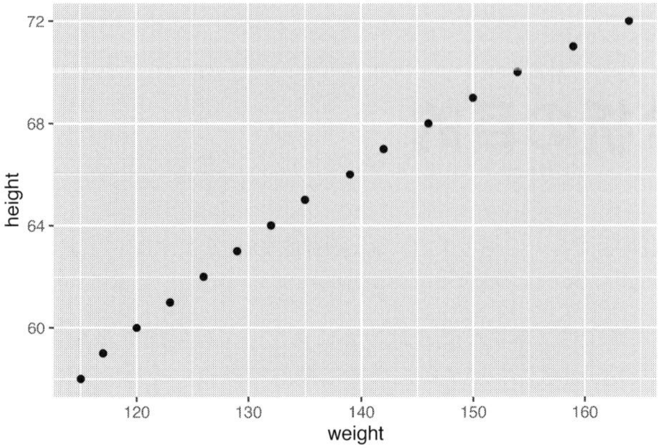

図 1.1　アメリカ人女性の平均体重 weight（単位：ポンド）と平均身長 height（単位：インチ）の関係

い方については，本書の第 13 章で詳しく説明します。

さてここで，図 1.1 を見たある人が，「身長を伸ばすには体重を増やせばいいんだ！」と考えて，ご飯を何杯もおかわりするようになったとしてみましょう。この人は，無事に身長を伸ばせるでしょうか？

頭頂部に脂肪が付くなどすれば少しくらいは身長が伸びるのかもしれませんが，おそらくは体重が増えるばかりで身長はほとんど伸びないでしょう。つまり，体重を「原因」，身長を「結果」とする**因果関係**（causality）は存在していないのです。

他にも，よく知られた事実として，個人の数学力と所得には，正の相関関係が存在しています。数学が得意な人は高所得である傾向があり，また逆の関係も成り立っています。しかし，そのことは，数学と所得に因果関係があることを必ずしも意味しません。所得を増やせばそれだけで数学が得意になることはありませんし，また，非常に残念なことですが，数学を学べば直ちに所得が増えるとも限りません。

一般に，変数 X と Y の間に，

「（全体的に）X が変化すれば Y も変化する」

という比例的傾向があるときには，X と Y には相関関係があるといえます。こ

れに対して，

「（ある人の）X を変化させることで（その人の）Y を変化させ得る」

とき，X から Y への因果関係があるといいます。相関関係の測定においては，分析者はあくまでも中立的であり，X と Y の値に関する全体的傾向を外部からながめている状態です。その一方で，因果関係の測定においては，分析者はしばしば状況を観察するだけにとどまらず，直接的に（あるいは擬似的に）個人の X の値を変化させてみて Y の値がどのように変化するかを調べる必要があります。

図 1.1 の体重と身長の例からも明らかなように，相関関係は必ずしも因果関係を意味しません。一方で多くの場合，因果関係が存在するときには相関関係も観察できます。ただし厳密には，相関関係をデータ全体の比例的関係として定める限り，因果関係もまた相関関係を意味しないことに注意してください。なぜなら，たとえ X から Y への因果関係があったとしても，その影響の大きさや方向が人によってバラバラならばデータ全体としての明確なパターンは観察できないからです。

1.1.2　擬似相関

因果関係ではない相関関係の多くは**擬似相関**（spurious correlation）によって生じます。**図 1.2** は，R に初期的に組み込まれているデータ `USPersonalExpenditure` を用いて作成したものです。図の横軸には，1940〜1960 年のアメリカ合衆国における，食品とタバコに対する個人支出の総額が，縦軸には医療と健康への個人支出の総額が取られています。このグラフを見て，皆さんはどのように考えるでしょうか？

皆さんの中には，「このグラフによれば，タバコへの支出が増加するにつれて，医療支出も増加している。したがって，この図は，喫煙が健康に害を及ぼすことを証明するものである」と考える人もいると思います。そのような解釈のもとでは，図 1.2 は，タバコを原因，健康を結果とする因果関係を捉えたものとなります。

ところで，図 1.2 の作成に用いたデータの全体を示すと，**表 1.1** のようになります。支出の各項目は，食品とタバコ，家事，医療と健康，パーソナルケア製品，および私的教育となっています。図 1.2 は，この表から 2 項目を抜き出して作成したものだったのです。この表を見ても，喫煙と健康の因果関係は依然として妥当なものに思えるでしょうか？

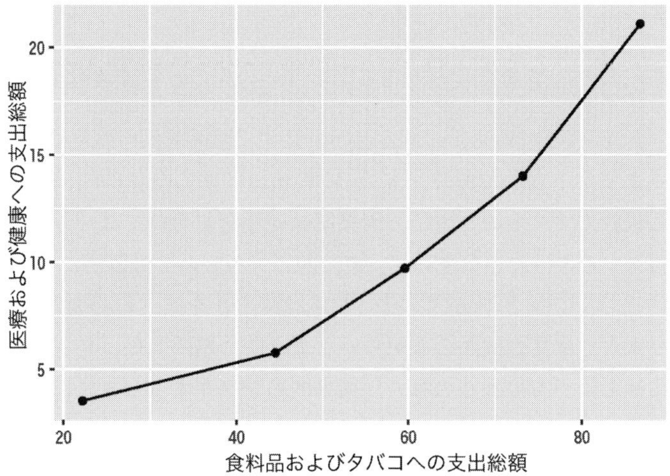

図 1.2　1940〜1960 年のアメリカ合衆国における食料品およびタバコへの個人支出総額と医療および健康への個人支出総額の関係（単位：10 億ドル）

表 1.1　アメリカ合衆国における個人支出（単位：10 億ドル）

	1940	1945	1950	1955	1960
Food and Tobacco	22.200	44.500	59.60	73.2	86.80
Household Operation	10.500	15.500	29.00	36.5	46.20
Medical and Health	3.530	5.760	9.71	14.0	21.10
Personal Care	1.040	1.980	2.45	3.4	5.40
Private Education	0.341	0.974	1.80	2.6	3.64

表 1.1 を使って，「食品とタバコ」と「医療と健康」以外の組み合わせについてもグラフにしてみましょう。すると，**図 1.3** のようになります。表 1.1 あるいは図 1.3 は，「食品とタバコ」と「医療と健康」だけが正の相関関係を持っていたわけではなく，実はすべての支出項目の間に相関関係が存在することを示しています。太平洋戦争を挟む 1940 年から 1960 年にかけて，アメリカ合衆国の 1 人あたり GDP は年々上昇していました。そして，アメリカ人の生活が豊かになるにつれて，すべての項目に対する個人支出額が同時に増加していたのです。そのように考えると，タバコへの支出と医療費の相関関係は直接的な因果関係によって（のみ）生み出されたのではなく，「所得」という「第 3 の共通要因」によって生じた見せかけの関係であったということになりそうです（**図 1.4**）。

このように，変数 X と Y に共通の第 3 の要因 Z が存在することによって，X

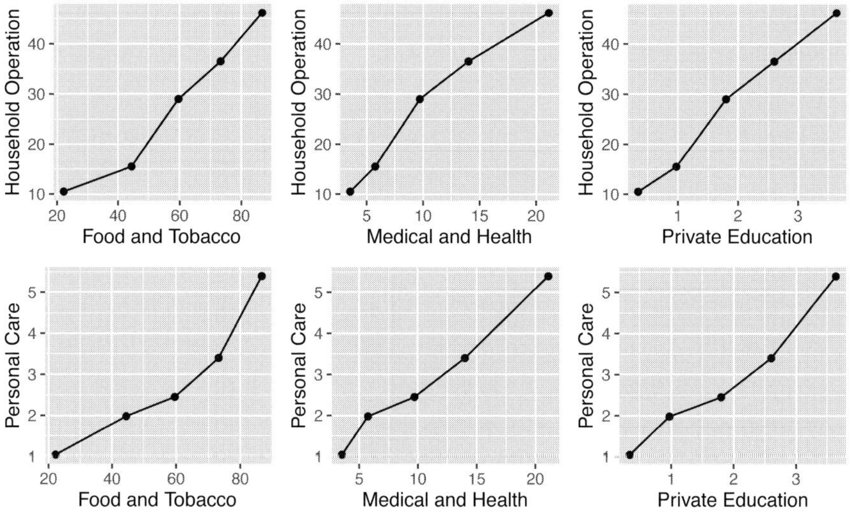

図 1.3　アメリカ合衆国における各種支出額の相関関係（単位：10 億ドル）

図 1.4　タバコと健康の擬似相関

と Y に生じる見せかけの相関関係を，擬似相関といいます。擬似相関に関するより詳しい解説は第 6 章を参照してください。

1.1.3　相関関係と因果関係は区別できるか

ここでもう一度，図 1.2 を見てみましょう。食品・タバコへの支出と医療・健康への支出の間にあるものが，因果関係ではなく擬似相関であったとすれば，その兆候をグラフのどこかに見出すことはできるでしょうか？

それは非常に困難でしょう。一切の事前知識を用いることなく，与えられたグラフやデータだけを用いて相関関係と因果関係を判別することは，ほとんど不可能に近い難しいことです。図 1.2 の例でいえば，私たちは，当時のアメリカの経済状況といった背景知識や，あるいは自分自身の消費支出に関する意思決定の方法などを考慮して，因果関係の有無を判定しています。つまり，いったんデータの「外側」において因果関係を予測してから，それに基づいて図 1.2 を解釈しているわけです。

このように，単純な表やグラフによる統計分析の場合，社会現象の因果関係を推定するには，それに先立って理論分析や実際に対象を観察するフィールドワークが必要です。変数 X と Y のいずれが原因でいずれが結果であるのか，そもそも何らかの因果関係が存在するのか，それをまず見極めます。そして，因果関係の存在と方向について一定の確信が得られれば，その因果関係の強さを統計分析によって推定するのが古典的な統計分析の手順です。一方近年では，情報化に伴い分析者自らが大規模なデータを収集しやすくなったこともあり，「どのような因果関係が存在するのかを統計的に特定する」ことを目標として，そこから逆算してどのようなデータを収集すればよいかを考える，といったアプローチもみられます。

1.2　回帰と予測

1.2.1　直線を当てはめる

再び図 1.1 に戻ります。身長 height と体重 weight の間には，ほとんど直線的な関係が存在しています。もし，両者の関係を 1 次関数

$$\text{height} = a + b \times \text{weight}$$

の形で表現したならば，どのような式になるでしょうか。

第 4 章で説明する最小二乗法を用いれば，そのような式を簡単に見つけることができます。R による計算の結果は，

$$\text{height} = 25.7235 + 0.2872 \times \text{weight} \tag{1.1}$$

となります。具体的な計算方法については，第 4 章を参照してください。実際に，式 (1.1) の直線のグラフを図 1.1 に重ねて描けば**図 1.5** のようになり，直線がデータの傾向をほぼ完全に捉えていることがわかります。このような直線を**回帰直線**といい，式 (1.1) を**回帰式** (regression equation) といいます。

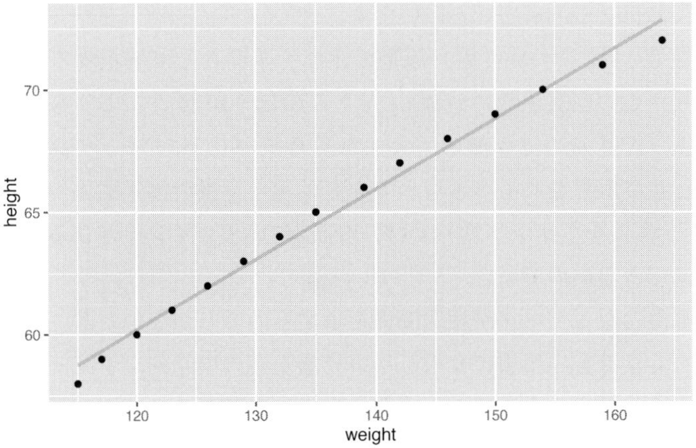

図 1.5　身長の体重への回帰直線

また，回帰式（1.1）の傾き 0.2872 を変数 weight の**回帰係数**（regression coefficient）といいます。回帰係数の大きさは，変数 weight と height の相関関係を表しています（より詳しい説明は 4.2.3 項参照）。

1.2.2　回帰分析と予測

回帰式（1.1）に体重をポンド換算して代入すれば，対応する身長がインチ単位で計算されます。たとえば（衣服込みの）体重が 60 kg = 約 130 ポンドであるならば，対応する身長は $25.7235 + 0.2872 \times 130 \approx 63$ インチ ≈ 160 cm となります。このようにして計算された身長 160 cm という値は，いったい何を意味しているのでしょうか？

回帰式 (1.1) は，30 代のアメリカ人女性のデータをもとに計算されています。ここで，しつこいようですが，式（1.1）はデータの因果関係ではなく相関関係の定式化であることに注意してください。つまり，体重 60 kg から計算された身長 160 cm という値は，「もし，とある 30 代アメリカ人女性について，彼女の体重が（衣服込みで）60 kg であることだけがわかったならば，彼女の身長はおそらく 160 cm 前後であろう」という**予測**（prediction）を意味しているのです。このように，ある変数 X の値をもとにして，他の変数 Y の値を予測することを**回帰分析**（regression analysis）といいます。またこのとき，X を**説明変数**（explanatory variable）や**独立変数**（independent variable），Y を**被説明変数**（explained variable）や**従属**

変数（dependent variable）といいます。

回帰係数 0.2872 についても，因果ではなく予測として解釈する必要があります。つまり，この回帰係数の値は，「A さんのほうが B さんよりも体重が 1 ポンド重いなら，A さんのほうが B さんよりも身長が 0.2872 インチ高いだろう」という予測として解釈されるべきものです。体重と身長の因果関係が明らかにされない限り，「体重を 1 ポンド増やせば，身長が 0.2872 インチ伸びる」という因果的な解釈はできないのです。

分析の基礎となるデータが相関関係を示すものでしかないとき，回帰分析が行うことはあくまでも，現象に介入しない立場からの中立的な予測です。このことは，本書を読み進めるうえで最も重要な視点になりますので，以降では常に念頭に置くようにしてください。

1.3　自然科学のデータと社会科学のデータ

1.3.1　社会科学の難しさ

社会科学の分析において，因果関係を分析することが難しい理由の 1 つは，社会科学においては管理された実験が難しいということであるとされてきました。

たとえば第 5 章では，教育年数と賃金の相関関係を分析します。その結果，教育年数と賃金には強い相関が存在しており，「教育年数が 1 年長い人は，短い人よりも，9%ほど高い賃金を受け取っている」という結論が得られます。しかし，これはあくまでも相関関係の分析であるため，「あと 1 年長く教育を受ければ賃金を 9%ほど高めることができる」とまでは言い切ることはできません。

どうしても教育年数と賃金の因果関係を見極めたいのであれば，人々を無作為に 3 つの集団に分け，ある集団には 12 年，ある集団には 16 年，さらにまたある集団には 21 年の教育を強制的に与えて，その後に彼らが稼ぐ賃金を観察するという実験を行えばよいわけです。しかし，実験にかかる費用の面から，そしてもちろん倫理の面からも，そのような実験は不可能です。

それに対して，物理や化学の実験などでは，対象は社会や人間ではなく無生物です。この場合には，ある変数 X が他の変数 Y に与える効果を観察するために，実験者はさまざまな X の値を気兼ねなく選択することができます。また，設備の整った実験室であれば，温度や気圧などの実験環境が十分に統制されていますから，X 以外の要因が Y に及ぼす影響を遮断することが可能になります。

ある問題が「X が Y に与える影響の分析」という形式で記述されるとき，自然科学においては X を実験者が統制できるのに対して，社会科学においては，Y だけでなく X までもが社会や個人によって選ばれてしまうのです。これが，自然科学に比べて社会科学の問題を難しくしている理由であると考えられてきました。

1.3.2　社会科学における実験

しかし，いくら難しいからといって，社会科学者が因果関係の分析をあきらめたわけではありません。計量経済学者を中心とする社会科学分野の統計学者は，さまざまな方法によって自然科学の実験データに近いものを入手し，それを用いて社会現象の因果関係を分析しようと試みています。本書の Part II「実践編」では，R によってそういった因果分析を実行する方法を解説することを目標にしています。

因果関係を分析するための最も直接的な方法は，やはり，自然科学と同様の実験をしてしまうことです。たとえば第 8 章では，学校教育における社会実験の例や実際の企業で実施されたリファラル採用実験を紹介しています。あるいは実験経済学（experimental economics）という分野では，専用の実験室を用意して，そこに多くの被験者を集め，人工的に再現された経済状況の中で彼らがどのような行動を取るかを観察することも行われます。

研究者による実験が不可能な場合でも，社会が代わりに実験をしてくれることがあります。たとえば 1969 年，東大安田講堂事件の影響により，東京大学は入学試験を中止しました。そのため，当時，東京大学を志望していた受験生の多くは，京都大学や一橋大学などを受験したといわれています。その後の彼らの経歴や所得状況を，1970 年に東大に入学した学生と比較すれば，「東大卒」という学歴の社会・経済的な価値を測定することができるでしょう。このように，ある社会現象の因果関係を分析するために実験が不可能であっても，社会実験と見なせる事象のデータを得ることができれば，単純な回帰分析によって因果関係を分析することができます。そのような実例については，本書の第 7 章や第 10 章，第 12 章などを参照してください。

また第 11 章では，実験が不可能で，適当な社会実験の事例も見つからない場合の対処法を考察しています。そのような場合であっても，現象の背後にある構造について考察することにより，**操作変数**（instrumental variable）と呼ばれる，因果分析を可能にしてくれる魔法の鍵のような道具を見つけられることがあるのです。

以上が，本書のあらましです。

それでは，さっそく PC の電源を入れて，本書の付録 A を参考にして R をインストールしましょう。次の章からは，いよいよ，統計分析の基礎についての解説がスタートします。まずは，回帰分析の方法を理解するために必要となる母集団や標本，正規分布や大数の法則などの基礎知識を学びましょう。前提とする知識は，高校程度の数学と統計学です。数式による厳密な論証の代わりに，現在ではもっともポピュラーな統計処理言語となった R による演習を通じて，すべてを直感的に理解できるように工夫してあります。準備ができたら，第 2 章に進みましょう。

第 1 章のまとめ

- 2 つの変数 X と Y の関係には，相関関係と因果関係がある。相関関係は因果関係を必ずしも意味しない。
- 通常，回帰分析が行うことは，X が与えられたときの Y の値の予測である。
- 社会実験や操作変数法などの工夫された手段を利用することで，X と Y の間の因果関係を回帰分析によって明らかにすることが可能になる。

第2章 統計の基礎知識

第2章ではいよいよ，統計分析の実際に足を踏み入れます。統計分析とは，得られた「標本（sample）」を分析して，その背後にある「母集団（population）」の性質を推測する手法のことです。そこで，まずは母集団と標本の考え方について説明するところからこの章を始めることにしましょう。

2.1 母集団と標本

母集団の考え方には2つの流儀があります。たとえば，ある新聞社が，日本の有権者のうち何人が与党を支持しているのかを知りたがっているとしましょう。日本の有権者のすべてにアンケートをすることができるならば（そしてすべての有権者が正直に支持政党を答えるとするならば），統計分析は必要ではありません。しかし現実には，時間的な，あるいは費用の制約によってそのような大規模アンケートは不可能ですから，実際にはごく少数の有権者をランダムに選び出し，その少数の回答のみに基づいて，有権者全体についての推測を行います。このとき，有権者全体を**母集団**といい，選ばれた一部のアンケート回答者を**標本（サンプル）**といいます。

しかしながら，特に経済学などでは，母集団として日本に住む人の全体や，あるいは地球人全体のような有限の集合には限定せず，分析の対象となるデータの発生メカニズムそのものを考えることのほうが一般的です。たとえば，日本の家計の年間所得が，ある特定の確率分布に従って生み出されているとしましょう。もしこの分布を知ることができたなら，それは日本に住むすべての（無限の）家計の年間所得を知ることができたことになります。したがってこのときには，確率分布を母集団と呼び，そこから実現した所得の観測値の集まりを標本といいます。本書では，特に後者の立場から説明を行います（**図 2.1**）。

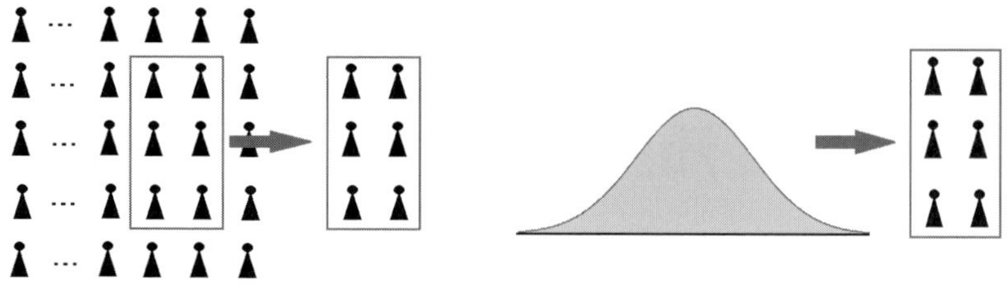

(a)　有限集団が母集団である場合　　(b)　確率分布が母集団である場合

図 2.1　母集団と標本

ところで，書籍によっては標本に含まれる観測の総数を示す言葉として「標本数」や「サンプル数」などが使われることがあります。しかし本来，標本とは観測データの集まりのことですから，標本数はそのような「集まりがいくつあるか」を表す言葉ですので注意してください。観測の総数に対応する言葉は**標本の大きさ**や**サンプルサイズ**となります。

母集団として用いられることが最も多い確率分布の 1 つは**正規分布**（normal distribution）と呼ばれるものです。正規分布についてのより詳細な説明は次章以降で行いますが，今のところは，**図 2.2** に示される山のようなグラフをもつ確率分布をイメージしておいてください。山の高さが高い値ほど，標本として観測されやすくなります。逆に山の高さが低いところの標本は得にくくなります。

正規分布の山の中心の位置を**平均**，また山の横幅を意味する数値を**標準偏差**とい

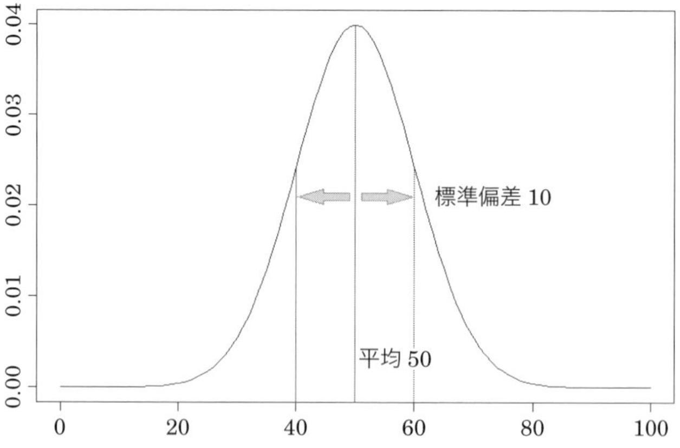

図 2.2　正規分布 $N(50,10^2)$ のグラフ

います。標準偏差が大きいほど，山は平べったく広がります。平均や標準偏差のように母集団分布の形状を定める数値のことを**パラメータ**や**母数**と呼びます。統計学では，たとえば，平均が 50，標準偏差が 10 である正規分布のことを $N(50,10^2)$ のように表現する習慣があります。正規分布 $N(\cdot,\cdot)$ の 2 つ目の要素は標準偏差の 2 乗値，すなわち**分散**です。本書でも，この習慣に従って正規分布を表します。特に，平均が 0，標準偏差が 1 である正規分布 $N(0,1)$ のことを標準正規分布（standard normal distribution）といいます。

それではいよいよ，実際に R を使って，具体例を分析してみましょう。まずは，R 用の作業フォルダを用意しましょう。デスクトップでも，ドキュメントフォルダでも，自分の好きな場所に新しいフォルダを作って，好きな名前を付けてください。次に，R を起動して，`setwd()` 関数を用いて，作業ディレクトリとして指定してください。これで，R で遊ぶための準備が完了します※1。

R を起動して現れた画面にあるプロンプト（赤字で「**>**」と表示されています）の場所に，次のコマンドを入力し，Enter キーを押してみてください（**図 2.3**）。

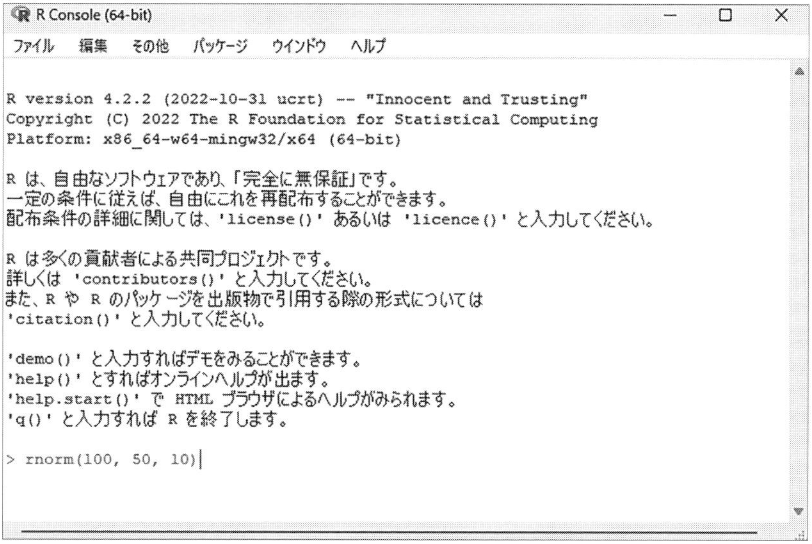

図 2.3　コンソール画面でのコマンド入力

※1　R のインストールや基本操作については，「付録 A　R の導入・基本操作」をご参照ください。なお本書では Windows 版での使用を前提に記述しております。

```
rnorm(100, 50, 10)
```

たくさんの数がコンソール画面に現れたはずです。ここで rnorm(n,a,b) は，平均 a，標準偏差 b の正規分布 $N(a,b^2)$ に従う乱数を n 個発生させる命令です。命令 rnorm は「r」+「norm」という構造になっていて，最初の「r」は乱数（random number）を意味します。また「norm」は正規分布（normal distribution）のことです。

この命令の最初の 1 文字を取り替えることで，正規分布のさまざまな側面を引き出すことができます。たとえば正規分布の密度（density）について知りたいのであれば，「d」+「norm」により dnorm という命令を用います。$N(50,10^2)$ のグラフを描きたいのであれば

```
curve(dnorm(x, 50, 10), 0, 100)
```

と入力して実行してください。図 2.2 と同様のグラフが描かれます。関数 curve() は，curve(関数，最小値，最大値）という引数をもち，与えられた関数を，最小値から最大値までの範囲でグラフ化してくれます。あるいは，$N(50,10^2)$ から得られた大きさ 1 の標本の値が 60 より小さくなる確率（probability）を知りたいのであれば，「p」+「norm」として，

```
pnorm(60, 50, 10)
```

を実行してください。その確率がおよそ 85%であることがわかります。正規分布に関わる基本的な命令を，**表 2.1** にまとめておきます。

表 2.1　正規分布に関係する命令

命令	説明
rnorm(n, a, b)	平均 a，標準偏差 b の正規乱数を n 個発生させる。
dnorm(x, a, b)	平均 a，標準偏差 b の正規分布について，密度関数の点 x における値を計算する。
pnorm(x, a, b)	平均 a，標準偏差 b の正規分布について，分布関数の点 x における値を計算する。

（a，b を指定しない場合は，デフォルト値 a = 0，b = 1 が使用される）

2.2　無作為抽出

以上で，典型的な分布である正規分布のイメージが大まかにつかめたと思います。今度は，この正規分布を母集団として，そこから標本を抽出してみましょう。特に，いかなる特別の意図もなく，ただ無作為に母集団から標本を抽出することを**無作為抽出**（random sampling）と呼びます。

引き続き，母集団として $N(50,10^2)$ を考えます。ここから大きさが 100 の標本を無作為抽出するには，

```
rnorm(100, 50, 10)
```

とすればよいことはすでに見ました。このようにして得た標本を保存しておくには，適当な変数を準備して，その中に結果を格納すればよいのです。ここでは，標本の名前を Z として，次の命令を実行しましょう。

```
Z <- rnorm(100, 50, 10)
```

このように**割り当て演算子**（代入演算子）<- を用いることで，母集団 $N(50,10^2)$ から得た大きさ 100 の標本を変数 Z に代入しておくことができます。この標本の中身を見たいときには，次のように入力して，Enter キーを押しましょう。

```
Z
```

標本の分布の様子をヒストグラムとして描くには，次の命令を実行します。

```
hist(Z)
```

すると，**図 2.4** のような出力が得られます。

標本 Z についてはさらにさまざまな操作が可能です。たとえば，Z の最初の 10 個のデータを抜き出すならば，Z[1:10] と入力します（括弧の形に注意！）。すると，次のように 10 個の数字が抜き出されます。

```
Z[1:10]

 [1] 53.76475 48.05460 28.84664 40.86933 53.49709
 [6] 54.05577 55.05326 32.08133 43.38511 46.27727
```

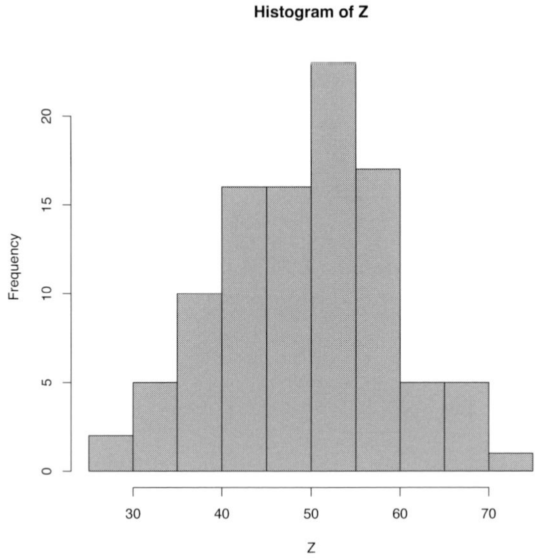

図 2.4　正規分布 $N(50,10^2)$ から得た大きさ 100 の標本

R では，a と b を整数として，a : b によって「a から始まり b で終わる（1 ずつ増えていく）整数のベクトル」を表します。また，具体的な指定の場所から数字を抜き出したいときには，次のようにします。たとえば，Z の 5 番目，10 番目，100 番目の位置にある数字を選ぶのであれば，まずはベクトルを生成する関数 c() を用いて，

```
a <- c(5, 10, 100)
```

とします。次に Z[a] とすれば，ベクトル a によって指定された場所にある標本が得られます。

```
Z[a]

[1] 53.49709 46.27727 52.254653
```

ベクトル a を経由しないで，もっと直接的に操作するなら，Z[c(5,10,100)] とすれば同じ出力が得られます。

与えられたデータから，最大値や最小値などの，特定の意味をもつ数値を選び出すことも可能です。たとえば max() 関数を使えば，max(Z) によって最大値

を調べることができます。また，最大値が何番目の位置にあるかを調べるには，which.max() を使って次のようにします。

```
which.max(Z)

[1] 48
```

これは，前から数えて 48 番目の位置に，標本 Z の中で最大の数値があることを意味しています。同じように，最小値を調べるときには min()，最小値の位置を調べるには which.min() を使ってください。

標本 Z の平均値を調べるには，以下のようにして関数 mean() を使います。

```
mean(Z)

[1] 49.36427
```

このような，最大値や最小値，平均などの基本統計量を一気に計算するには，関数 summary() が便利です。

```
summary(Z)

   Min. 1st Qu.  Median    Mean 3rd Qu.    Max.
  25.45   42.09   50.23   49.36   55.32   74.59
```

この出力結果は，左から順に，Z の最小値，Z の下位 25%点，中央値（50%点），平均値，上位 25%点，最大値を意味しています。実際に経済データの分析を行うときにも，各変数について，このようにして基本統計量を確認することが大切な作業になります。

さて，そろそろコンソール画面が出力結果に埋まって，すっかり散らかったところだと思います。コンソールのどこかをクリックしてから「Ctrl」+「L」を押しましょう（あるいは「編集」メニューから「コンソール画面を消去する」を選びます）。コンソールがすっきりきれいに掃除されたはずです。しかし，消去されたのは画面表示だけで，これまでに生成したすべてのデータは残っています。たとえば，

```
Z
```

と入力して実行すれば，せっかくきれいになったコンソールがまたもや数値に埋

もれるでしょう。もう一度,「Ctrl」+「L」を押しましょう。

統計分析の目的によっては，決められた数の標本を無作為に選び出す必要があります。そういうときに便利なのが sample() という関数です。たとえば,「1 から 10 までの自然数から無作為に 3 個の自然数を抜き出す」という作業を実行してみましょう。「1 から 10 までの自然数」は,

```
1:10
```

によって生成できます。この中から 3 個を抜き出すには,

```
sample(1:10, 3)
```

とします。したがって，前節で構成した標本 Z から 5 個の数字を無作為に選び出したいのであれば,

```
sample(Z, 5)
```

とすればよいのです。

関数 sample() が抜き出すことができるのは，数値だけではありません。たとえば，果物の名前「ミカン，バナナ，リンゴ，レモン，モモ」からどれか 1 つを無作為に選ぶこともできます。まずは，これらの果物の名前からなるベクトル fruits を,

```
fruits <- c("ミカン", "バナナ", "リンゴ", "レモン", "モモ")
```

によって定義しておきます。ここで" "という引用符は，与えられたものが数字ではなく文字情報であることを R に伝えるために使われています。この" "を使わずに,

```
fruits <- c(ミカン, バナナ, リンゴ, レモン, モモ)
```

と入力すれば,

```
Error: object 'ミカン' not found
```

というエラーメッセージが返ってきます。これは「いきなり『ミカン』って言われても訳がわからないよ」という R からの苦情です。引用符" "を使うことで，こ

のエラーを避けられます。

果物の名前を準備したら，今度は，

```
sample(fruits, 1)
```

と入力します。そうすれば，果物の名前が１つ，無作為に選ばれて返されます。

```
sample(fruits, 2)
```

とすれば，今度はベクトル fruits の中から２種類の果物が無作為に選ばれます。この命令を何度も繰り返せば（上カーソルキー［↑］を押せば直前の入力が再出現します），そのたびに異なる結果が返ってくるでしょう。

関数 sample() を使えば，コイン投げのシミュレーションを行うこともできます。英語では，コインの表を Head，裏を Tail といいますので，コイン投げの結果を並べた文字ベクトル coin を，

```
coin <- c("Head",  "Tail")
```

によって準備しましょう。これを用いて，コインを５回投げたときの結果をシミュレーションしてみましょう。上の例を参考にすれば，

```
sample(coin, 5)
```

とすればうまくいくような気がしますが，試してみると…？

うまくいきませんね。これは，要素が２個しかないベクトル coin から５個の標本を抜き出そうとしているために，途中で抽出すべき要素がなくなってしまうことから生じているエラーです。そこで sample() の設定を変えて**復元抽出**を実行しましょう。復元抽出とは，取り出した標本をもとに戻してから次の標本を選び出すことです。これに対して，一度抜き出した標本をもとに戻さずに次の標本を抜き出すことを**非復元抽出**といいます。

関数 sample() に復元抽出を行わせるには，オプション「replace = TRUE」を追加して，

```
sample(coin, 5, replace = TRUE)
```

のようにします。この命令を実行すれば，たとえば，

```
sample(coin, 5, replace = TRUE)

[1] "Tail" "Tail" "Tail" "Head" "Head"
```

のような結果が戻ってくるでしょう。これは，コインを 5 回投げた結果，表が 2 回，裏が 3 回，得られたことを意味しています。命令を繰り返すたびに，異なる結果が得られるでしょう。

2.3　平均と大数の法則

以上で，母集団と標本の関係や，それを R 上で構成する方法がわかったと思います。こうして得られた標本を用いて，母集団の性質を調べることにしてみましょう。

たとえば，母集団の平均を調べるために，関数 mean() を使って標本平均を計算することがあります。そのためには，前節でも確認したように，

```
mean(Z)

[1] 49.36427
```

とするのでした。この標本平均は，母集団 $N(50,10^2)$ の平均 50 に近いものとなっています。念のため，もう一度，大きさ 100 の標本を $N(50,10^2)$ から抽出し，平均を計算してみましょう。

```
mean(rnorm(100, 50, 10))

[1] 49.95459
```

やはり，50 に近い数字が表れます（読者の皆さんも試してみてください）。この作業をたくさん（たとえば，1000 回くらい）繰り返してみて，その結果だけを観察することはできないものでしょうか？

R を使えば，できます。

まずは R のファイルメニューから，「新しいスクリプト」を選択します（**図 2.5**）。これにより，新しく R スクリプトが作成されます。R スクリプトとは，これまでのようにコマンドプロンプト「**>**」に 1 つずつ命令を打ち込むのでなく，複数の

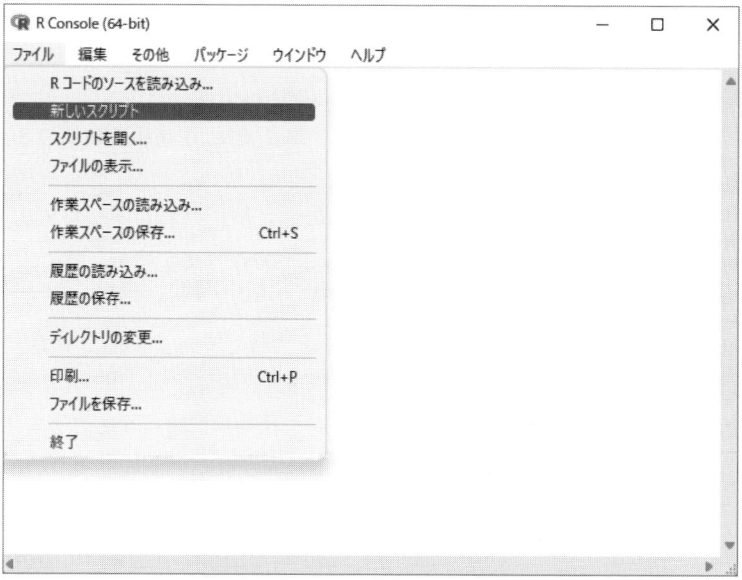

図 2.5　新しいスクリプトの作成

命令をまとめておくためのテキストファイルのことです（付録 A.3.2 参照）。すると,「無題 - R エディタ」という名前をもつ白紙のウィンドウが現れます。

R スクリプトに以下のようなコードを入力してください。

```
S <- 1000
rec <- numeric(S)
for(i in 1:S){
  rec[i] <- mean(rnorm(100, 50, 10))
}
```

このコードの内容を，1 行ずつ説明しましょう。

第 1 行目では，変数 S に，1000 という数字を代入しています。これは，これから行う抽出の回数です。

第 2 行目では，抽出の結果を記録するためのベクトル rec を用意しています。関数 numeric() は，与えられた数だけ 0 を並べたベクトルを用意するための命令で，ここでは S = 1000 個の 0 からなるベクトルを作成しています。たとえば，コンソールに numeric(10) と打ち込んで実行すれば，

```
numeric(10)
[1] 0 0 0 0 0 0 0 0 0 0
```

という出力が得られます。ベクトルの名前は，ここでは record の最初の 3 文字をとって rec としましたが，cat でも dog でも何でも構いません。3 行程度の短いスクリプトであれば変数の名前は何でもよいのですが，50 行以上になるような長いスクリプトではいくつもの変数が出てくることになりますので，見ただけで内容のわかる，意味のある名前を付けるようにしたほうがいいでしょう。

最後の 3 行目から 5 行目では，標本の抽出を実行しています。命令 for(i in 1:S) は **for 文**と呼ばれるもので，変数 i の値を 1 から S（= 1000）まで 1 つずつ増加させながら，それに続く{ }の中の内容を繰り返し実行することを R に命じています。このプログラムの場合，{ }の中に書かれている繰り返しの内容は，

① ベクトル rec の i 番目の場所 rec[i] に
② 母集団 $N(50,10^2)$ から抜き出した大きさ 100 の標本の平均を格納する

という作業です。

R スクリプトにコードを入力し終えたら，念のために保存をしておきましょう。まずはスクリプトの書かれているウィンドウをクリックして選択してから，R のファイルメニューで「保存」を実行してください。すでに作成してある自分の作業フォルダに，好きな名前を付けて保存しておきましょう（**図 2.6**）。

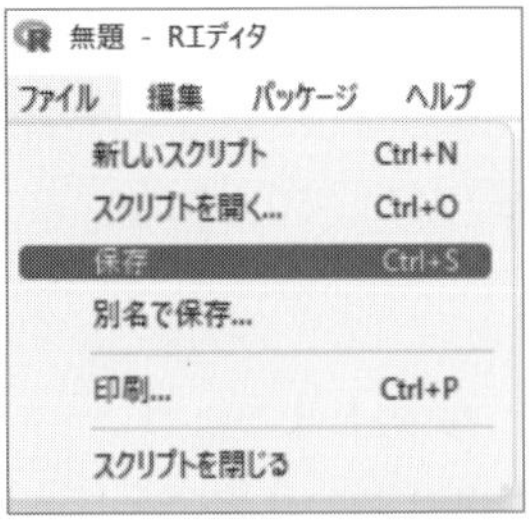

図 2.6　スクリプトの保存

保存が終了したら，今度はスクリプトをすべて選択して，右クリックメニューより「カーソル行または選択中の R コードを実行」を選んでください。今書いたばかりのスクリプトが実行され，繰り返し計算の結果が rec に記録されます。計

算の結果は，プロンプトに rec と入力すれば確認できます。ヒストグラムに図示するには hist(rec) を実行します。基本統計量を見たいなら summary(rec) とします。

筆者の実験の結果は次のようになりました。

```
summary(rec)

   Min. 1st Qu.  Median    Mean 3rd Qu.    Max.
  46.61   49.31   49.98   49.98   50.62   52.70
```

つまり，「母集団 $N(50,10^2)$ から大きさ 100 の標本を抽出して平均を計算する」という作業を 1000 回繰り返して得られた結果のうち，最も小さなものは 46.61，最も大きな場合でも 52.70 であったということです。したがって，1000 回の計算結果はいずれも 50 に非常に近い値になっています。

今度は，標本の大きさを，100 から 10000 に増やしてみましょう。そのためには，先ほどのプログラムの 3 行目から 5 行目を次のように修正します。

```
for(i in 1:S){
  rec[i] <- mean(rnorm(10000, 50, 10))
}
```

この結果について再び基本統計量を計算してみると，筆者の場合では次のようになりました。

```
summary(rec)

   Min. 1st Qu.  Median    Mean 3rd Qu.    Max.
  49.66   49.93   50.00   50.00   50.07   50.32
```

今度は，1000 回の繰り返しのうち最も小さな値を取った結果では標本平均は 49.66，最も大きな値では 50.32 が得られています。つまり，ほとんどすべての場合において，標本平均はほぼ 50 となっています。これは，標本の大きさを 100 から 10000 に増加させたためです。

以上の実験の結果を数学的に記述しているのが，次に述べる**大数の法則**（law of large numbers）と呼ばれる定理です。

【大数の法則】
母集団から無作為に抜き出された標本の平均値は，標本の大きさが大きいほど，母集団平均に近い値をとる。

大数の法則についての，他の具体例として，「サイコロ投げ」を考えてみましょう。サイコロには 1 から 6 までの目があり，それぞれが出る確率は 1/6 です。したがって，サイコロの出目の母集団平均は，

$$1 \times \frac{1}{6} + 2 \times \frac{1}{6} + 3 \times \frac{1}{6} + 4 \times \frac{1}{6} + 5 \times \frac{1}{6} + 6 \times \frac{1}{6} = 3.5$$

となります。この例についても，やはり大数の法則が成り立つことを確認するための R のスクリプトを組んでみましょう。

まずは，サイコロを 10 回ほど振ってみましょう。この章で学んだ知識を活用すれば，

```
sample(1:6, 10, replace = TRUE)

 [1] 5 5 6 6 3 2 4 3 1 6
```

とすればよいことがわかるでしょう。オプション replace を TRUE に設定して，復元抽出を行うことを忘れないでください。これをもとに考えれば，サイコロを 1000 回振った結果の目の平均値を計算するのは簡単です。

```
mean(sample(1:6, 1000, replace = TRUE))

[1] 3.456
```

これは，母集団平均 3.5 に非常に近い数字です。サイコロを振る回数をどんどん大きくしていけば，その結果は限りなく 3.5 に近づきます。これが，大数の法則の意味するところです。

以上を確認するためには，たとえば次のようなプログラムを用いるのがよいでしょう。

```
S <- 1000
rec <- numeric(S)
for(i in 1:S){
```

```
  rec[i] <- mean(sample(1:6, 10, replace = TRUE))
}
```

このプログラムでは，サイコロを 10 回投げて得られた標本の平均値が，全部で 1000 個，繰り返し生成されています。得られた結果は，筆者の場合には，以下のようになりました。

```
summary(rec)

   Min. 1st Qu.  Median    Mean 3rd Qu.    Max.
   1.70    3.10    3.50    3.51    3.90    5.20
```

標本平均値の最小値は 1.7，最大値は 5.2 となっており，かなりばらつきがあることが見て取れます。そこで，サイコロを投げる回数を 1000 回に増やしてみましょう。

```
S <- 1000
rec <- numeric(S)
for(i in 1:S){
  rec[i] <- mean(sample(1:6, 1000, replace = TRUE))
}
```

筆者の場合，その結果は以下のとおりです。

```
summary(rec)

   Min. 1st Qu.  Median    Mean 3rd Qu.    Max.
  3.336   3.460   3.498   3.496   3.533   3.673
```

標本の大きさを 10 から 1000 に増加させたことで，標本平均が母集団平均 3.5 に近寄りつつある様子がわかります。こうなったら，今度はサイコロを 10000 回ずつ投げてみましょう。筆者の結果は，

```
summary(rec)

   Min. 1st Qu.  Median    Mean 3rd Qu.    Max.
  3.445   3.488   3.500   3.500   3.511   3.554
```

となりました。標本平均は 3.5 にほとんど収束してしまいました。こうして，大数の法則が，サイコロ投げの場合にも成立していることがわかりました。

2.4　分散と標準偏差

標本の特徴を捉えるために，平均と並んでよく使われる指標が（標本）**分散**（sample variance）と（標本）**標準偏差**（sample standard deviation）です。大きさが n の標本を $X = (X_1, \ldots, X_n)$ とするとき，X の（標本）**平均**は，

$$\overline{X}_n = \frac{1}{n}(X_1 + \cdots + X_n) = \frac{1}{n}\sum_{i=1}^{n} X_i$$

によって計算されます。この平均を用いれば，X の（標本）分散は，

$$V_n = \frac{1}{n-1}\left[(X_1 - \overline{X}_n)^2 + \cdots + (X_n - \overline{X}_n)^2\right] = \frac{1}{n-1}\sum_{i=1}^{n}(X_i - \overline{X}_n)^2$$

によって計算されます。この計算式からわかるように，分散は，標本が平均値を中心にどれだけ散らばっているかを表す指標になっています。分散の平方根 $\sqrt{V_n}$ を標準偏差といいます。また，上記の分散の定義において n ではなく $n-1$ で割っているのは，そうすることで不偏性と呼ばれる望ましい性質が得られるからです（V_n の期待値が X の母集団分散に等しくなる）。そのため，特にこの分散のことを不偏分散と呼ぶこともあります。

以上の計算を R によって実行してみましょう。まずは，母集団 $N(50{,}10^2)$ から，大きさ 1000 の標本を無作為に抽出し，それを x と名付けましょう。

```
x <- rnorm(1000, 50, 10)
```

続いて，

```
var(x)
```

と入力すれば，標本 x の分散を計算できます。あるいは，

```
sd(x)
```

とすれば，x の標準偏差が出力されます。

さて，このようにして得られた標準偏差の計算結果は，母集団の標準偏差 10 に近い数字になったのではないでしょうか？実は，大数の法則は，平均だけでなく分散や標準偏差についても成立するのです。これを確かめてみましょう。

新しいスクリプトを用意して，下のように入力しましょう。

```
S <- 1000
n <- 1000
rec <- numeric(S)
for(i in 1:S){
  rec[i] <- sd(rnorm(n, 50, 10))
}
summary(rec)
```

1 行目では，繰り返し計算の回数 S を 1000 回に設定しています。2 行目では，各回で抽出される標本の大きさ n を 1000 に設定しています。3 行目では，繰り返しの各回の結果を格納するためのベクトル rec を用意しています。4 行目から 6 行目では，母集団 $N(50{,}10^2)$ から大きさ $n = 1000$ の標本を抽出し，その標準偏差を計算し，その結果をベクトル rec に格納しています。最後の 7 行目で，シミュレーション計算の結果について，基本統計量を計算しています。

このプログラムを実行すれば，たとえば次のような結果が得られます。

```
   Min. 1st Qu.  Median    Mean 3rd Qu.    Max.
  9.233   9.862   9.997  10.002  10.139  10.727
```

したがって，標本から計算された標準偏差は 9.233 から 10.727 の範囲に収まっており，母集団の標準偏差 10 の周りに集まっていることがわかります。

標本の大きさを大きくすれば，その標準偏差はますます 10 に近くなります。たとえば，n <- 100000 として標本の大きさを $n = 1000$ から $n = 100000$ に増やして計算した結果は次のようになりました。

```
  Min. 1st Qu.  Median    Mean 3rd Qu.    Max. 
 9.928   9.987  10.001  10.001  10.016  10.074 
```

標準偏差の分布する範囲は，10 の周囲にさらに狭まっています。こうして，標準偏差についても大数の法則が成立することが確かめられました。

2.5　相関係数と共分散

ここまでは，母集団の分布が 1 次元である場合を扱ってきました。今度は，母集団の分布が 2 次元である場合を考えてみましょう。まずは，次の命令を実行して，2 種類の標本 x，y を作ってみましょう。

```
x <- rnorm(100, 50, 10)
y <- rnorm(100, 50, 10)
```

この x と y は，互いに全く無関係に作られた標本です。両者の関係を視覚的に確認するには，次の命令が有用です。

```
plot(x, y)
```

これにより，横軸に x，縦軸に y の値をとったときの散布図が描かれます（**図 2.7**）。この図を見る限り，x と y には何の関係もないようです。

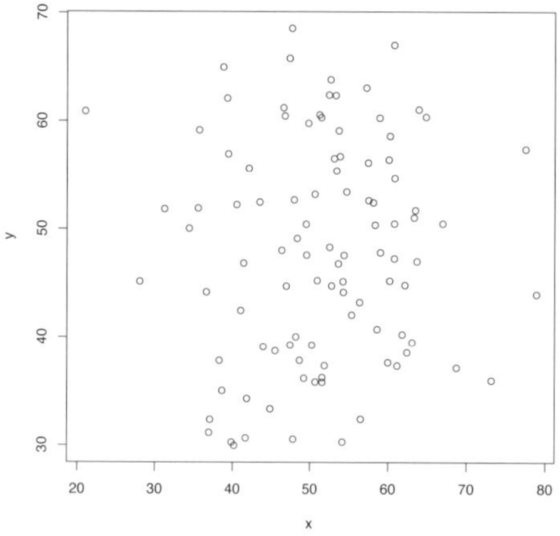

図 2.7　x と y の散布図

ここで，新たな標本 z を，次の命令により作成してください。

```
z <- (x + y) / 2
```

これは，x と y を足して 2 で割ったものですから，その結果は x の値と関係があるはずです。実際に，plot(x, z) を実行してみれば，**図 2.8** のように，両者の間に正の相関関係があることが見て取れます。

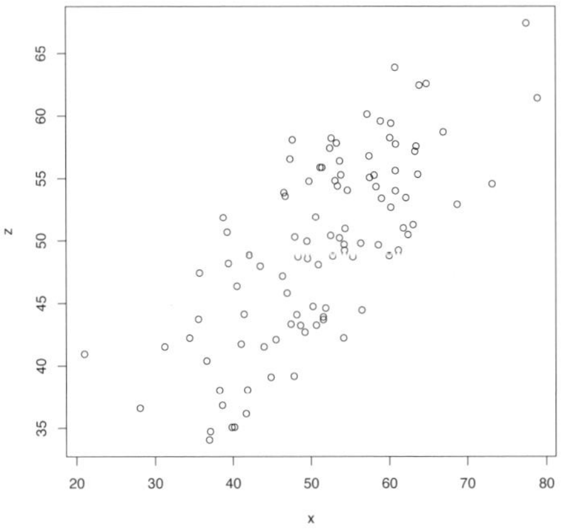

図 2.8　x と z の散布図

2 つの標本 $X = (X_1, \ldots, X_n)$ と $Y = (Y_1, \ldots, Y_n)$ の相関関係の強さは，次によって計算される**相関係数**（correlation coefficient）によって測定できます。

$$\rho = \frac{\sum_{i=1}^{n}(X_i - \overline{X}_n)(Y_i - \overline{Y}_n)}{\sqrt{\sum_{i=1}^{n}(X_i - \overline{X}_n)^2}\sqrt{\sum_{i=1}^{n}(Y_i - \overline{Y}_n)^2}}$$

相関係数 ρ は -1 から 1 の間の数値をとり，特にこの値が 0 であるときには，X と Y は無相関であるといわれます。

相関係数の分母は常に正の値をとりますので，相関係数の符号は分子の符号によって決まります。したがって，より多くの i について，$(X_i - \overline{X}_n)$ と $(Y_i - \overline{Y}_n)$ が同じ符号をとるときに相関係数は正の値になり，それらが異なる符号を取りやすいときには相関係数は負になります。これは第 1 章でみた相関関係の定義と整合的でしょう。

先ほど私たちが作成した標本，x，y，z の間の相関係数を R によって計算するには，関数 cor() を使って次のようにします。

```
cor(x, y)
[1] -0.03968325
cor(x, z)
[1] 0.7032625
```

この結果からも，x と y の間には相関関係がなく，x と z の間には強い正の相関関係があることがわかります。相関係数の分子を $n-1$ で割った値，すなわち，

$$\frac{1}{n-1}\sum_{i=1}^{n}(X_i-\overline{X}_n)(Y_i-\overline{Y}_n)$$

を X と Y の（標本）**共分散**（sample covariance）といいます。よって，相関係数は共分散の値を -1 から 1 の間に正規化したものです。また明らかに，共分散が 0 ならば相関係数の値も 0 となります。

同様に，相関係数の分母についても $n-1$ で割れば，それが標本 X と Y のそれぞれの標準偏差の積に等しいこともわかります。したがって，X と Y の相関係数は，

$$\rho=\frac{X \text{ と } Y \text{ の共分散}}{(X \text{ の標準偏差})(Y \text{ の標準偏差})}$$

と表すこともできます。先ほど作成した標本 X と Y の共分散は関数 cov() を使って，

```
cov(x, y)
```

とすれば求めることができます。

さて，この辺でひとまず実習を終わりにして，R を終了することにしましょう。ファイルメニューから R の終了を選ぶか，あるいはコンソール画面に，

```
q()
```

と入力します。すると，ワークスペースを保存するかどうかを聞いてきますので，「はい」を選んで終了し，自分の作業フォルダに「RDATA ファイル」が保存されます。次回からは，この RDATA ファイルのアイコンをクリックすることで，前回の続きの分析を実行できるようになります。

第 2 章のまとめ

- 母集団には，有限かつ多数の要素からなるものと，無限の要素からなるものがある。後者の場合は，特に，それらの要素が従う確率分布のことを母集団と見なす。
- 母集団から無作為に抽出された標本を用いて，母集団の性質を推測することができる。
- 標本が大きくなるほど，標本平均や標本分散，標準偏差は，母集団の平均や分散，標準偏差に近づいていく。これを大数の法則という。
- 標本の各変数の関係の有無やその強さは，共分散や相関係数を見ることによって把握できる。

練 習 問 題

問題 2.1　0 以上 1 以下の範囲で，すべての値が等しく実現するような確率分布を**一様分布**（uniform distribution）といい，$U[0,1]$ と書きます。いま，$U[0,1]$ を母集団として，以下のように，無作為抽出をします。

1. 命令 `runif()` を用いて，$U[0,1]$ から大きさ 100 の標本 `x` を抽出してください。ただし，`runif()` は，() 内に与えられた数だけ，0 以上 1 以下の一様乱数を発生させる命令です。
2. 1. で抽出した標本の平均，分散，標準偏差を計算し，特に平均が 0.5 に近い値をとることを確認してください。
3. 標本が大きくなるに従って，標本平均が 0.5 に近づくことを確認するためのプログラムを考えてください。

問題 2.2　以下の命令を実行して，標本 `x`，`y`，`z` を作成します。

```
x <- runif(100)
y <- rnorm(100, 0, 1)
z <- 1.3 * x - 0.7 * y
```

1. `x` と `y`，`x` と `z`，`y` と `z` のそれぞれについて散布図を描き，相関係数を計算してください。
2. 標本の大きさを増やしていくと，相関係数はどのように変化するか，実験して確かめてください。

第3章
確率論の基礎

第 2 章では，母集団と標本の関係，平均や標準偏差，そして大数の法則について紹介しました。第 3 章では，さらに本格的な統計分析を実施するための準備として，確率論の基礎知識を確認します。

3.1　事象と確率

3.1.1　試行と事象

具体例としてコイン投げを考えます。第 2 章で説明したとおり，R 上でのコイン投げシミュレーションは次の命令で実行できます。

```
coin <- c("Head", "Tail")
sample(coin, 100, replace = TRUE)
```

1 行目では，"Head"（コインの表）と"Tail"（裏）という文字列からなるベクトル coin を生成しています。2 行目では，この文字ベクトルから重複を許して 100 回の無作為抽出を行っています。要は，コインを 100 回投げて，その表と裏を出力するだけのプログラムです。このコイン投げのように，同じ条件下で何度でも繰り返すことのできる試みのことを**試行**（trial）といいます。サイコロ投げやルーレットなども試行です。

コイン投げの例において**事象**とは，「事前に想定できるコイン投げの任意の結果のこと」です。たとえば，以下のものはすべて事象です。

コインを 100 回投げ，ちょうど 50 回だけ「表」が出る

コインを 100 回投げ，その 1 回目と 78 回目では「裏」が出る

コインを 100 回投げ，そのうちのどこかで 10 回以上連続して「表」が出る

ここで，「想定できる結果」とは文字通りの意味で，想定できれば実現する確率は 0 でも構いません。たとえば，

　　コインを投げたら，「表」かつ「裏」が出た

は通常のコインでは起こりえない事象です。このような事象を**空事象**といいます。それに対して，以下のような出来事は，コイン投げの試行とはそもそも関連がない想定不可能なものばかりですから，事象とは呼びません。

　　コインを投げていたら，授業中だったので先生に怒られた

　　コインを投げていたら，巨大隕石が落ちてきてそれどころではなくなった

　もっとも，このように事象を単純に解釈できるのは，コイン投げのように結果が有限（表か裏の 2 通り）の試行についてだけです。結果があらゆる実数の値をとり得るような複雑な試行の場合には，事象にもより厳密な数学的定義が与えられます（たとえば，第 2 章で行った正規分布から乱数を発生させる試行がこれに相当します）。しかし，それを正確に理解するには，測度論という高度な数学の準備が必要となりますので，ここでは触れません。

3.1.2　コイン投げのシミュレーション

　さて，1 つの事象を定めれば，その事象に対する確率を計算することができます。たとえば，「コインを 100 回投げたら，ちょうど 50 回だけ表が出る」という事象を「A」と呼ぶことにしましょう。一般に，事象 A が実現する確率を $\mathrm{P}(A)$ と書きます。二項定理により，

$$\mathrm{P}(A) = \frac{100!}{50! \times 50!} \times \left(\frac{1}{2}\right)^{100}$$

によって A が実現する確率 $\mathrm{P}(A)$ を計算できます。この確率の具体的な値は，R のプロンプトに次のように入力することで計算できます。

```
factorial(100) / (factorial(50)^2) / (2^100)
[1] 0.07958924
```

ここで，factorial() は階乗を計算するための関数です。この計算の結果から「コインを 100 回投げたら，ちょうど 50 回だけ表が出る」確率は約 8%であること

がわかりました。筆者には，直感よりも大きな数字に思えましたが，皆さんにはいかがでしょうか。この計算結果は果たして本当に正しいものなのでしょうか？

ということで，R を用いてシミュレーションしてみましょう。ファイルメニューから「新しいスクリプト」を選んで，新しいスクリプトを用意してください。これから R に実際にコインを 100 回投げさせるスクリプトを作ります。ただし，"Head"や"Tail"のような文字列では取り扱いが少々不便ですので，数字の 1 でコインの表，0 で裏を表すことにします。

```
coin <- c(1, 0)
z <- sample(coin, 100, replace = TRUE)
```

このスクリプトを実行すれば，R 上でコインを 100 回投げた結果が，変数 z に収納されます。z は 1 と 0 からなる数ベクトルですから，合計することが可能です。そこで，プロンプトに sum(z) と入力すれば，コインを 100 回投げた結果，表が何回出たかを知ることができます。sum() はその名の通り，与えられたベクトルの要素の合計を返す関数です。

```
sum(z)
[1] 55
```

もちろん，この数字は筆者の PC 上でのシミュレーション結果ですので，皆さんの場合には違う数字が出ていると思います。

しかし，このままでは，「コインを 100 回投げる」という試行を 1 回しか実行できません。事象「ちょうど 50 回表が出る」の確率を算出するには，この試行を何度も何度も繰り返して，そのうちの何回で表がちょうど 50 回出たかを数える必要があります。

そこで，for ループを用いて，次のようなスクリプトを実行してみましょう。

```
S <- 100000
rec <- numeric(S)
coin <- c(1, 0)
for(i in 1:S){
  z <- sample(coin, 100, replace = TRUE)
  rec[i] <- sum(z)
}
```

1 行目では,「コインを 100 回投げる」という試行の繰り返し回数を S として，それを 100000 回に設定しています。人間の手ではとても実行不可能な回数です。

2 行目では，試行の結果を記録するためのベクトル rec が作成されています。これから試行を S 回繰り返しますので，長さ S の数値ベクトル numeric(S) として rec が定義されています。

3 行目では，コインの表（= 1）と裏（= 0）が定義されています。4 行目以降が for ループです。i 回目の結果は z に格納され，表が出た回数 sum(z) は rec[i] に記録されます。このようにして，S 回の試行の結果が rec に書き込まれます。

さっそく，このコードを実行して，その結果を見てみましょう。しかし，直接 rec を出力させると，コンソール画面が数字に埋め尽くされてどうにもなりません。そういうときには，次のコードを実行してみてください。

```
hist(rec)
```

これにより，結果のヒストグラムが表示されます。だいたい 50 回のあたりを中心とした，きれいな釣鐘型のグラフが描かれることと思います（**図 3.1**）。

あるいは summary() を適用するのも有用です。

```
summary(rec)
```

これにより，ベクトル rec についての平均値や中央値，最大値，最小値などが，次のように計算されます。

```
   Min. 1st Qu.  Median    Mean 3rd Qu.    Max.
  27.00   47.00   50.00   49.99   53.00   72.00
```

このシミュレーションの場合では,「コインを 100 回投げる」という試行を S=100000 回繰り返したとき，表が出た回数の最小値（Min.）は 27，平均値（Mean）は 49.99，最大値（Max.）は 72 だったことがわかります。

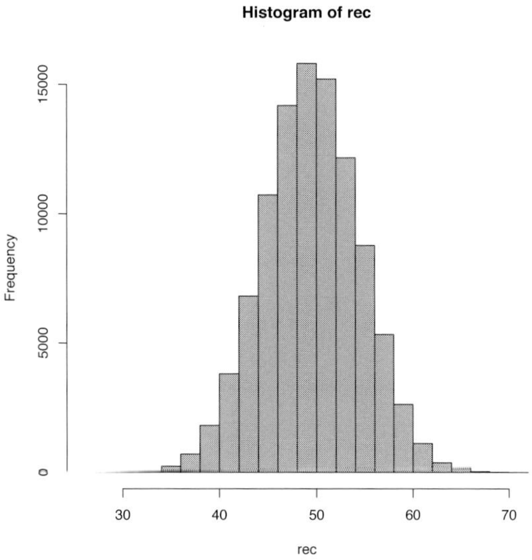

図 3.1　hist(rec) の出力例

3.1.3　論理演算によるカウントの方法

さて，この S=100000 回の繰り返しのうち，「コインを 100 回投げたら，ちょうど 50 回表が出る」という事象は何回実現したのでしょうか。それをカウントするためには，**論理演算子**を使いましょう。たとえば，

```
2 > 1
```

と入力して実行してみてください。結果は「TRUE」です。これは，命題「2 は 1 より大きい」の判定結果が，真（true）であったということを意味します。同様に，

```
2 > 1000
```

の結果は「FALSE」となります。命題「$2 > 1000$」は偽（false）であると判定されたのです。

注意すべきは，たとえば「$200 = 100 \times 2$」のような等式の真偽を判定するときには，

```
200 == (100 * 2)
```

のように等号「=」を連続させて「==」としなければならないということです。等

号は，それが 1 つの場合には「代入」を，2 つ連続する場合には「等価性」を意味します[※1]。等号を 1 つしか使わずに，

```
200 = (100 * 2)
```

とするならば，R はこれを「200 という変数に 100 × 2 の結果を代入せよ」という命令であるとみなして四苦八苦します（実行するとエラーになります）。左辺と右辺が等しいという通常の意味で等号を使うときには，必ず「==」と書くようにしてください。以下の**表 3.1** に使われることの多い論理演算子をまとめておきます。

表 3.1　主要な論理演算子

記号	意味	記号	意味
x == y	x と y は等しい	x != y	x と y は等しくない
x > y	x は y より大きい	x < y	x は y より小さい
x >= y	x は y 以上	x <= y	x は y 以下

また，便利なことに，R は TRUE を数字の 1 と，FALSE を 0 と同一視します。たとえば，

```
TRUE + TRUE
```

と入力すれば，2 という結果が出力されます。これは，$1+1=2$ を計算した結果です。同様に，

```
TRUE * FALSE
```

と入力すれば，結果は 0 になります[※2]。つまり，$1 \times 0 = 0$ というわけです。この性質はダミー変数を作成するときなどに便利ですので，覚えておくとよいでしょう。これを利用して，rec のうちで 50 に等しい要素の個数が次によって計算できます。

```
count <- (rec == 50)
sum(count)
```

※1　ただし，R プログラミングにおいては，代入を行う際に「=」を用いることは推奨されていません。代入演算には，「<-」を使うようにしましょう

※2　ちなみに，R では TRUE と FALSE という論理値が，T と F という名前にあらかじめ代入されています。つまり，T というコードを実行すると TRUE と出力されます。混乱を防ぐため，T や F を新たな変数として再定義することは避けることが望ましいでしょう。

まずは変数 count に，事象「コインを 100 回投げた結果，ちょうど 50 回表が出た」の真偽の判定結果を格納します。試みに count の中身を表示させれば，無数の FALSE にときどき混じった TRUE がコンソールに流れだすでしょう。次に，TRUE を 1，FALSE を 0 と見なして，count の全要素を合計することで，S=100000 回の試行のうち何回で事象が成立したかをカウントすることができます。さらに，1 と 0 からなる count の平均値 mean(count) を計算すれば，100 回コインを投げてちょうど 50 回表が出る相対頻度が得られます。筆者の計算結果では，次のようになりました。

```
mean(count)
[1] 0.07966
```

この結果は，最初に計算した理論値 0.07958924 とほとんど同じ数字です。コインを 100 回投げて 50 回表が出る確率は，およそ 8%で間違いないようです。

3.1.4　シミュレーション用コードのまとめ

以上，事象と確率について説明しました。この節でのシミュレーション用のコードを以下にまとめておきましょう。

```
S <- 100000              # シミュレーション回数
rec <- numeric(S)        # 結果記録用のベクトル
coin <- c(1, 0)          # コインの裏表を定義
for(i in 1:S){           # 繰り返し開始
  z <- sample(coin, 100, replace = TRUE)
  rec[i] <- sum(z)
}                        # 繰り返し終了
hist(rec)                # ヒストグラム作成
summary(rec)             # 記述統計量を計算
count <- (rec == 50)     # 事象 A の成立回数をカウント
mean(count)              # 事象 A の成立する確率を計算
```

上のコードの中にあるハッシュ記号#はコメント記号と呼ばれるもので，R は#の後に書かれている文を完全に無視します。これを使うことで，R スクリプトの各行の意味をメモとして残すことができるのです。長いコードになると，自分が書

いたものであっても時間がたつと意味がわからなくなったりします。また，チームで共同開発したり他者にコードを公開したりする際に，このようなコメントがあるとないとでは可読性が大きく変わります。多少面倒であってもコメントを残すようにしましょう。

3.2　確率変数と独立性

3.2.1　事象の独立性

2 つの事象 A と B が起こる確率を，それぞれ $\mathrm{P}(A)$，$\mathrm{P}(B)$ とします。また，2 つの事象が同時に起こることを $A \cap B$ によって表しましょう。このとき，事象 A と B が**独立**（independent）であるとは，事象 A と B が同時に起こる確率 $\mathrm{P}(A \cap B)$ が，各事象の確率の積 $\mathrm{P}(A)\mathrm{P}(B)$ に等しいことを意味します。

【事象の独立性】

事象 A，B が独立であるとは，

$$\mathrm{P}(A \cap B) = \mathrm{P}(A)\mathrm{P}(B)$$

が成り立つことをいう。

たとえば，サイコロを 2 回投げるとして，「1 回目に 1 が出る」という事象を A，「2 回目に 6 が出る」という事象を B とすれば，$A \cap B$ は「1 回目で 1 が出る。かつ 2 回目に 6 が出る」という事象になります。このとき，$\mathrm{P}(A) = 1/6$，$\mathrm{P}(B) = 1/6$，$\mathrm{P}(A \cap B) = 1/36$ ですから，事象 A と B は独立です。

3.2.2　確率変数の独立性

何らかの試行によって値が確定するような変数を**確率変数**（random variable）といいます。たとえば，サイコロの目や，正規分布から抽出された標本などが確率変数の例になります。サイコロの目のように，とり得る値が離散的な確率変数を**離散確率変数**（discrete random variable），正規分布から抽出された標本のように連続的な値をとる確率変数を**連続確率変数**（continuous random variable）といいます。

ただし，コインの裏と表については，「裏」と「表」が数ではなく言葉ですので，確率変数とは呼びません。その代わりに，「コインの表が出たら 1，裏が出たら 0」のように，試行の結果を数値化すれば，それは（離散）確率変数になります。少し細かすぎる気もしますが，大事なことですので，よく記憶しておいてください。確率変数とは，試行の結果を「数」として示すものです。

事象についてだけでなく，確率変数についても独立性を定義することができます。母集団 $N(0,10^2)$ から，大きさが 1 の標本 X と Y を別々に抽出してみましょう。このとき，X と Y は確率変数です。これらは別々に抽出されていますから，たとえば「X は 5 以上である」という事象と，「Y は 10 未満である」という事象は独立になります。さらにいえば，「X は〜である」という事象と，「Y は〜である」という事象は，具体的な「〜」の内容が何であろうと，必ず独立になります。このとき，確率変数 X と Y は独立であるといいます。

【確率変数の独立性】
確率変数 X，Y が独立であるとは，X に関する事象と，Y に関する事象が，常に独立であることをいう。

確率変数 X, Y が独立であることを，

$$X \perp\!\!\!\perp Y$$

という記号を用いて表すこともあります。

3.2.3 独立ではない例

独立ではない例も考えておきましょう。$N(0,10^2)$ から別々に抽出した X と Y を用いて，$Z = X + Y$ とします。直感的には，X の値が大きければ大きいほど，Z の値も大きくなる傾向があるでしょうから，たとえば，「$X > 5$ である」という事象と「$Z > 10$ である」という事象は独立とはならないでしょう。以下のコードを実行すれば，このことを数値的に確認できます。

```
S <- 100000                  # シミュレーション回数
X <- rnorm(S, 0, 10)         # Xを抽出
Y <- rnorm(S, 0, 10)         # Yを抽出
```

```
Z <- X + Y                     # Zを構成

mean(X > 5) * mean(Z > 10) # P(X > 5) × P(Z > 10)
mean((X > 5) * (Z > 10))   # P(X > 5 かつ Z > 10)
```

このコードを実行すれば，次のような出力が最終的に得られます。

```
[1] 0.07431944
[1] 0.16728
```

したがって，事象「$X > 5$」の確率と事象「$Z > 10$」の確率の積は約 0.074 であるのに対して，事象「$X > 5$ かつ $Z > 10$」の確率は約 0.167 となり，それらは等しくありません。つまり，事象「$X > 5$」と「$Z > 10$」は独立ではありませんから，確率変数 X と Z は独立とはなりません。

3.2.4　独立性と相関係数

確率変数の独立性の概念は，第 2 章で説明した相関係数と関わりを持っています。後述しますが，2 つの確率変数が独立であるなら，その間の（母集団）相関係数は 0 になります。しかし，その逆は真ではありません。

実際に，$N(50, 10^2)$ から大きさ 100000 の標本 X，Y を独立に抽出して，その相関係数を計算すれば，次のようになります。

```
X <- rnorm(100000, 50, 10)
Y <- rnorm(100000, 50, 10)
cor(X, Y)
[1] 0.002001993
```

ここで，新しい確率変数 Z を，$Z = -\frac{(X-50)^2}{10}$ によって定義します。X と Z の相関係数を計算すれば次のようになります。

```
Z <- -((X - 50)^2) / 10
cor(X, Z)
[1] 0.007635012
```

したがって，X と Z は無相関といえるでしょう。しかし，X と Z の散布図を plot(X, Z) によって描いてみれば，両者の間には明確な関係があることが見て取れます（**図 3.2**）。

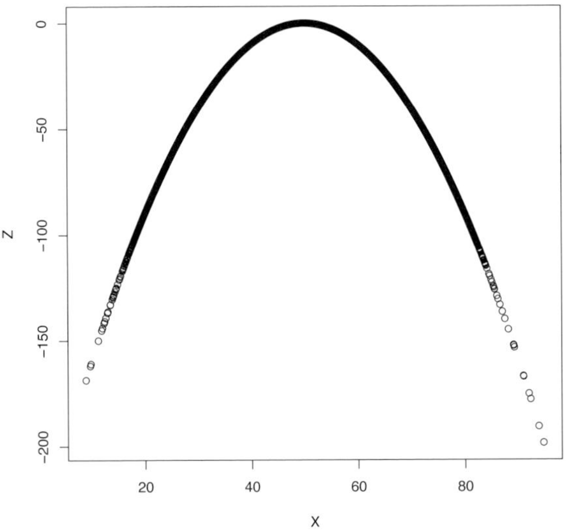

図 3.2　無相関であっても独立ではない確率変数

第 1 章で述べた通り，無相関すなわち相関係数が 0 であることは，2 つの変数の間に比例的な関係がないことを意味しています。それに対して，独立であることは，2 つの変数の間にはいかなる関係もないことを意味しています。したがって，独立性のほうが，無相関よりもはるかに強い性質となっています。

3.3　期待値と条件付期待値

3.3.1　分 布 関 数

期待値，特に条件付期待値の概念は，統計学・計量経済学において最も重要な概念です。回帰分析の目的は，被説明変数に関する条件付期待値を求めることだとすらいえます。「期待値」という概念を理解するには，まずは**分布関数**（distribution function）と**確率密度関数**（probability density function）の考え方を知らなければなりません。

確率変数 X が与えられたとき，X の分布関数 F_X を，

$$F_X(u) = \mathrm{P}(X \leq u)$$

によって定義します。つまり，各 u の値に対して，事象「$X \leq u$」の成立する確率を計算する関数が分布関数です。この定義を理解すれば，分布関数が一般に以下の性質をもつことは自然に感じられるでしょう。

> **【分布関数の性質】**
> 確率変数 X の分布関数 $F_X(u)$ について，以下の (i)〜(iii) が成り立つ。
> (i)　$F_X(u)$ の値は 0 以上 1 以下，特に $\lim_{u \to \infty} F_X(u) = 1$，$\lim_{u \to -\infty} F_X(u) = 0$
> (ii)　$F_X(u)$ は u の増加関数
> (iii)　$\mathrm{P}(a < X \leq b) = F_X(b) - F_X(a)$

具体例として，$N(50, 10^2)$ から抽出された確率変数 X を考えましょう。X の分布関数のグラフを描くには，以下のような行動を実行します。

```
curve(pnorm(x, 50, 10), 0, 100)
```

この命令の実行結果が，**図 3.3** に与えられています。この図からも，分布関数の性質 (i)〜(ii) を見て取ることができます。分布関数の性質 (iii) は，$\mathrm{P}(a < X \leq b) = \mathrm{P}(X \leq b) - \mathrm{P}(X \leq a)$ に注意すれば明らかでしょう。

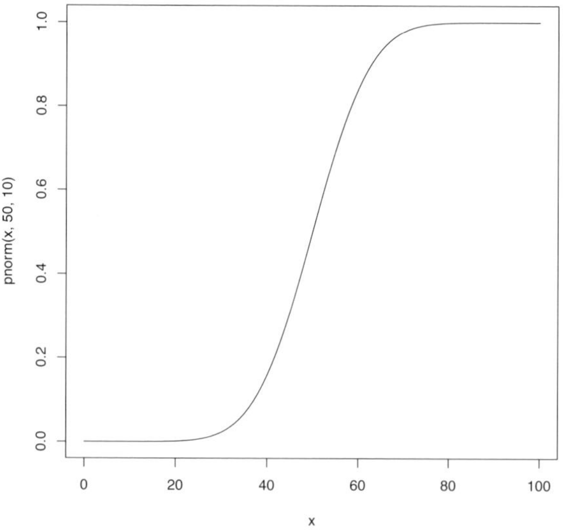

図 3.3　正規分布 $N(50, 10^2)$ の分布関数

分布関数を使えば，X に関わるさまざまな確率を計算することができます。たと

えば,「X が 40 より大きく 60 以下の値をとる $(40 < X \leq 60)$」という事象の確率を知りたいなら，$F_X(60) - F_X(40)$ を計算します。分布が $N(50, 10^2)$ の例であれば，

```
pnorm(60, 50, 10) - pnorm(40, 50, 10)
[1] 0.6826895
```

となります。

3.3.2　確率密度関数

X を連続確率変数とし，X が特定の値 u をとる確率 $\mathrm{P}(X = u)$ を知りたいとします。そのようなときは，十分小さな $h > 0$ を選んで「X が u より大きく $u + h$ 以下の値をとる」確率，すなわち $\mathrm{P}(u < X \leq u + h) = F_X(u + h) - F_X(u)$ を計算すれば，近似的な値が得られそうです（**図 3.4**）。図のとおり，h が小さいほど近似の精度はより高まります。

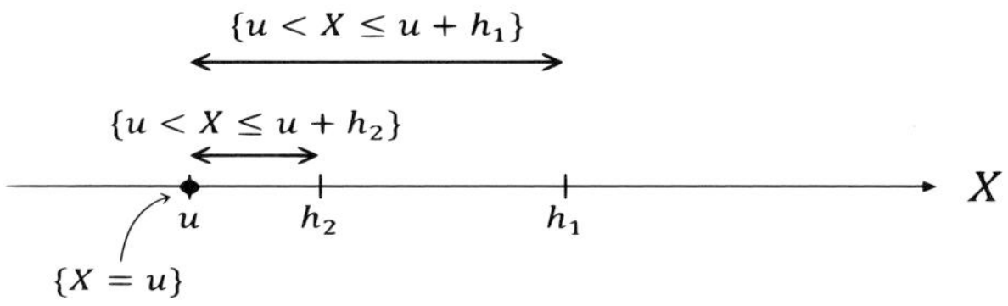

図 3.4　$\mathbf{P}(X = u)$ の近似：h が小さいほどより正確な近似

たとえば X が $N(50, 10^2)$ から得られたとき，$X = 50$ となる確率 $\mathrm{P}(X = 50)$ は，$h = 0.1$ として次のように近似できるでしょう。

```
pnorm(50 + 0.1, 50, 10) - pnorm(50, 50, 10)
[1] 0.003989356
```

これは大変に小さな確率です。さらに h の値を小さくすれば，得られる確率はどんどん小さくなって，最終的には 0 になってしまいます。つまり，$X = 50$ となる確率は 0 なのです。50 に限らず他の値であっても同じです。この事実は，X が $N(50, 10^2)$ に従う連続確率変数であることに起因します。一方，X がたとえばサイコロの目のような離散確率変数である場合は，u が 1 から 6 の整数である限り $\mathrm{P}(X = u) = 0$ となることはありません。

連続確率変数が特定の値をとる確率は 0 であるものの，$N(50, 10^2)$ に従う確率

変数 X について「$X = 50$」という事象と「$X = -500$」という事象とでは，直感的には前者のほうがよりもっともらしいと感じられます。そのようなもっともらしさを，確率以外の尺度で測ることはできないでしょうか？

ここで，確率 $\mathrm{P}(50 < X \leq 50 + h)$ を h で割って正規化することを考えてみましょう。**表 3.2** を見てください。これは，さまざまな大きさの h のもとで計算された $F_X(50+h) - F_X(50)$ の値，およびそれを h で割って正規化した値を，R を用いて計算したものです。

表 3.2　$\mathbf{50 < X \leq 50 + h}$ となる確率および確率密度

h	$F_X(50+h) - F_X(50)$	$\dfrac{F_X(50+h) - F_X(50)}{h}$
1	0.03983	0.03983
0.1	0.00399	0.03989
0.01	0.00040	0.03989

このように，$F_X(50 + h) - F_X(50)$ を h で割った値は h を十分に小さくしても 0 にならず 0.04 付近の値に収束していくようです。

ところで，$\frac{F_X(50+h)-F_X(50)}{h}$ は「区間 $(50, 50 + h)$ の確率」という質量を「区間の長さ h」で割ったものですから，この値は「$50 < X \leq 50 + h$」という事象の平均的な確率の密度として解釈できます。そこで，次によって定義される関数 f_X を，連続確率変数 X の**確率密度関数**（probability density function）といいます。

$$f_X(u) = \lim_{h \to 0} \frac{F_X(u+h) - F_X(u)}{h}$$

つまり，確率密度関数 f_X とは，分布関数 F_X の導関数に他なりません。確率密度関数を単に密度関数と呼ぶことも多くあります。

確率そのものではなく確率密度を考えることにより，X が連続確率変数であっても，「X が特定の値をとる確率」的なものを考えることができるようになります。たとえば，X が正規分布 $N(50, 10^2)$ に従うとき，$X = 50$ となる確率密度は，

```
dnorm(50, 50, 10)
[1] 0.03989423
```

となります。さらに，$X = 80$ となる確率密度は，

```
dnorm(80, 50, 10)
[1] 0.0004431848
```

と計算されますから，$X = 80$ となる確率密度は，$X = 50$ になる確率密度よりも，ずっと小さいことがわかります。

確率密度関数のグラフを描くには，以下の命令を実行します。

```
curve(dnorm(x, 50, 10), 0, 100)
```

実行した結果は，すでに第 2 章の図 2.2 に示しています。

3.3.3 期待値・分散

確率密度関数を用いれば，連続確率変数の**期待値**（expectation）を定義することが可能になります。

【連続確率変数の期待値】

連続確率変数 X の確率密度関数を f_X とするとき，X の期待値 $\mathrm{E}[X]$ を次により定義する。

$$\mathrm{E}[X] = \int u \cdot f_X(u)\mathrm{d}u$$

また，離散確率変数の期待値は次のとおりです。

【離散確率変数の期待値】

離散確率変数 X のとり得る値が $x_1, \ldots, x_k$ であり，それぞれ $p_1, \ldots, p_k$ の確率で実現するとき，X の期待値 $\mathrm{E}[X]$ を次により定義する。

$$\mathrm{E}[X] = \sum_{i=1}^{k} x_i p_i$$

以上の定義から，「期待値は確率（密度）を重みとした加重平均」であることがわかるでしょう。これはこれまで見てきた「母集団分布の平均」と同じものです。したがって，X が $N(50, 10^2)$ から得られた確率変数であるなら，その期待値は $\mathrm{E}[X] = 50$ となります。X をサイコロの出た目とすれば $\mathrm{E}[X] = 3.5$ です。当たり前のことですが，サイコロには 3.5 という目はありませんから，期待値とは「実現値として最も期待される値」ではないことに注意してください。そのような値は期待値ではなく**最頻値**（mode）といいます。

期待値という言葉を用いて，前章に紹介した大数の法則を少しフォーマルに言い換えれば，次のようになります。

> **【大数の法則】**
> ある同一の分布から独立に得られた大きさ n の標本 $(X_1, \ldots, X_n)$ の平均を $\overline{X}_n$ とする。また，この分布に従う確率変数 X の期待値を $\mathrm{E}[X]$ とする。このとき，標本の大きさ n を無限に増やしていくと，$\overline{X}_n$ は $\mathrm{E}[X]$ に収束する。

期待値の定義を用いれば，確率変数の分散についても同様に考えることができます。

> **【確率変数の分散】**
> 確率変数 X の分散 $\mathrm{Var}(X)$ を次により定義する。
>
> $$\mathrm{Var}(X) = \mathrm{E}\{(X - \mathrm{E}[X])^2\}$$

上の定義式を展開してみれば，

$$\begin{aligned}\mathrm{Var}(X) &= \mathrm{E}\{X^2 - 2X\mathrm{E}[X] + (\mathrm{E}[X])^2\} \\ &= \mathrm{E}(X^2) - (\mathrm{E}[X])^2\end{aligned}$$

と書けることもわかります。特に，X の期待値が 0 のときは，$\mathrm{Var}(X) = \mathrm{E}(X^2)$ です。また，分散 $\mathrm{Var}(X)$ の平方根 $\sqrt{\mathrm{Var}(X)}$ を確率変数 X の標準偏差といいます。

ここでいう分散，標準偏差とは，2.4 節で説明した標本データの分散，標準偏差ではなく，「母集団分布の分散，標準偏差」であることに注意してください。したがって，X が正規分布 $N(50, 10^2)$ に従う確率変数であるなら，分散，標準偏差はそれぞれ $\mathrm{Var}(X) = 100$，$\sqrt{\mathrm{Var}(X)} = 10$ となります。

3.3.4　条件付確率密度・条件付期待値

これまでは，1 次元の確率変数を考えてきました。しかし，実際の実証分析では，多くの場合に 2 次元以上の確率変数が出てきます。たとえば，個人の特性を，学

歴 X_1（年）と所得 X_2（円）の 2 項目だけで記述するなら，個人は $X=(X_1, X_2)$ という 2 次元の確率変数によって表現されることになります。

ここで，同一の教育年数をもつ個人（たとえば $X_1 = 12$（年））だけを集めてきて，それを改めて母集団とみなしてみましょう。すると，同一の教育年数でありながら，さまざまな所得を得ている人々の集団が構成されます。この集団に所属する個人の所得分布を密度関数により記述すれば，これを**条件付確率密度関数**（conditional probability density function）といい，次のように書きます。

$$f_{X_2|X_1}(u \mid X_1 = 12)$$

この値は通常の（条件のない）確率密度と同様に，教育年数が 12 年の人々において事象「所得 $= u$」がどれくらい起こりやすいかを表す指標として解釈できます。

さらに，条件付確率密度関数を用いて期待値を計算すれば，**条件付期待値**（conditional expectation）が得られます。

$$\mathrm{E}[X_2 \mid X_1 = 12] = \int u \cdot f_{X_2|X_1}(u \mid X_1 = 12)\mathrm{d}u$$

これはつまり，同じ 12 年の教育年数をもつ人々の平均所得を表しています。

3.3.5 同時確率密度

ある個人の教育年数 X_1 が u_1(年) で所得 X_2 が u_2(円) であるとき，この人物と教育年数と所得が両方とも同一である人々はどのくらいの確率で存在するでしょうか。ただし，1 次元の確率変数のときと同様の理由から，(X_1, X_2) が連続確率変数ならば $\mathrm{P}\left((X_1, X_2) = (u_1, u_2)\right) = 0$ となってしまいます。そこで，ここでも $(X_1, X_2) = (u_1, u_2)$ となる確率密度，すなわち「同時」確率密度を考えましょう。同時確率密度を与える関数を**同時確率密度関数**（joint probability density function）といい，次のように書きます。

$$f_{X_1,X_2}(u_1, u_2)$$

たとえば $(X_1, X_2) = (12(\text{年}), 10000(\text{円}))$ である同時確率密度は $f_{X_1,X_2}(12, 10000)$ となります。

同時確率密度関数を用いれば，3.2.2 項で述べた確率変数の独立性は，連続確率変数の場合，以下のように言い換えることができます。

【連続確率変数の独立性】

連続確率変数 X_1, X_2 が独立であるとは，(X_1, X_2) の同時確率密度関数 f_{X_1,X_2}，X_1 の確率密度関数 f_{X_1}，X_2 の確率密度関数 f_{X_2} について，

$$f_{X_1,X_2}(u_1, u_2) = f_{X_1}(u_1) f_{X_2}(u_2)$$

が成り立つことをいう。

同時確率密度と条件付確率密度には次のような関係性があります。

$$f_{X_2|X_1}(u_2 \mid X_1 = u_1) = \frac{f_{X_1,X_2}(u_1, u_2)}{f_{X_1}(u_1)}$$

したがって，確率変数 X_1, X_2 が独立ならば，

$$f_{X_2|X_1}(u_2 \mid X_1 = u_1) = \frac{f_{X_1}(u_1) f_{X_2}(u_2)}{f_{X_1}(u_1)} = f_{X_2}(u_2)$$

が得られます。このとき，X_2 の事象「$X_1 = u_1$」を条件とした条件付期待値 $\mathrm{E}[X_2 | X_1 = u_1]$ は，

$$\begin{aligned} \mathrm{E}[X_2 \mid X_1 = u_1] &= \int u_2 \cdot f_{X_2|X_1}(u_2 \mid X_1 = u_1) \, \mathrm{d}u_2 \\ &= \int u_2 \cdot f_{X_2}(u_2) \, \mathrm{d}u_2 = \mathrm{E}[X_2] \end{aligned}$$

となり，条件のない X_2 の期待値 $\mathrm{E}[X_2]$ に一致します。これは，「教育年数と所得が無関係（独立）ならば，どのような教育年数を持つ人々の集団であっても，集団ごとの平均所得は変わらない」ということを意味します。

また，上の式からわかるように，$f_{X_1}(u_1) = 0$ となるような u_1 については，条件付確率密度や条件付期待値がうまく定義できないことに注意してください。

3.3.6 共　分　散

同時確率密度関数を用いれば，確率変数の積の期待値も定義できます。確率変数 X，Y について，それらの同時確率密度関数を $f_{X,Y}$ とするとき，X と Y の積の期待値 $\mathrm{E}[XY]$ は，

$$\mathrm{E}[XY] = \iint uv \cdot f_{X,Y}(u, v) \mathrm{d}u \mathrm{d}v$$

と表せます。ここで，確率変数 X，Y の共分散を導入します。

【確率変数の共分散】

確率変数 X，Y の共分散 $\mathrm{Cov}(X,Y)$ を次により定義する。

$$\mathrm{Cov}(X,Y) = \mathrm{E}\{(X-\mathrm{E}[X])(Y-\mathrm{E}[Y])\}$$

上の定義式を展開してみれば，

$$\begin{aligned}\mathrm{Cov}(X,Y) &= \mathrm{E}\{XY - \mathrm{E}[X]Y - X\mathrm{E}[Y] + \mathrm{E}[X]\mathrm{E}[Y]\}\\ &= \mathrm{E}[XY] - \mathrm{E}[X]\mathrm{E}[Y]\end{aligned}$$

と書くこともできます。特に，X, Y どちらかの期待値が 0 のときは，$\mathrm{Cov}(X,Y) = \mathrm{E}[XY]$ です。

確率変数 X，Y が独立ならば，それらの確率密度関数をそれぞれ f_X，f_Y として，

$$\begin{aligned}\mathrm{E}[XY] &= \iint uv \cdot f_{X,Y}(u,v)\mathrm{d}u\mathrm{d}v\\ &= \left(\int u \cdot f_X(u)\mathrm{d}u\right)\left(\int v \cdot f_Y(v)\mathrm{d}v\right) = \mathrm{E}[X]\mathrm{E}[Y]\end{aligned}$$

なので，X と Y の積の期待値はそれぞれの期待値の積に一致することがわかります。したがって，この場合 X と Y の共分散は 0 となります。

確率変数の共分散と標準偏差を用いることで，確率変数 X, Y の相関係数は $\mathrm{Cov}(X,Y)/(\sqrt{\mathrm{Var}(X)}\sqrt{\mathrm{Var}(Y)})$ として定義できます。したがって，標本データのときと同様，X と Y の共分散が 0 ならば相関係数の値も 0 となります。X，Y が独立ならば共分散は 0 でしたから，結局，「独立性が無相関を意味する」ということがわかります。3.2.4 項のシミュレーションによって，私たちはすでにこの結果を数値的に確認しています。

3.3.7 データによる条件付期待値の推定

ここで，実際の経済データを使って，条件付期待値を計算してみましょう。オーム社 Web サイトの本書サポートページからダウンロードして，`wage.csv` という名前のデータファイルを自分の作業ディレクトリに保存してください。このデータは，1976 年に，アメリカ合衆国の男性労働者を対象に実施された調査結果の一

部で，3010人分の教育年数，就業経験，そして1時間あたりの賃金（単位：セント）の情報が含まれています[※3]。

このデータのCSVファイルはExcelやメモ帳などで自由に開けることができますが，これをRに読み込ませるには，作業ディレクトリをCSVファイルがあるフォルダに指定し，次のコードを実行します。

```
read.csv("wage.csv")
```

関数read.csv()は，CSV形式のファイルをRに読み込むための関数です（付録A.3.3参照）。

上のコードをそのまま実行すると，コンソール上にデータが流れ出してしまいます。適当な変数を用意して，そこに格納することにします。たとえば次のようにしましょう。

```
wagedata <- read.csv("wage.csv")
```

これでwage.csvのデータが，Rに読み込まれました。このとき，読み込まれたデータの形式を**データフレーム**といいます。データをざっと把握したい場合には，head()関数が役に立ちます。これはデータフレームの最初の数行のみを表示してくれる関数です。

```
head(wagedata)
  educ exper wage
1    7    16  548
2   12     9  481
3   12    16  721
4   11    10  250
5   12    16  729
6   12     8  500
```

データの各項目のうち，educとあるのは各個人の教育年数，experは職業経験年数，wageは1時間あたり賃金（単位：セント）です。

※3　このデータは，Card (1995) が書籍 *Aspects of Labour Market Behaviour: Essays in Honour of John Vanderkamp* で発表した論文 “Using Geographic Variation in College Proximity to Estimate the Return to Schooling” において用いられたものを簡略化したものです。

各項目の傾向を見る場合は，summary() 関数が役に立ちます。

```
summary(wagedata)
      educ             exper             wage
 Min.   : 1.00   Min.   : 0.000   Min.   : 100.0
 1st Qu.:12.00   1st Qu.: 6.000   1st Qu.: 394.2
 Median :13.00   Median : 8.000   Median : 537.5
 Mean   :13.26   Mean   : 8.856   Mean   : 577.3
 3rd Qu.:16.00   3rd Qu.:11.000   3rd Qu.: 708.8
 Max.   :18.00   Max.   :23.000   Max.   :2404.0
```

各項目間の関係を図示するなら，plot(wagedata) を実行してみましょう。**図 3.5** のように，各変数間の散布図が描かれます。教育年数と職業経験年数の間に負の相関が見られますが，教育年数が長いほど就職するのが遅くなるわけですから，これは当たり前のことです。

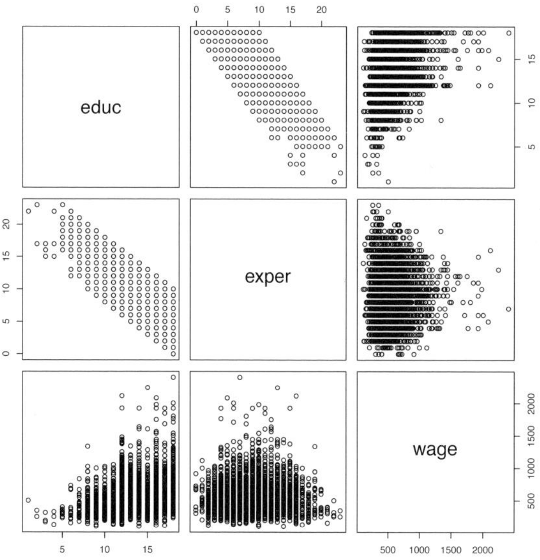

図 3.5　plot() で描かれた散布図

それでは，このデータを用いて，教育年数を条件としたときの，賃金の期待値を推定してみましょう。たとえば，高校卒業程度（educ = 12）の個人だけを抜き出して，その平均を計算してみます。条件に合う個人だけを抜き出すには以下のように入力します。

```
educ12 <- wagedata[wagedata$educ == 12,]
```

これにより，教育年数が 12 年に等しい個人だけを抜き出して，それを educ12 に格納することができます。

ここで，$は，データ全体である wagedata から，教育年数 educ の項目だけを取り出すための記号です。試みに，wagedata$educ と実行してみてください。データのうち，教育年数の項目だけが出力されたと思います。同様に wagedata$exper とすれば，職業経験年数だけが出力されます。

また，いま作ったばかりの部分データ educ12 を用いて educ12$wage とすれば，教育年数が 12 年の人々の賃金データが出力されます。そこで，次のように入力しましょう。これで，教育年数が 12 年である人々の賃金の平均が計算できます。

```
mean(educ12$wage)
[1] 563.5343
```

ここから平均賃金が 1 時間あたり約 5.63 ドルであることがわかります。

同様にして，大学の学部卒業程度の平均賃金を計算して，比較してみましょう。

```
educ12 <- wagedata[wagedata$educ==12,] # 高校卒業者の抜き出し
educ16 <- wagedata[wagedata$educ==16,] # 学部卒業者の抜き出し
mean(educ12$wage)                      # 高校卒業者の平均賃金
mean(educ16$wage)                      # 学部卒業者の平均賃金
```

このコードを実行すると，高校卒業者の平均賃金が約 5.63 ドルであるのに対して，学部卒業者の平均賃金が約 6.42 ドルと計算されます。学部卒業者のほうが賃金が高いという自然な結果になりました。

次に，高卒未満と高卒以上とで比較してみましょう。ここでは，[] 演算子によるグループの抽出ではなく，subset() 関数によってグループの抽出を行いましょう。subset() 関数を使うと，条件式においてデータフレームを指定する必要がないため，より簡潔なコードになります。たとえば，educ12 <- wagedata[wagedata$educ == 12,] は次のように書き換えられます。

```
educ12 <- subset(wagedata, educ == 12)
```

それでは，高卒未満と高卒以上とで比較してみましょう。

```
educ11_less <- subset(wagedata, educ < 12)  # 高卒未満の抜き出し
educ12_more <- subset(wagedata, educ >= 12) # 高卒以上の抜き出し
mean(educ11_less$wage)                      # 高卒未満の平均賃金
mean(educ12_less$wage)                      # 高卒以上の平均賃金

[1] 438.1087

[1] 604.807
```

抜き出しの条件を「教育年数が 12 年未満」と「教育年数が 12 年以上」に変更することで，該当者の人数を増やして，推定のばらつきが小さくなるようにしています。その結果，高卒未満の平均賃金は約 4.38 ドルで，高卒以上のそれが約 6.04 ドルであることがわかりました。

3.4　中心極限定理

3.4.1　中心極限定理と信頼区間

回帰分析を実行し，その結果を理解するために知らなければならない最後のトピックは，**中心極限定理**（central limit theorem）です。この説の内容を理解すれば，回帰分析について学ぶ準備が完了します。張り切っていきましょう。

中心極限定理とは，次のような内容をもつ定理です。

【中心極限定理】
ある同一の分布から独立に得られた大きさ n の標本 $(X_1, \ldots, X_n)$ の平均を $\overline{X}_n$，分散を V_n とする。また，この分布に従う確率変数 X の期待値を $\mathrm{E}[X]$ とする。このとき，標本の大きさ n を無限に増やしていくと，確率変数

$$Z_n = \frac{\sqrt{n}(\overline{X}_n - \mathrm{E}[X])}{\sqrt{V_n}}$$

の分布は標準正規分布 $N(0,1)$ に収束する。

我々はすでに，中心極限定理に出会っています。図 3.1 が示すように，コインを 100 回投げる試行を何度も繰り返すとき，コインの表の出る回数の分布は，正規分布によく似た形状をしていました。これは，中心極限定理の結果です。

統計学において，この定理が特に重要であるのは，次の結果が成り立つためです。

【信頼区間】
ある同一の分布から独立に得られた大きさ n の標本 $(X_1, \ldots, X_n)$ の平均を $\overline{X}_n$，分散を V_n とする。また，この分布に従う確率変数 X の期待値を $\mathrm{E}[X]$ とする。このとき，標本の大きさ n が十分に大きいとき，以下の不等式が 95%の確率で近似的に成立する。

$$\overline{X}_n - 1.96\sqrt{\frac{V_n}{n}} \leq \mathrm{E}[X] \leq \overline{X}_n + 1.96\sqrt{\frac{V_n}{n}}$$

この結果で重要な点は，X の期待値 $\mathrm{E}[X]$ だけでなくその分布関数も未知でよいところです。そのような状況でも，中心極限定理のおかげで，十分に大きな標本が得られさえすれば，$\mathrm{E}[X]$ が 95%の確率で含まれる区間を計算できてしまうのです。これこそまさに「統計学！」という感じがします。このような区間を，$\mathrm{E}[X]$ の 95%**信頼区間**（confidence interval）といいます。中心極限定理から，どのようにして信頼区間を導出するかについては，3.4.4 項で解説します。

3.4.2　中心極限定理のシミュレーション

中心極限定理の成立を，R によるシミュレーション実験で確認してみましょう。分布 $N(50, 10^2)$ から，大きさ $n = 10000$ の実験用標本 X を抽出します。

```
X <- rnorm(10000, 50, 10)
```

次に，標本平均と標準偏差を計算しましょう。

```
Xbar <- mean(X)
Vn <- var(X)
Zn <- sqrt(10000) * (Xbar - 50) / sqrt(Vn)
```

Xbar は標本平均のことです。また Vn は X の標本分散です。関数 sqrt() は，与えられた数の平方根（square root）を計算します。

$N(50, 10^2)$ の平均は $\mathrm{E}[X] = 50$ ですから，中心極限定理によれば，このようにして作られた Zn は標準正規分布 $N(0,1)$ に従っているはずです。しかし，得られた標本平均が 1 つだけでは，これが本当に正規分布しているのかどうか，確認する術がありません。

そこで，次のコードによって，繰り返し計算をすることにしましょう。

```
S <- 10000                 # シミュレーション回数
n <- 10000                 # 標本の大きさ
Zn <- numeric(S)           # 結果記録用のベクトル
for(i in 1:S){             # 繰り返し開始
  X <- rnorm(n, 50, 10)    # N(50,100) から標本抽出
  Xbar <- mean(X)
  Vn <- var(X)
  Zn[i] <- sqrt(n) * (Xbar - 50) / sqrt(Vn)
}                          # 繰り返し終了
hist(Zn)                   # ヒストグラム作成
summary(Zn)                # 基本統計量を計算
```

これを実行すれば，**図 3.6** のようなヒストグラムが作成されるでしょう。これは，

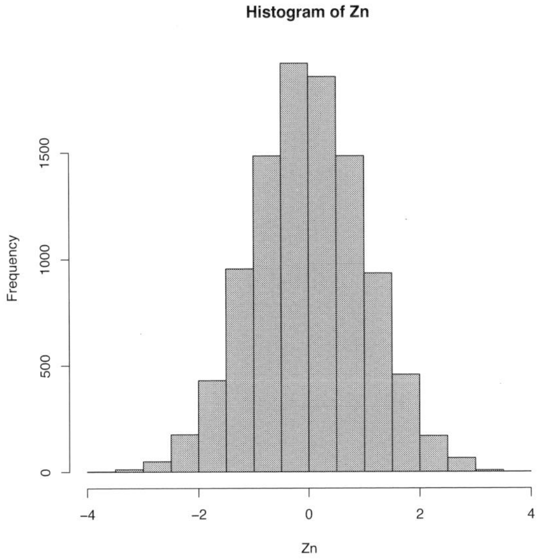

図 3.6　中心極限定理のシミュレーション

いかにも正規分布に見える結果です。

もし，計算時間があまりに長くかかるようなら，いったん計算を中断して，S と n の値を 1000 くらいに設定してやり直してください。計算を中断するには，コンソールのファイルメニュー「その他」から，「現在の計算を中断」を選ぶか，あるいはコンソールを選択してから Esc キーを押すことで実行できます。RStudio を利用している場合は，コンソールのウィンドウをアクティブにして Esc キーを押すか，コンソールのウィンドウの右上に表示される「STOP」という赤いボタンをクリックすれば計算を中断できます。

3.4.3　信頼区間のシミュレーション

同様にして，信頼区間についても以下のようなシミュレーションを実行してみましょう。

① 母集団 $N(50, 10^2)$ から大きさ $n = 10000$ の標本を抽出する。
② 標本平均 Xbar，標本分散 Vn を計算する。
③ 95%信頼区間を求め，母集団の平均 50 を含んでいるかどうかを判定する。
④ ①～③を S $= 10000$ 回繰り返して，そのうち何回について，信頼区間が 50 を内側に含んでいたかをカウントする。

以上を実行するスクリプトは，次のようになります。

```
S <- 10000                      # シミュレーション回数
n <- 10000                      # 標本の大きさ
rec <- numeric(S)               # 結果記録用のベクトル
for(i in 1:S){                  # 繰り返し開始
  X <- rnorm(n, 50, 10)         # N(50,100) から標本抽出
  Xbar <- mean(X)
  Vn <- var(X)
  lower <- Xbar - 1.96 * sqrt(Vn / n)
  upper <- Xbar + 1.96 * sqrt(Vn / n)
  rec[i] <- (lower < 50) * (50 < upper)
}
                                # 繰り返し終了
```

```
mean(rec)                    # 確率を計算
```

シミュレーションの結果が0.95に近ければ，シミュレーションは成功です。筆者のシミュレーションでは次のような出力が得られました。

```
[1] 0.9466
```

3.4.4 信頼区間の導出

それでは，中心極限定理から，どのようにして95%信頼区間を構成するのかについて解説しましょう。その際に重要になるのは，正規分布の次の性質です。

> **【正規分布の性質】**
>
> 平均 μ，標準偏差 σ の正規分布 $N(\mu,\sigma^2)$ に従う確率変数 X について，事象「$\mu - 1.96\sigma \leq X \leq \mu + 1.96\sigma$」が成立する確率はほぼ95%である。

ここで，「ほぼ」と述べているのは，1.96のところを $q = 1.9599...$ というある定数に置き換えると，事象「$\mu - q\sigma \leq X \leq \mu + q\sigma$」が正確に95%で実現するからです。実際，$X$ が $N(50, 10^2)$ から得られたときには $\mu = 50$，$\sigma = 10$ ですから，

$$\mathrm{P}(50 - 1.96 \times 10 \leq X \leq 50 + 1.96 \times 10) = F_X(69.6) - F_X(30.4)$$

となります。Rによってこの値を計算すれば，

```
pnorm(69.6, 50, 10) - pnorm(30.4, 50, 10)
[1] 0.9500042
```

となりますので，事象の成立する確率は95%といって差し支えないでしょう。

中心極限定理によれば，標本の大きさ n が十分に大きければ $Z_n = \frac{\sqrt{n}(\overline{X}_n - \mathrm{E}[X])}{\sqrt{V_n}}$ は，標準正規分布 $N(0,1)$ にほぼ従います。したがって，上の性質から事象「$-1.96 \leq Z_n \leq 1.96$」がおよそ確率95%で成立することになります。この不等式を以下のように変形します。

$$\begin{aligned} 0.95 &\approx \mathrm{P}\left(-1.96 \leq \frac{\sqrt{n}(\overline{X}_n - \mathrm{E}[X])}{\sqrt{V_n}} \leq 1.96\right) \\ &= \mathrm{P}\left(-1.96\sqrt{\frac{V_n}{n}} \leq \overline{X}_n - \mathrm{E}[X] \leq 1.96\sqrt{\frac{V_n}{n}}\right) \end{aligned}$$

$$= \mathrm{P}\left(\overline{X}_n - 1.96\sqrt{\frac{V_n}{n}} \leq \mathrm{E}[X] \leq \overline{X}_n + 1.96\sqrt{\frac{V_n}{n}}\right)$$

この最後の不等式が，95%信頼区間になっています。このようにして，中心極限定理から信頼区間を導出することができました。

上と同様の手順により，99%信頼区間は，

$$\overline{X}_n - 2.58\sqrt{\frac{V_n}{n}} \leq \mathrm{E}[X] \leq \overline{X}_n + 2.58\sqrt{\frac{V_n}{n}}$$

によって求められます。90%信頼区間については章末の問題 3.4 を参照してください。

3.5　繰り返し期待値の法則

少々発展的な内容になりますが，以降の章で必要になる条件付期待値の性質を紹介しておきます。必要に応じて参照してください。

確率変数の組 X, Y があるとします。このとき以下の式が成り立ちます。

$$\mathrm{E}(Y) = \mathrm{E}[\mathrm{E}(Y \mid X)] \tag{3.1}$$

式（3.1）の結果を**繰り返し期待値の法則**（law of iterated expectations）といいます。ここで，条件となる X の値を具体的に定めずに $\mathrm{E}(Y \mid X)$ と書くときには，それを X の関数として読みます。X は確率変数ですから，その関数である条件付期待値 $\mathrm{E}(Y \mid X)$ も確率変数となります。式（3.1）の右辺には 2 つの期待値が含まれていますが，「内側」の E は Y に関する条件付期待値で，「外側」の E は $\mathrm{E}(Y \mid X)$ の X に関する期待値ですので注意してください。より具体的に書けば，X が確率密度関数 f_X をもつ連続確率変数であるとき，

$$\mathrm{E}[\mathrm{E}(Y \mid X)] = \int \mathrm{E}(Y \mid X = u) \cdot f_X(u)\mathrm{d}u$$

となり，また，X が $x_1, \ldots, x_k$ の値をそれぞれ $p_1, \ldots, p_k$ の確率でとる離散確率変数であるときは，

$$\mathrm{E}[\mathrm{E}(Y \mid X)] = \sum_{i=1}^{k} \mathrm{E}(Y \mid X = x_i) \cdot p_i$$

となります。

この公式を直感的に理解するため，離散確率変数の場合に注目しましょう。このとき，式 (3.1) は以下が成立することを主張しています。

$$\mathrm{E}(Y) = \mathrm{E}(Y \mid X = x_1) \cdot p_1 + \cdots + \mathrm{E}(Y \mid X = x_k) \cdot p_k$$

この等式が成り立つ理由は，以下のように考えればわかります。母集団から大きさ N の標本 $(X_1, Y_1), \ldots, (X_N, Y_N)$ を得たとします。議論を単純にするために，X は 1 か 2 の値しかとらないとして，N 個の観測値のうち最初の n 個については $X_1 = X_2 = \cdots = X_n = 1$ であり，残りの $N - n$ 個については $X_{n+1} = X_{n+2} = \cdots = X_N = 2$ であるとします。

このとき，Y の期待値 $\mathrm{E}(Y)$ を推定するには，次の 2 通りの方法が考えられるでしょう。

① 単純に標本平均 $\overline{Y}_N = \frac{1}{N} \sum_{i=1}^{N} Y_i$ を計算する。

② (i) まず，標本を X の値に応じてグループ分けして，グループごとに平均を計算する。このとき，$\mathrm{E}(Y \mid X = 1)$ は $\overline{Y}_1 = \frac{1}{n} \sum_{i=1}^{n} Y_i$ によって，$\mathrm{E}(Y \mid X = 2)$ は $\overline{Y}_2 = \frac{1}{N-n} \sum_{i=n+1}^{N} Y_i$ によって，それぞれ推定される。(ii) 次に，$X = 1$ となる確率 p_1 を割合 $\hat{p}_1 = \frac{n}{N}$ により，$X = 2$ となる確率 p_2 を割合 $\hat{p}_2 = \frac{N-n}{N}$ により，それぞれ推定する。(iii) 最後に，標本全体の平均を $\overline{Y}_1 \cdot \hat{p}_1 + \overline{Y}_2 \cdot \hat{p}_2$ によって計算する。

方法②による計算では，

$$\begin{aligned}
\overline{Y}_1 \cdot \hat{p}_1 + \overline{Y}_2 \cdot \hat{p}_2 &= \frac{Y_1 + \cdots + Y_n}{n} \times \frac{n}{N} + \frac{Y_{n+1} + \cdots + Y_N}{N - n} \times \frac{N - n}{N} \\
&= \frac{Y_1 + \cdots + Y_n + Y_{n+1} + \cdots + Y_N}{N} \\
&= \overline{Y}_N
\end{aligned}$$

となりますから，これは結局①の計算結果と同じものです。ここで標本の大きさ N を十分に大きくすれば，グループ別の平均値 $\overline{Y}_1, \overline{Y}_2$ は条件付期待値 $\mathrm{E}(Y \mid X = 1), \mathrm{E}(Y \mid X = 2)$ に，割合 $\hat{p}_1, \hat{p}_2$ は確率 p_1, p_2 にそれぞれ近づいていきますので，最終的に繰り返し期待値の法則が得られます。

第 3 章のまとめ

- それが生じる確率を計算できる現象のことを，事象という。
- 生じた事象に応じて値が定まる変数のことを，確率変数という。
- 2 つの事象 A, B について，それらが別個に発生する確率 $\mathrm{P}(A)$, $\mathrm{P}(B)$ の積が，2 つ同時に発生する確率 $\mathrm{P}(A \cap B)$ に等しいとき，A と B は独立であるという。
- 分布関数として表される母集団における平均値のことを，期待値という。
- 2 つの確率変数 X, Y について，X の値が与えられた状況下での Y の期待値を，条件付期待値 $\mathrm{E}[Y \mid X]$ という。
- 標本が大きくなるにつれて，標本平均の分布は正規分布に近づいていく。これを中心極限定理という。

練習問題

問題 3.1　2 つの確率変数 X, Y について，X と Y が独立であるとき，(1) $\mathrm{Var}(X+Y)$ と (2) $\mathrm{Var}(X-Y)$ を求めてください。

問題 3.2　オーム社 Web サイトの本書サポートページから temperature.csv というファイルをダウンロードして，作業ディレクトリに置いてください。このデータは，2014 年の東京都における 1 時間おきの気温の全データです。データの各項目の内容は以下の**表 3.3** のとおりです。

表 3.3　temperature.csv の各項目

変数	定義
date	日付
time	時刻
temp	東京都の気温（単位：°C）

1. 項目 temp のすべてを用いて，2014 年の東京都の平均気温を計算してください。
2. 項目 temp の 1 番目から 100 番目までを抽出して標本とし，標本平均を計算してください。その結果を 1. と比較してください。
3. 項目 temp から 100 個を無作為抽出して標本平均を計算し，その結果を 1. と比較してください。
4. 2. と 3. の結果の違いがどうして生じたのか，考えてみましょう。

問題 3.3 オーム社 Web サイトの本書サポートページから icecream.csv というファイルをダウンロードして，作業ディレクトリに置いてください。このデータは 2013 年の総務省家計調査に基づくもので，「1 世帯あたりアイスクリーム支出金額」を主要都市別に調査したものです。データの各項目の内容は以下の**表 3.4** のとおりです。

表 3.4　icecream.csv の各項目

変数	定義
city	都市名
icecream	世帯あたりアイスクリーム年間消費額
income	世帯あたり年間所得
u15	世帯あたり 15 歳以下の子供の平均人数

1. データから，アイスクリームの年間消費額が最も高い都市を探してみましょう。
2. アイスクリームの年間消費額と年間所得について散布図を描き，相関係数を計算しましょう。
3. アイスクリームの年間消費額と 15 歳以下の子供の人数について散布図を描き，相関係数を計算しましょう。
4. 2. と 3. の結果を比較して，アイスクリームの消費量を決定する要因としては，所得と子供の数のどちらのほうが重要であるか，考えてみましょう。

問題 3.4 X, Y はそれぞれ $N(50, 10^2)$ から独立に得られた大きさ 1000 の標本であるとします。以下の事象が実現する確率をシミュレーションによって計算するスクリプトを書きましょう。

1. $X > 10$　2. $-10 < X < 10$　3. $X > Y^2$

問題 3.5 $\overline{X}_n$ を大きさ n の標本の標本平均，V_n を標本分散とします。このとき，以下の不等式が 90%の確率で成立することが知られています。

$$\overline{X}_n - 1.65\sqrt{\frac{V_n}{n}} \le \mathrm{E}[X] \le \overline{X}_n + 1.65\sqrt{\frac{V_n}{n}}$$

これを母集団の平均 $\mathrm{E}[X]$ の 90%信頼区間といいます。以下のステップを実行するスクリプトを書き，この不等式が実際に 90%の確率で成立することを確認してください。

1. 母集団 $N(50, 10^2)$ から大きさ $n = 10000$ の標本を抽出する。
2. 標本平均 Xbar，標本分散 Vn を計算する。
3. $\overline{X}_n - 1.65\sqrt{\frac{V_n}{n}}$ 以上，$\overline{X}_n + 1.65\sqrt{\frac{V_n}{n}}$ 以下の区間に，母集団平均の 50 が含まれているかどうかを判定する。
4. 1.～3. を 10000 回繰り返し，そのうち何回について 3. が成立するかカウントする。

第4章 回帰分析の基礎

第3章までの内容により Part I の目的である**回帰分析**（regression analysis）について学ぶ準備ができました。この章からは，いよいよ回帰分析の基礎について解説します。まずは，回帰分析の意味を理解するために，ノンパラメトリック回帰の考え方を説明します。そのうえで，より一般的に使われる手法である，単回帰分析や重回帰分析について解説します。

4.1 回帰分析の考え方

4.1.1 回帰 ＝ 予測

「回帰する」という言葉の用法に慣れるまでには，少し時間を要するかもしれません。一般的に，**回帰**（regression）とは，

「興味ある変数 Y の値を，他の変数（の組）X を用いて予測すること」

を意味します。このとき，X を**説明変数**（explanatory variable）もしくは**独立変数**（independent variable），Y を**被説明変数**（explained variable）や**従属変数**（dependent variable）と呼びます。また，X を用いて予測された Y の値を X の関数として $m(X)$ などと書き，これを**回帰関数**（regression function）といいます。したがって，X の値が同じ個人については同じ値を予測することになります。回帰関数 $m(X)$ による予測の誤差 $Y - m(X)$ を通常，ε などと表します。これを**誤差項**（error term）といいます。以上をひとつの式にまとめれば，

$$Y = m(X) + \varepsilon$$

と書けます。

たとえば，「賃金を教育年数に回帰する」ことは，ある人が学校に X 年通った

という事実を手がかりにして，その人の賃金 Y を予測することを意味します。予測された賃金の値が，この場合の回帰関数 $m(X)$ になります。同様に，「体重を身長に回帰する」という場合では，ある人の身長が X であるということを手がかりにして，その人の体重 Y を予測することになります。

4.1.2　最小二乗法

回帰分析の意味について，具体例を用いて説明しましょう。たとえば，人々の賃金 Y を教育年数 X に回帰する問題を考えます。ここで，十分に多くの人たちについて，各人の賃金 Y と教育年数 X のペア (Y, X) が無作為標本として得られているものとします。

分析の最初のステップとして，教育年数 X の値に応じて，標本を複数のグループに分割しましょう。その結果，$X = 6$（小学校卒業程度）の人々だけからなるグループや，$X = 12$（高校卒業程度）の人々からなるグループなど，さまざまな小集団が構成されます（**図 4.1**）。

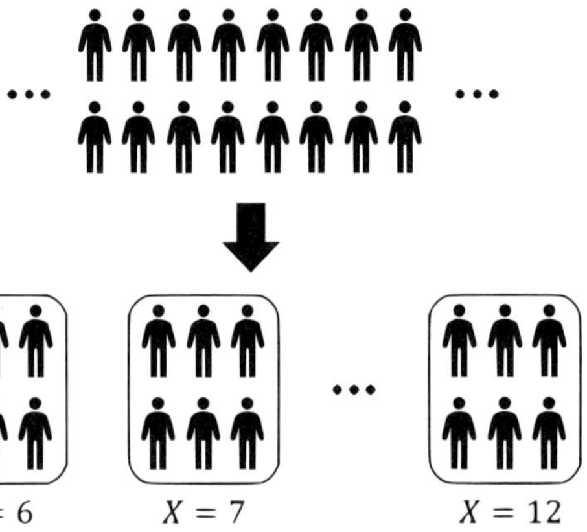

図 4.1　X の値による標本の分割

次のステップとして，まずは $X = 12$ のグループに注目します。このグループに属する人数を n 人，それぞれが得ている賃金水準を $Y_1, \ldots, Y_n$ としましょう。この情報をもとにして，$X = 12$ である人の賃金 Y を予測します。

予測の精度を上げるためには，**予測誤差**（prediction error）をできるだけ小さくする必要があります。このグループに属する人の Y の予測値を Y^* とすれば，予測誤差は $\varepsilon_1 = Y_1 - Y^*, \ldots, \varepsilon_n = Y_n - Y^*$ として表されます。予測の値が大きすぎれば誤差は負の値をとるでしょうし，逆に予測が小さすぎれば正の値をとるでしょう。予測をできるだけ正確にするには，正負どちらの誤差も小さく抑えなければなりません。

そこで，予測の正確さの基準として，**平均二乗誤差** (mean squared errors: MSE) を次のように定義しましょう。

$$\mathrm{MSE} = \frac{1}{n}(\varepsilon_1^2 + \cdots + \varepsilon_n^2) = \frac{1}{n}\sum\nolimits_{i=1}^{n}(Y_i - Y^*)^2$$

各誤差を 2 乗してから合計することにより，正の誤差と負の誤差が互いに打ち消しあうことを防いでいます。この値をできるだけ小さくすることにより，正の誤差と負の誤差を同時に減少させることができるわけです。このように，予測の正確さの基準として平均二乗誤差を用い，それを最小化することで回帰関数を得る手法を**最小二乗法** (least squares method) といいます。

平均二乗誤差の右辺を展開，整理すれば，

$$\begin{aligned}\mathrm{MSE} &= \frac{1}{n}\sum_{i=1}^{n} Y_i^2 - 2Y^* \cdot \frac{1}{n}\sum_{i=1}^{n} Y_i + (Y^*)^2 \\ &= \left(\frac{1}{n}\sum_{i=1}^{n} Y_i - Y^*\right)^2 + \frac{1}{n}\sum_{i=1}^{n} Y_i^2 - \left(\frac{1}{n}\sum_{i=1}^{n} Y_i\right)^2\end{aligned}$$

が得られます。ここで，右辺の第 2 項と第 3 項は予測値 Y^* とは関係のない項です。したがって，平均二乗誤差を最小にするには第 1 項の最小化のみ考えればよいことがわかります。すなわち，$Y^* = \frac{1}{n}\sum_{i=1}^{n} Y_i$ であるとき，平均二乗誤差が最小になります。教育年数が 12 年である人の賃金の予測値は，単に $X = 12$ のグループに属する人たちの賃金の平均値となるのです。このことは，もちろん $X = 12$ の場合に限らず，すべてのグループについて成立することです。

以上を整理すれば，次のようになります。

① 母集団から，各個人の教育年数 X と賃金 Y をペアにした標本を抽出する。
② 得られた標本を，X の値に応じて複数のグループに分割する。
③ 各グループ内で Y の平均値を計算し，その結果を $m(X)$ とする。

このような回帰分析の方法を，特に**ノンパラメトリック回帰** (nonparametric regression) といいます。

ところで，予測の正確さの基準として二乗誤差ではなく絶対値誤差を使ってもいいのではないか，と思われた読者の方もいらっしゃるかもしれません。実際そのような回帰分析の方法もしばしば用いられます。実は，絶対値誤差を最小化する回帰関数は平均値ではなく中央値に相当します。したがって，当然のことですが，どのような回帰関数が望ましいかはどのような誤差を小さくしたいかに依存していることに注意してください。

ただし簡単化のため，本書では特に断りのない限り，「回帰」は基本的に最小二乗法による回帰のことを指すものとします。

4.1.3　条件付期待値と回帰分析

条件付期待値と回帰分析には，切っても切れない深い関係があります。たとえば前章の 3.3.7 項において，私たちは教育年数（educ）を条件とした賃金（wage）の平均値を計算しましたが，今にして思えば，その計算方法はノンパラメトリック回帰の方法と同じものでした。したがって，賃金の条件付期待値を推定することは，賃金を教育年数に回帰することに等しいと考えられます。

また，標本のサイズが大きくなれば，標本を分割して作った各グループも大きくなります。すると大数の法則により，ノンパラメトリック回帰によって推定された $m(X)$ は，X の値を条件とした Y の期待値 $\mathrm{E}[Y \mid X]$ へと近づいていくはずです。このように考えても，回帰関数 $m(X)$ が条件付期待値 $\mathrm{E}[Y \mid X]$ と同じものであるということがわかります。したがって，回帰分析の目的は X の値が与えられたときの Y の条件付期待値 $\mathrm{E}[Y \mid X]$ を求めることだと言い換えてもよいでしょう。

回帰関数 $m(X)$ が条件付期待値 $\mathrm{E}[Y \mid X]$ と等しいとき，誤差項 ε は，

$$\varepsilon = Y - \mathrm{E}[Y \mid X]$$

と書けます。ここで，上式の両辺の期待値をとれば，繰り返し期待値の法則（式 (3.1) 参照）から，$\mathrm{E}[\varepsilon] = 0$ となります。よって，誤差項の期待値は 0 になります。

4.1.4　数値例：気温と電力使用量

ノンパラメトリック回帰を R によって実行してみましょう。まずは，オーム社 Web サイトの本書サポートページからダウンロードして，`temperature_aug.csv` という CSV ファイルを作業フォルダに保存してください。このデータは，2014

年 8 月の東京都の気温を 1 時間ごとに記録したもので，第 3 章の練習問題 3.1 で用いたものの一部です。このデータに含まれる項目は**表 4.1** のとおりです。

表 4.1　temperature_aug.csv に含まれる変数の定義

変数	定義
date	日付（年/月/日）
time	時刻
elec	東京電力における 1 時間あたり電力使用量の実績値（単位：万 kW）
prec	1 時間あたり降水量（単位：mm）
temp	東京都の気温（単位：摂氏）

第 3 章では，CSV ファイルを読み込む際 read.csv() という関数を使いましたが，ここでは readr パッケージに含まれている read_csv() 関数を用いることにしましょう。readr パッケージを利用することで，より使い勝手のよいかたちでデータを読み込むことができます。パッケージのインストール方法については，付録 A.3.4 を参照してください。

早速，library() 関数を使ってパッケージを呼び出し，read_csv() 関数を用いて，データを読み込んでみましょう。

```
library(readr)
tempdata <- readr::read_csv("temperature_aug.csv")
```

これで，データが tempdata という名前のオブジェクトとして格納されました。ここで，:: は**ダブルコロン演算子**（double colon operator）というもので，左辺で指定したパッケージの中から右辺で指定した関数を呼び出す機能を持ちます。パッケージの中の特定の関数しか使わない場合や，他に呼び出したパッケージに同じ名前の関数が含まれていて関数名に曖昧さがある場合に使います。

毎時刻の気温の様子を，プロットを作成して可視化してみましょう。ここでは，ggplot2 というパッケージを用います。ggplot2 は，美しいプロットを簡単に作成することを可能にするパッケージです。次のコードを実行してください。

```
ggplot(tempdata,
       aes(x = time, y = temp)) +
       geom_point() +
       xlab("時刻") +
       ylab("気温")
```

この命令を実行した結果が，**図 4.2** に示されています。

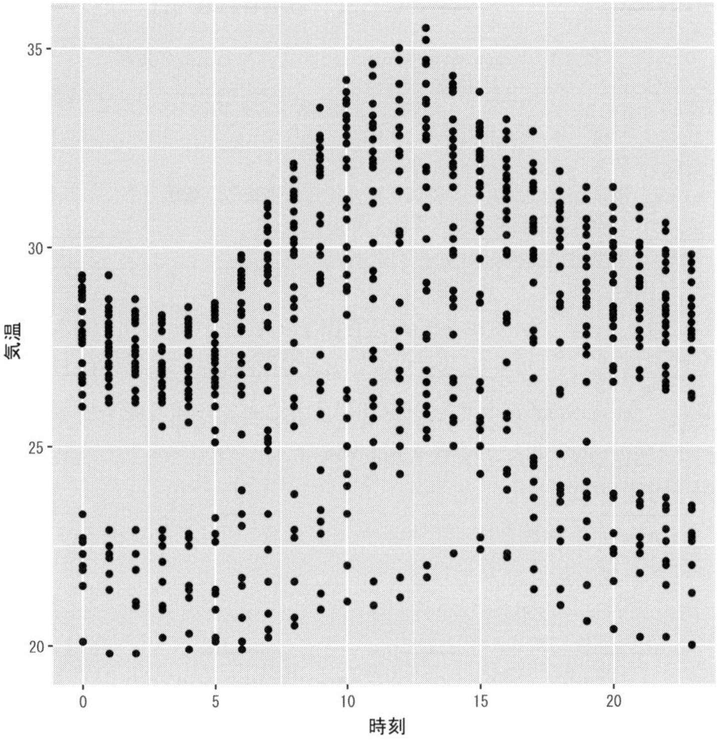

図 4.2　2014 年 8 月の東京都における時刻と気温

コードの構造について，順を追って解説します。まず，はじめの ggplot() 関数では，どのデータを用いるかということと，そのデータに含まれる変数とグラフの要素の対応を指定しています。1 つ目の引数で tempdata と指定することで，ggplot() 関数が tempdata を用いるということを理解してくれます。2 つ目の引数では，aes() 関数を用いてデータの変数とプロットの要素の対応を指定しています。x = time というコードによって，「x 軸に time という変数を割り当てる」ということを指示しています。y = temp についても同様です。

ggplot() 関数によって，「どのデータを用いるか」と「変数をグラフのどの要素に割り当てるか」が決まりましたが，これだけでは「どのようなグラフを描くか」がわかりません。箱ひげ図かもしれないし，散布図かもしれません。したがって，さらに geom_*() 関数を使って，グラフの種類を指定する必要があります。

*の部分でグラフの種類を指定し，ggplot() の後に+をはさんで，コードを追加します。ここでは散布図を描きたいので，+ geom_point() とコードを書き込んでいます。さらに，+ xlab("時刻") と指定することにより，横軸に「時刻」というラベルを付けています。同じく+ ylab("気温") とすることにより，縦軸に「気温」というラベルを付けています。

4.1.5　データフレームとティブル

ここでさらに寄り道をして，R におけるデータフレームとその派生版であるティブルの考え方を説明しておきます。**データフレーム**（data.frame）とは，R におけるオブジェクトの一種で，主にテーブルデータを扱うために用いられます。テーブルデータとは簡単にいうと，temperature_aug.csv のように，各項目の名前が一番上の行にあって，それらの下に項目の値が記録されているようなデータのことを指します。

対して，**ティブル**（tibble）は通常のデータフレームの機能を拡張・改善したものです。回帰分析などの処理を行うときの挙動は，通常のデータフレームと基本的に同じであるため，通常のデータフレームと同一視してもほとんど差し支えありません。今後，本書では単にデータフレームというときも，断りがなければティブルを指すと考えてください。readr パッケージの read_csv() を使うと，データはティブルとして R に読み込まれます。

つまり，tempdata はティブルの具体例ということです。そのまま tempdata というコードを実行すれば，以下のような出力が得られます。

```
tempdata

# A tibble: 744 × 5
  date       time  elec  prec  temp
  <chr>     <dbl> <dbl> <dbl> <dbl>
1 2014/8/1      0  3193     0  27.9
2 2014/8/1      1  2960     0  27.9
3 2014/8/1      2  2807     0  27.1
4 2014/8/1      3  2748     0  26.8
5 2014/8/1      4  2735     0  26.9
```

```
 6 2014/8/1      5  2736      0  27.3
 7 2014/8/1      6  2950      0  28.3
 8 2014/8/1      7  3336      0  29.4
 9 2014/8/1      8  3863      0  30.2
10 2014/8/1      9  4328      0  32.2
# … with 734 more rows
# i Use `print(n = ...)` to see more rows
```

一番上の `# A tibble:  744 × 5` というヘッダーのような出力は，このオブジェクトがティブルであることと，744 行 5 列，つまりサンプルサイズが 744 で 5 種類の項目が含まれたテーブルデータであることを表しています。ティブルはそのままでははじめの 10 行目までしか表示されません。より多くの行を表示させたい場合は `print(tempdata, n = 100)` などとして，表示する行数を指定します。すべて表示させるには，`print(tempdata, n = Inf)` としてください。また，ティブルは列数もコンソールの画面に表示しきれる分しか表示しません。今回は 5 つしか項目がないのですべて表示されていますが，項目数が多くて表示しきれないときにはその分が省略されます。すべての列を表示させたいときには，`print(tempdata, width = Inf)` とすればよいです。

一番上のヘッダーの下には，`date` や `time` など，各列に対応する変数の名前が記されています。さらにその下に，各項目の属性が記されています。`date` は文字列（`chr`; character），それ以外の `time` や `elec` は数値（`dbl`; double）です ※1。左端には各データの通し番号が振られています。このように，項目名と通し番号という枠（フレーム）を備えた，さまざまな属性のデータの塊を，R ではデータフレームと呼んでいます。

データフレームから，特定の行や列を抽出するには，`[]` 演算子を用います。具体的には，`tempdata` の 3 行目を抽出したい場合には，`tempdata[3, ]` とします。対して，仮に `tempdata` の 2 列目を抽出したい場合には，`tempdata[, 2]` とします。特定のセル，たとえば 3 行 2 列目を抽出したい場合は，`tempdata[3, 2]` とします。第 3 章でも説明した通り，項目名からデータフレームの列を取り出す場合には，データフレーム名$項目名という書式を使います。たとえば，`tempdata`

※1　厳密には，double は実数型というデータ型です。実数型と整数型（integer）を，まとめて数値型（numeric）と呼びます。

から項目 time を取り出すには，tempdata$time とします。この項目のデータフレームの 3 行目にあたる値を取り出すには，tempdata$time[3] と実行します。

4.1.6　ノンパラメトリック回帰の実行

それでは，標本データ tempdata を用いて，8 月の東京における，各時刻における気温を予想してみることにしましょう。ここからはティブルの扱いを非常に効率的にしてくれる dplyr というパッケージを用いることにします。パッケージをインストールして，呼び出しましょう。

```
install.packages("dplyr")
library(dplyr)
```

これで，データフレームを扱うのに便利な関数や演算子が使えるようになりました。まずは，単純に気温の平均を計算してみましょう。

```
tempdata %>%
  summarise(mean_temp = mean(temp))

# A tibble: 1 × 1
  mean_temp
      <dbl>
1      27.7
```

%>% というのは**パイプ演算子**（pipe operator）と呼ばれるもので，演算子の左辺の演算処理を右辺にある関数の 1 番はじめの引数に受け渡す機能を持っています。つまり，上のコードは summarise(tempdata, mean_temp = mean(temp)) と全く同じです。なぜこのような書き方をするかというと，関数による処理が連続する際にパイプ演算子を使うことで，直感的にコーディングができ，かつ，コードの可読性も高められるためです。これについては，また後ほど解説します。

summarise() 関数は，第 1 引数に与えられたデータセットの項目の値に基づいて，その要約統計量のティブルを作成する関数です。関数の中にある，mean_temp = mean(temp) というのは，「新しいティブルには mean_temp という項目を含めて，その値には第 1 引数のデータセット（つまりここでは tempdata）の temp という列に mean() 関数を適用したものを与える」ということを意味しています。

次のようなコードを書くことで，複数種類の要約統計量を一度に計算することも可能です。

```
tempdata %>%
  summarise(mean_temp = mean(temp),
            sd_temp   = sd(temp),
            max_temp  = max(temp),
            min_temp  = min(temp))
```

時刻ごとの平均気温を計算するには，group_by() 関数が便利です。この関数は与えた項目の値に基づいてデータの中でグループを作ります。グループが作られると，summarise() 関数は，要約統計量を計算する際に，グループごとに計算を行うようになります。

```
tempdata %>%
  group_by(time) %>%
  summarise(mean_temp = mean(temp))

# A tibble: 24 × 2
    time mean_temp
   <dbl>     <dbl>
 1     0      26.4
 2     1      26.1
 3     2      25.9
 4     3      25.8
 5     4      25.7
 6     5      25.8
 7     6      26.4
 8     7      27.3
 9     8      28.1
10     9      29.0
# … with 14 more rows
```

これで，すべての時刻について気温の予測値を計算できました。後は，このデータを使って，回帰関数をプロットしてみましょう（**図 4.3**）。

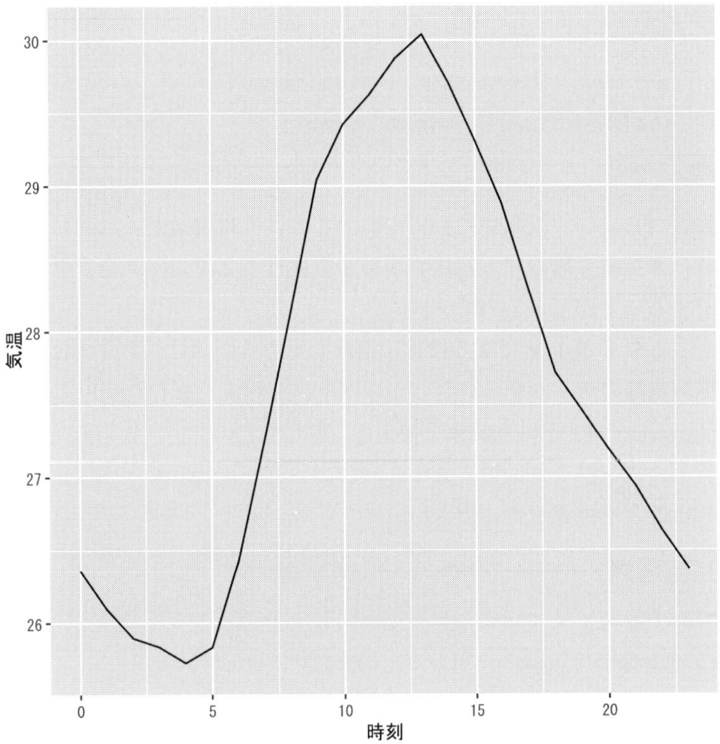

図 4.3 ノンパラメトリック回帰の結果

```
tempdata %>%
  group_by(time) %>%
  summarise(mean_temp = mean(temp)) %>%
  ggplot(aes(x = time, y = mean_temp)) +
  geom_line() +
  xlab("時間") +
  ylab("気温")
```

ここでは geom_*の*の部分に line と入れて geom_line() としてあります。これは折れ線を描画することができる関数です。

もし，上のコードをパイプ演算子なしで書くとすると，次のようになります。

```
ggplot(summarise(group_by(tempdata, time),
                 mean_temp = mean(temp)),
       aes(x = time, y = mean_temp)) +
  geom_line()
```

非常に書きづらいし，読みづらいですね。このように関数が入れ子になっていくようなコードを書く場合に，パイプ演算子を使うことでコードを書きやすく，読みやすくすることができるのです。

さて，ここまで dplyr による操作に慣れてもらうために，あえてはじめに時刻ごとの平均気温のデータを作成してからグラフを作成しましたが，実は ggplot2 の stat_summary() という関数を使えば，もともとのデータから直接，時刻ごとの平均気温のグラフを作図できます。次のコードを実行して，図 4.3 と同じ図が出力されることを確認してください。

```
tempdata %>%
  ggplot(aes(x = time, y = temp)) +
  stat_summary(geom = "line", fun = "mean") +
  xlab("時間") +
  ylab("気温")
```

stat_summary() は aes() の中の引数 y に与えられた変数を対象にして，統計量を計算して描画します。引数 geom は，どのようなグラフを描くか，fun はどのような関数を適用するかを表しています（geom には他に"point"や"bar"を，fun には他に"max"や"median"などが指定できます。）。

ここまで geom_*() 系の関数が 2 種類出てきました。他にもさまざまなグラフを作成することができます。**表 4.2** に代表的なものをまとめておきましょう。

表 4.2　geom_*() の種類

関数	グラフの種類
geom_point()	散布図
geom_line()	折れ線グラフ
geom_histogram()	ヒストグラム
geom_bar()	棒グラフ

4.1.7　グラフを重ねる

図 4.2 と図 4.3 を重ねて描けば，回帰関数の意味を視覚的に理解できます。図を重ね合わせるためには，次のように geom_point() と stat_summary() を組み合わせればよいです。

```
tempdata %>%
  ggplot(aes(x = time, y = temp)) +
  geom_point() +
  stat_summary(geom = "line", fun = "mean") +
  xlab("時間") +
  ylab("気温") +
  coord_cartesian(ylim = c(20, 30))
```

このコードを実行すると，**図 4.4** が出力されます。さて，上のコードをよく見ると，coord_carteisian() という新出の関数があることに気づきます。これは表

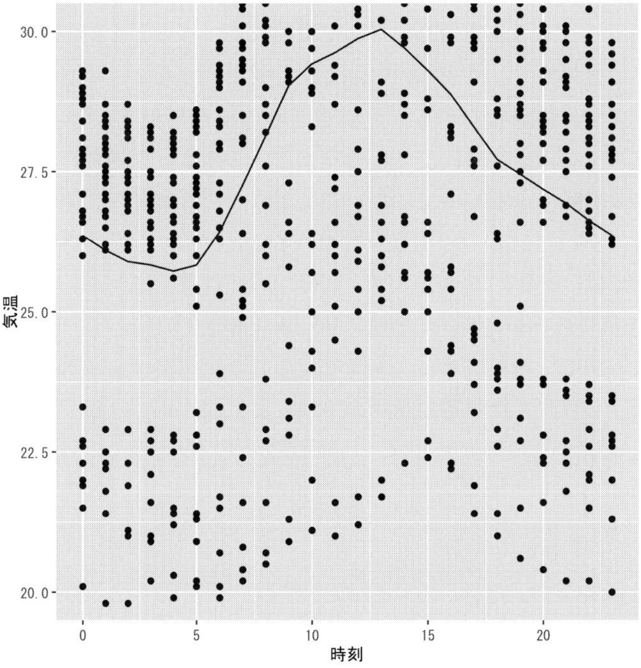

図 4.4　回帰曲線と散布図の関係

示するグラフの範囲を指定する際に使う関数で，引数 xlim の ylim とに上限と下限の値を与えることで x 軸と y 軸の表示範囲を指定できます。特に指定しなければ，自動で適切と思われる範囲が表示されます。ここでは，y 軸，つまり，気温の表示範囲を 20 度から 30 度に指定しています。このように，ggplot2 パッケージを使うことで，非常に直感的に作図することが可能です。

4.2　単回帰分析

4.2.1　ノンパラメトリック回帰の限界

ノンパラメトリック回帰が可能であるときには，回帰分析の実行方法について，これ以上の説明は必要ありません。4.1 節で説明したとおり，標本を分割して平均値を計算するだけで十分です。しかしながら，いくつかの場合には，この方法は必ずしも適切ではありません。

たとえば説明変数 X に多くの項目が含まれる場合です。ある人の賃金は，教育年数だけでなく，その職業の経験年数や職種など，もっと多くの条件によって決定されているはずです。東京都の気温も，時刻だけでなく，降水量や風力によっても変化します。しかしながら，X に含まれる項目数が増えれば，同一の X からなる各グループは必然的に小さくなります。このような場合には，得られた予測値はあまり信頼できるものではないでしょう。実証研究の実際においては，説明変数として 10 から 20 もの項目が含まれることはめずらしくありません。このような場合には，ノンパラメトリック回帰の方法は使えません。

X と Y の間に何らかの関係が事前に想定される場合にも，ノンパラメトリック回帰は最善の方法ではありません。前節で使用したデータ temperature_aug.csv に基づいて，1 時間あたり電力使用量 elec と気温 temp の散布図を描いてみましょう（**図 4.5**）。この図を見れば，気温と電力使用量の間には強い正の相関関係があることがわかります。実際，両者の相関係数を cor() 関数を使って計算すれば，

```
with(tempdata, cor(temp, elec))

[1] 0.7198181
```

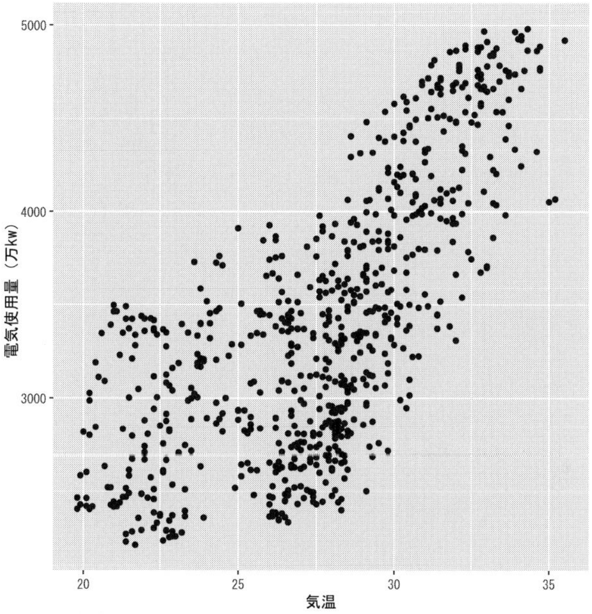

図 4.5　気温と電力使用量の関係

となって，これはかなり強い正の相関を示しています。なお，ここで用いた with() という関数は，第 1 引数に与えられたデータフレームの項目からオブジェクトを取ってきて，第 2 引数に与えられた処理を行うようにする関数です。これを使うことで，わざわざ cor(tempdata$temp, tempdata$elec) と冗長な書き方をせずに済みます。もちろん，dplyr パッケージを用いて，

```
tempdata %>%
  summarise(cor(temp, elec))
```

や

```
tempdata %>%
  with(cor(temp, elec))
```

のようにしてもよいでしょう。

さて，このデータに対して，ノンパラメトリック回帰を実行した結果が**図 4.6** です。この図からも，気温と電力使用量の間にある正の相関関係を見て取ること

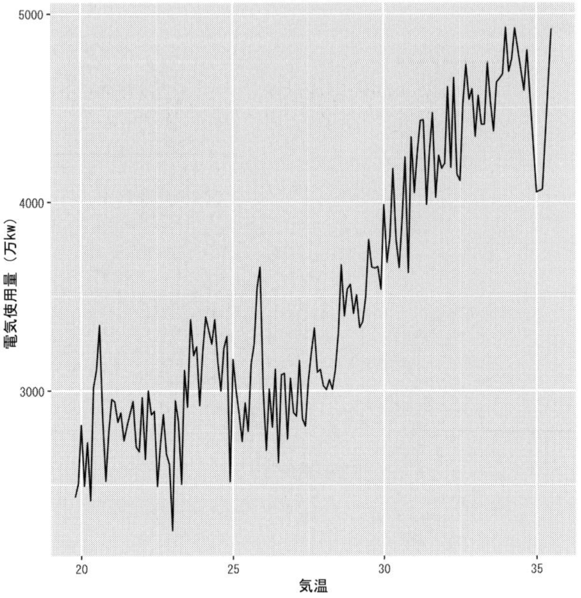

図 4.6　電力使用量の回帰曲線

はできます。しかし，それならわざわざ回帰分析を実行せずとも，散布図を見るだけでも十分です。より詳細な数量的情報，たとえば「気温が 1 度上昇すると，電力使用量がどれだけ増加するのか？」などの傾向を図 4.6 から正確に読み取ることはできません。また，グループ別に平均値を計算しているために，回帰曲線は非常にギザギザしたものとなり，全体の傾向が見づらいものになっています。説明変数が，教育年数のように限られた種類の値ではなく，気温のように広範囲で多様な値をとる場合には，図 4.6 のように変動の激しい曲線になることがあるのです。

4.2.2　線形回帰の仮定

以上のような問題に対応する 1 つの方法は，回帰関数に何らかの関数形を仮定することです。たとえば，電力使用量は気温の 1 次式であるとして，

$$\text{elec} = \beta_0 + \beta_1 \text{temp} + \varepsilon$$

という回帰モデルを仮定してみます。図 4.5 あるいは図 4.6 を見る限り，このような仮定は十分もっともらしいといえそうです。

ここで，被説明変数 elec と説明変数 temp の関係式「elec $= \beta_0 + \beta_1$temp $+ \varepsilon$」のことを**回帰式**（regression equation），β_0 を**切片**（intercept），β_1 を説明変数 temp の**回帰係数**（regression coefficient）といいます。β_0 を説明変数「1」の係数だとみなして，(β_0, β_1) をまとめて回帰係数ということもできます。

このように，説明変数と被説明変数の間に 1 次式の関係を追加的に仮定する回帰分析の方法を**線形回帰**（linear regression）といいます。特に現在の場合には，説明変数が temp の 1 種類しかありませんので，この線形回帰モデルを**単回帰モデル**（simple regression model）と呼びます。それに対して，複数の説明変数を仮定する場合には**重回帰モデル**（multiple regression model）と呼びます。

ノンパラメトリック回帰では回帰関数の関数形に一切仮定を加えなかったのに対して，単回帰や重回帰では，回帰係数を指定することで線形の回帰関数を仮定します。そうすることで，回帰関数 $m(X)$ を推定するために X の値ごとにデータを分割する必要がなく，回帰係数の推定を通じて回帰関数の全体のかたちを知ることができます。一般的に，このような回帰分析の方法を**パラメトリック回帰**（parametric regression）といいます。

4.2.3　単回帰の計算方法

母集団から無作為抽出された大きさ n の標本 $\{(Y_i, X_i) : i = 1, \ldots, n\}$ が利用可能であるとしましょう。単回帰の実行方法は，ノンパラメトリック回帰のそれと本質的に同じです。ただし，ノンパラメトリック回帰のときと異なり，回帰関数の形には，

$$\mathrm{E}[Y \mid X] = \beta_0 + \beta_1 X$$

という仮定をします。このとき，係数 (β_0, β_1) がひとたび与えられれば，この標本に基づく予測誤差は，

$$\varepsilon_1 = Y_1 - \beta_0 - \beta_1 X_1,\ \ldots,\ \varepsilon_n = Y_n - \beta_0 - \beta_1 X_n$$

によって計算されます。係数 (β_0, β_1) のもとでの平均二乗誤差は，

$$\mathrm{MSE} = \frac{1}{n} \sum\nolimits_{i=1}^{n} (Y_i - \beta_0 - \beta_1 X_i)^2$$

となります。この誤差を最小にする係数の値 $(\hat{\beta}_0, \hat{\beta}_1)$ を，**最小二乗推定量**（least squares estimator），あるいはこの文脈では特に **OLS**（ordinary least squares）

推定量と呼びます。

OLS 推定量の具体的な形式は，平均二乗誤差を係数 (β_0, β_1) によって微分し，その結果を 0 と置くことで得られます。つまり，最適化の 1 階の条件より，

$$\frac{\partial \mathrm{MSE}}{\partial \beta_0} = -\frac{2}{n}\sum_{i=1}^{n}(Y_i - \beta_0 - \beta_1 X_i) = 0$$
$$\frac{\partial \mathrm{MSE}}{\partial \beta_1} = -\frac{2}{n}\sum_{i=1}^{n}(Y_i - \beta_0 - \beta_1 X_i)X_i = 0$$

として，これを解くことにより，

$$\hat{\beta}_0 = \overline{Y}_n - \hat{\beta}_1 \overline{X}_n \tag{4.1}$$
$$\hat{\beta}_1 = \frac{\sum_{i=1}^{n}(X_i - \overline{X}_n)(Y_i - \overline{Y}_n)}{\sum_{i=1}^{n}(X_i - \overline{X}_n)^2} \tag{4.2}$$

を得ます。ここで，$\overline{X}_n$ は X の標本平均，$\overline{Y}_n$ は Y の標本平均です。具体的な導出方法は章末の補足を参照してください。

式（4.2）の分子，分母を $n-1$ で割ってみると，

$$\hat{\beta}_1 = \frac{X \text{ と } Y \text{ の標本共分散}}{X \text{ の標本分散}}$$

であることもわかります。さらに，$\hat{\beta}_1$ の計算式の分子と分母に $\sqrt{\sum_{i=1}^{n}(Y_i - \overline{Y}_n)^2}$ をかけて変形すると，

$$\hat{\beta}_1 = \frac{\sqrt{\sum_{i=1}^{n}(Y_i - \overline{Y}_n)^2}}{\sqrt{\sum_{i=1}^{n}(X_i - \overline{X}_n)^2}} \cdot \frac{\sum_{i=1}^{n}(Y_i - \overline{Y}_n)(X_i - \overline{X}_n)}{\sqrt{\sum_{i=1}^{n}(X_i - \overline{X}_n)^2}\sqrt{\sum_{i=1}^{n}(Y_i - \overline{Y}_n)^2}}$$

となります。ここで，2.5 節で解説した相関係数 ρ の定義式を思い出せば，

$$\hat{\beta}_1 = \frac{Y \text{ の標準偏差}}{X \text{ の標準偏差}} \times \rho$$

と書き換えることもできます。したがって，回帰係数 $\hat{\beta}_1$ は相関係数 ρ と比例の関係にあることがわかりました。特に，$\hat{\beta}_1 = 0$ であれば $\rho = 0$ ですし，その逆に $\rho = 0$ ならば $\hat{\beta}_1 = 0$ が成り立ちます。このことからも，回帰分析は「変数間の相関の強さ」を測っているということが理解できます。

4.2.4　R による線形回帰分析

R で OLS 推定を行うには，lm() 関数を使います。次のようなコードを実行してみましょう。

```
lm(elec ~ temp, data = tempdata)
```

ここで，lm(y ∼ x, data = mydata) は，「mydata というデータフレームに含まれている項目 y と x を持ってきて，y を x に線形回帰せよ」という命令を意味します。「lm」という名前は，線形モデルを意味する linear model の頭文字からとられています。上のコードを実行すると，R は tempdata に含まれる項目のうち，被説明変数は elec，説明変数は temp であると判断し，さらに回帰式「$\mathrm{elec} = \beta_0 + \beta_1 \mathrm{temp} + \varepsilon$」を想定して，OLS 推定を実行します。その結果，次のような出力が得られます。

```
Coefficients:
(Intercept)         temp
     -614.3        145.0
```

最初に Coefficients とあるのは，この結果が係数についてのものであることを示しています。(Intercept) は，切片である β_0 を示しています。また temp は，変数 temp の係数である β_1 に対応します。したがって，係数の推定結果は $(\hat{\beta}_0, \hat{\beta}_1) = (-614.3, 145.0)$ となり，気温が与えられたときの電力使用量の予測値は，

$$\mathrm{elec} = -614.3 + 145.0 \times \mathrm{temp}$$

によって計算されることになります。たったこれだけです。ノンパラメトリック回帰の方法に比べて，なんと簡単なことでしょうか。

この結果によれば，東京の気温が 1 度上昇すれば，東京電力圏の電気使用量が 1 時間あたり 145 万 kW 増加することがわかります。原子力発電所 1 基が生み出す電気量が 1 時間あたり 100 万 kW ですので，これは大変な量です。

4.2.5　推定量と推定値

ここで，少し細かいことですが，**推定量**（estimator）と**推定値**（estimate）という用語の違いについて説明しておきます。

推定量とは，推定の結果を，標本 $\{(Y_i, X_i) : i = 1, \ldots, n\}$ の関数として表現し

たものです。したがって，OLS 推定量は式（4.1），（4.2）となります。たとえてみれば，推定量とは「得られた標本をどのように『料理』すれば推定ができるのか？」を記述する「レシピ」ということができます。

それに対して，推定値とは，実際に標本を代入して計算した結果の数値です。電力消費量を気温に回帰したときの OLS 推定値は $(\hat{\beta}_0, \hat{\beta}_1) = (-614.3, 145.0)$ となります。こちらが『料理』の結果です。

4.2.6　単回帰の図示

今度は，単回帰の結果を図示する方法を説明しましょう。まず，推定結果を適当なオブジェクトに格納します。ここでは，result としておきましょう。

```
result <- lm(elec ~ temp, data = tempdata)
```

この result はリスト（list）というデータフレームに似た構造を持つオブジェクトで，$演算子を使うことで特定の項目を取り出すことができます。係数の推定値は coeffcients という項目名です。次のコードを実行してみてください。

```
result$coefficients

(Intercept)        temp
  -614.2722    145.0303
```

result$coefficients の 1 つ目に切片の推定値，2 つ目に傾きの推定値が入っていることがわかります。

次に，データの散布図を描きます。縦軸と横軸の指定を間違えないように注意しましょう。今回は，散布図に直線を追加するために，直線を描画する機能を持つ geom_abline() という関数も組み合わせましょう。

```
tempdata %>%
  ggplot(aes(x = temp, y = elec)) +
  geom_point() +
  geom_abline(intercept = result$coefficients[1],
              slope     = result$coefficients[2]) +
  xlab("気温") +
  ylab("電気使用量（万 kw）")
```

これにより**図 4.7** が出力されます。見てわかる通り，`geom_abline()` の中では，引数 `intercept` で描く直線の切片の値を，`slope` で傾きの値を指定しています。

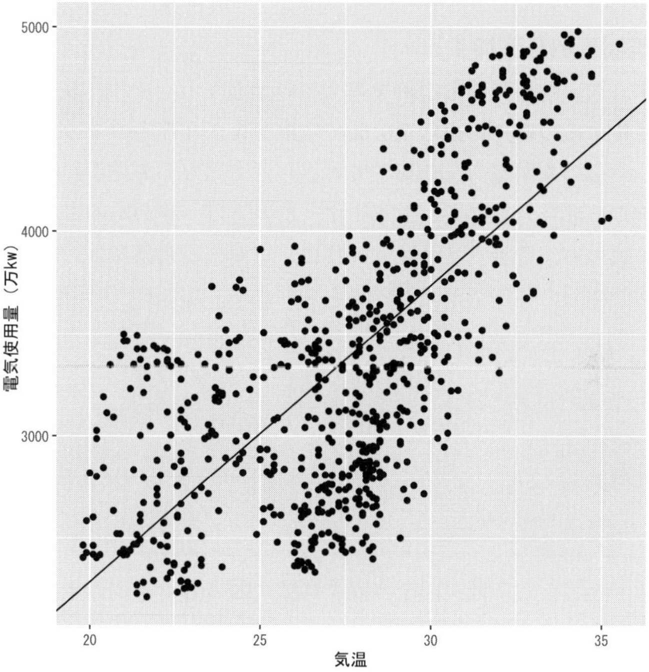

図 4.7　単回帰の結果

ただし，ノンパラメトリック回帰によって推定した回帰曲線をプロットした時と同じように，ggplot2 は十分賢いので，わざわざ `lm()` 関数を使って回帰をしなくても，回帰直線を直接描くことができます。そのためには，`geom_smooth()` 関数を使います。次のコードを実行してみてください。直線の色と太さが若干変わりますが，図 4.7 とほぼ同じ図が出力されるはずです。

```
tempdata %>%
  ggplot(aes(x = temp, y = elec)) +
  geom_point() +
  geom_smooth(method = "lm", se = FALSE) +
  xlab("気温") +
  ylab("電気使用量（万 kw）")
```

4.3　重回帰分析

4.3.1　説明変数を追加する

引き続き，電力使用量の分析例を考えてみましょう。8 月の電力使用量が気温によって変化するのは，おそらく冷房の使用が大きな理由の 1 つでしょう。しかしながら，冷房のみが電力を使用しているわけではないのですから，それ以外の要因もモデルに取り込む必要があります。たとえば，夜の時間帯には，照明などでも多くの電力が消費されます。と同時に，夜間になれば多くの経済活動が停止しますから，電力の使用量が減る効果もあります。実際に，

```
tempdata %>%
  ggplot(aes(x = time, y = elec)) +
  geom_point() +
  xlab("時刻") +
  ylab("電気使用量（万 kw）")
```

というコードを実行して散布図を作成すれば，**図 4.8** が描かれます。これを見る限り，日中から夕方までは電力使用量が多く，夜間から早朝には少なくなる傾向があるようです。

そこで，回帰式に時刻に関する情報も加えてみましょう。大雑把に 9 時から 18 時までを昼の時間帯と考えて，時刻が昼であることを示す変数 daytime を tempdata に追加しましょう。データフレームに新しい項目を追加したい際には，以下の例のように，「データフレーム$新しい項目名」として，そこに何らかの値を割り当てることで追加することができます。

```
tempdata$daytime <-
  (tempdata$time >= 9) & (tempdata$time <= 18)
```

記号 & は**論理積**（AND）を意味します。すなわち，time の値が 9 以上かつ 18 以下である場合には daytime の値は TRUE，そうでない場合には FALSE となります。TRUE と FALSE の値は，数値的な演算の際にはそれぞれ 1 と 0 として扱われることを思い出してください。すると，daytime という項目は，実質的には，条件が合うときに 1，そうでない場合には 0 となる二値変数になっていることがわ

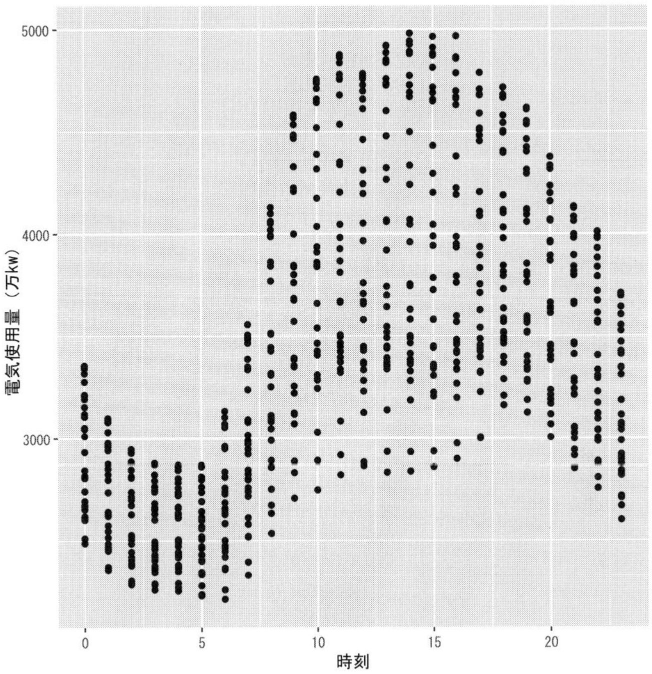

図 4.8　電力使用量の時間推移

かります。このような変数のことを**ダミー変数**（dummy variable）と呼びます。

しかし，上のようなコードは何度も tempdata$hogehoge が出てきて冗長な感じが否めません。さらに，このような書き方では，項目の追加が一度に 1 つしか行えません。dplyr パッケージのパイプ演算子と新しい変数を作成する mutate() 関数を使うことで，より直感的かつ効率的にデータセットを整理できます。

以降の分析で使うわけではないですが，電力消費量の単位を万 kw から百万 kw に変換した elec100，時刻表示を 24 時制から 12 時制に変換した time12，そして午前午後を表す ampm という変数もあわせて mutate() で作ってみましょう。

```
tempdata <- tempdata %>%
  mutate(daytime = 1 * (9 <= time & time <= 18),
         elec100 = elec / 100,
         time12  = time %% 12,
         ampm    = ifelse(time < 12, "a.m.", "p.m."))
```

割り当て演算子（`<-`）の右辺では，`tempdata` を基にして，新しい項目を追加した新しいデータフレームを作成しています。`mutate()` は第 1 引数としてデータフレームを要求するので，`%>%`を使って `tempdata` を渡しています。それ以降には，新たに追加したい項目の名前とその定義を，「新しい項目の名前 = 新しい項目の定義」という書式で記します。はじめの `daytime` は先ほどとほとんど同じですが，`mutate()` を使えば，わざわざ`$`でデータフレームを都度指定する必要がないことがわかります。2 つ以上の項目を追加する際は，コンマで区切って同じように定義していくだけです。そして最後に，右辺で新しく作成したデータフレームを `tempdata` に再び割り当てています（割り当てをしないと，右辺の演算だけでは `tempdata` というオブジェクト自体の内容は変わらないので，追加した項目が反映されないままになります）。

なお，ここでは `daytime` について `1 *` として，1 をかけていますが，これは単に論理値をあらかじめ数値に変換したものとして `daytime` を定義するための形式的な操作です。`time12` で使われている`%%`というのは剰余を求める演算子で，`x %% y` は `x` を `y` で割ったときの余りを計算するコマンドです。`ifelse()` は第 1 引数に論理値を取る関数で，`TRUE` なら第 2 引数の値を，`FALSE` なら第 3 引数の値を返します。

4.3.2　重回帰分析

次のような回帰モデルを仮定します。

$$\mathrm{elec} = \beta_0 + \beta_1 \mathrm{temp} + \beta_2 \mathrm{daytime} + \varepsilon$$

このように，2 つ以上の説明変数を用いて予測を行う方法を**重回帰分析**（multiple regression）といいます。

重回帰分析では，説明変数 X は d（≥ 2）個の項目からなっており，$X = (X_1, \ldots, X_d)$ というベクトルとして表現されます。回帰関数には，

$$\mathrm{E}[Y \mid X] = \beta_0 + \beta_1 X_1 + \cdots + \beta_d X_d$$

という線形構造が仮定されます。

ここで，母集団から，大きさ n の標本 $\{(Y_i, X_{1i}, \ldots, X_{di}) : i = 1, \ldots, n\}$ が無作為に抽出されたとしましょう。単回帰分析の場合と同様に，重回帰分析における OLS 推定量 $\hat{\beta} = (\hat{\beta}_0, \hat{\beta}_1, \ldots, \hat{\beta}_d)$ は，平均二乗誤差

$$\mathrm{MSE} = \frac{1}{n}\sum_{i=1}^{n}(Y_i - \beta_0 - \beta_1 X_{1i} - \cdots - \beta_d X_{di})^2$$

を最小化する $\beta = (\beta_0, \beta_1, \cdots, \beta_d)$ の値として定義されますが，それを Y と X の値を用いて具体的に書き出すと，式 (4.1)，(4.2) よりもさらに複雑な形になります。その理解には線形代数の基礎的な知識が必要になりますので，ここでは省略することにしましょう。

4.3.3 R による重回帰分析

R を用いて重回帰分析を行う場合には，用いる説明変数を「+」でつないで並べます。

```
lm(elec ~ temp + daytime, data = tempdata)
```

これだけで，R は説明変数として temp と daytime を考え，回帰式として

$$\mathrm{elec} = \beta_0 + \beta_1 \mathrm{temp} + \beta_2 \mathrm{daytime} + \varepsilon$$

を想定して最小二乗法を実行します。

その結果，次のような出力が得られます。

```
Coefficients:
 (Intercept)         temp      daytime
      -69.55       116.98       555.44
```

したがって，係数の推定結果は $(\hat{\beta}_0, \hat{\beta}_1, \hat{\beta}_2) = (-69.55, 116.98, 555.44)$ となり，電力使用量の予測値は

$$\mathrm{elec} = -69.55 + 116.98 \times \mathrm{temp} + 555.44 \times \mathrm{daytime}$$

によって計算されることになります。夜間に比べて昼の時間帯では，550 万 kW 以上も使用量が増えるようです。

時間帯に加えて降水量の影響も考えるのであれば，

```
lm(elec ~ temp + daytime + prec, data = tempdata)
```

とします。

さらに，休日には家にいる時間が増えると思われるので，その効果も検討してみましょう。日付が日曜日であるときに 1 の値をとり，そうでないときに 0 の値をとるダミー変数 sunday を追加します。2014 年 8 月には 3 日，10 日，17 日，24 日，31 日が日曜日でしたから，

```
tempdata %>%
  mutate(sunday = 1 *
           (date == "2014/8/3")  |
           (date == "2014/8/10") |
           (date == "2014/8/17") |
           (date == "2014/8/24") |
           (date == "2014/8/31"))
```

によって日曜日を示すダミー変数を作成することができるので，これを tempdata に割り当てればよいでしょう。

論理式の間にある記号 | は**論理和**（OR）を意味しており，列挙された条件のうちいずれかが正しければ sunday の値は 1 となります。もう一点注意すべきは，日付データが文字属性であることです。「2014/8/*」の属性は数値ではなく文字ですので，引用符" "の中に入れて用いる必要があります。

しかし，このように手打ちで日付を指定する方法では，間違いも起きやすくなりますし，何よりもっと長い期間のデータを扱う場合にはすさまじい忍耐力と集中力が求められます。そのような忍耐力と集中力を持ち合わせていない方のために，日付のデータを扱いやすくしてくれる lubridate というパッケージを活用したよりスマートな方法を紹介します。次のコードを実行してください。

```
library(lubridate)
tempdata <- readr::read_csv("temperature_aug.csv")
tempdata <- tempdata %>%
  mutate(date = ymd(date))
tempdata %>% print(n = 4)
```

```
# A tibble: 744 × 5
  date        time  elec  prec  temp
```

```
  <date>      <dbl> <dbl> <dbl> <dbl>
1 2014-08-01     0  3193     0  27.9
2 2014-08-01     1  2960     0  27.9
3 2014-08-01     2  2807     0  27.1
4 2014-08-01     3  2748     0  26.8
# … with 740 more rows
# i Use `print(n = ...)` to see more ro
```

lubridate の ymd() 関数は日付を表す文字列や数値を，R によって明示的に日付として扱われる Date オブジェクトに変換する関数です。実際に，tempdata の出力を見れば，項目 date の属性が<chr>（文字列）から<date>（日付）に変わっていることがわかります。ymd() 関数は，大体の日付の書式に対応していて，自動的に正しい日付を認識してくれます。たとえば，日付の書式が"20140801"でも"2014/8/1"でも，"2014.8.1"であっても問題ありません※2。

さて，私たちが作りたいのは日曜日ダミーでした。lubridate には日付から曜日を認識する wday() という関数があります。この関数に日付を与えると，その日付の曜日を返してくれます。試しに次のコードを実行してください。

```
wday(tempdata$date, label = TRUE)
```

金 金 金 金 金 ··· 日 日 日 日 日というような出力が得られると思います。label = TRUE としないと各曜日に対応した 1 から 7 までの整数が出力されます。後は今までのように mutate() を使って，

```
tempdata <- tempdata %>%
  mutate(dow    = wday(date, label = TRUE),
         sunday = 1 * (dow == "日"))
```

とすれば日曜日ダミーの sunday が tempdata に追加されます。なお，見てわかる通り，mutate() 関数は先に作成した変数を後の変数を作成する際に使うことが可能です（上のコードでは，sunday を作成するときに，その直前で作成したば

※2 年月日の順番が異なる場合のために，lubridate にはそれぞれに対応した関数が用意されています。関数 ymd() の y，m，d はそれぞれ year, month, day に対応し，たとえば，年日月の順番なら ydm()，月日年なら mdy() 関数が使用できます。

かりの dow を呼び出せています。順序が反対だと，sunday を作成する時点では dow がまだないためエラーになります)。

そういえば 8 月にはお盆休みがありました。そこで 8 月 11 日から 16 日までをお盆休み期間として，日付がお盆休み中であるかどうかを示すダミー変数 recess も作って，説明変数に加えましょう。

```
tempdata <- tempdata %>%
  mutate(recess = 1 * ("2014-08-11" <= date &
                           date <= "2014-08-16"))
```

Date オブジェクトでは，未来の日付ほど値が大きく，過去の日付ほど値が小さいものとして扱われます。なので，上のコードの論理演算の内容は「date の日付が 2014 年 8 月 11 日以降であり，かつ，2014 年 8 月 16 日以前である」ということを意味しています。

以上の変数のすべてに電力使用量を回帰した結果は次のとおりです。

```
lm(elec ~ temp + daytime + prec + sunday + recess,
   data = tempdata)

Call:
lm(formula = elec ~ temp + daytime + prec + sunday + recess,
    data = tempdata)

Coefficients:
(Intercept)         temp      daytime         prec       sunday       recess
     179.07       113.48       563.53        14.27      -448.39      -438.23
```

したがって，温度上昇，日中の時間帯であること，および降水がない場合には，電力使用量が増加することが予想されます。また，日曜・休日には，電力使用量の大幅な減少が予想されます。たとえば，8 月中の平日，晴天，気温 28 度の正午には，

```
179.07 + 113.48 * 28 + 563.53 * 1 + 14.27 * 0 -
438.23 * 0
[1] 3920.04
```

より厳密に計算するなら，

```
result <- lm(elec ~ temp + daytime + prec + sunday + recess,
             data = tempdata)
sum(result$coefficients * c(1, 28, 1, 0, 0, 0))

[1] 3919.964
```

とすればよいでしょう。以上の結果より，約 3920 万 kW の電力使用量が予想されることになります。

このように，重回帰分析では，被説明変数の予測に役立つと思われる説明変数を複数追加することが可能です。ただし上記の例でもそうであったように，新たな変数を作成するための手間などが必要になることが頻繁です。実際の研究においても，手元のデータを分析可能な形に整形する作業のために大半の労力が費やされることになります。このような作業のことを**データクリーニング**と呼びますが，データ分析はデータクリーニングが 9 割と言っても過言ではありません。また，データクリーニングのその手前にあるデータを集める作業もやはり骨の折れる作業です。本書では，これらの作業について深入りしませんが，関心のある読者はデータクリーニングや前処理に関する書籍を参照するとよいでしょう。

4.4　決定係数と回帰分析

4.4.1　決 定 係 数

単回帰を発展させて，重回帰を行うことにより，回帰分析の結果はどれだけ改善されたのでしょうか？重回帰の場合には説明変数が複数ありますので，図 4.8 のように回帰直線の様子を図示することができません。したがって，重回帰分析のデータへの当てはまりのよさは，次によって定義される**決定係数** R^2 の大きさによって評価されます。

$$R^2 = 1 - \frac{\sum_{i=1}^{n} \hat{e}_i^2}{\sum_{i=1}^{n}(Y_i - \overline{Y}_n)^2} \tag{4.3}$$

ここで $\hat{e}_i$ は**残差**（residual）と呼ばれる値であり，

$$\hat{e}_i = Y_i - \hat{\beta}_0 - \hat{\beta}_1 X_{1i} - \cdots - \hat{\beta}_d X_{di}, \quad i = 1, \ldots, n$$

によって計算されます。要するに残差とは回帰分析による予測誤差のことです。式（4.3）を変形すれば，

$$R^2 = \frac{\sum_{i=1}^{n} \{(Y_i - \overline{Y}_n)^2 - \hat{e}_i^2\}}{\sum_{i=1}^{n} (Y_i - \overline{Y}_n)^2}$$

となります。分母の $\sum_{i=1}^{n}(Y_i - \overline{Y}_n)^2$ は，被説明変数 Y の全変動の大きさを意味します。分子の $\sum_{i=1}^{n}\{(Y_i - \overline{Y}_n)^2 - \hat{e}_i^2\}$ は，Y の変動のうち，回帰分析によって予測できた変動量に相当します。したがって，決定係数は，回帰分析による予測力を数値化したものと考えられます。

仮にすべての i について $\hat{e}_i^2 = 0$ ならば，「回帰分析によって Y の変動を 100% 予測できる」ということになり，決定係数は 1 になります。逆に，決定係数が 0 であれば，「説明変数 X は Y の予測に一切貢献しない」ということを意味します。したがって一般的に，決定係数の値は大きいほうが好ましいといえます。しかしながら，後述するように，決定係数の解釈には少々注意が必要です。

4.4.2　決定係数の出力

決定係数を R に出力させるには，summary() を用いて，lm() による分析結果の詳細情報を取り出す必要があります。summary(lm(y ～ x, mydata)) とすることで，回帰分析の結果の詳細情報を出力することができます。あるいは，パイプ演算子を使って次のようなコードを実行します。

```
lm(elec ~ temp + daytime + prec + sunday + recess,
   data = tempdata)  %>%
  summary()

Call:
lm(formula = elec ~ temp + daytime + prec + sunday + recess,
    data = tempdata)

Residuals:
    Min      1Q  Median      3Q     Max
-825.22 -289.33    1.57  270.66  999.57
```

```
Coefficients:
            Estimate Std. Error t value Pr(>|t|)
(Intercept)  179.071    114.088   1.570    0.117
temp         113.477      4.193  27.066   <2e-16 ***
daytime      563.528     29.716  18.964   <2e-16 ***
prec          14.275     14.701   0.971    0.332
sunday      -448.392     38.125 -11.761   <2e-16 ***
recess      -438.230     35.199 -12.450   <2e-16 ***
---
Signif. codes: 0 ‘***’ 0.001 ‘**’ 0.01 ‘*’ 0.05 ‘.’ 0.1 ‘ ’ 1

Residual standard error: 370.3 on 738 degrees of freedom
Multiple R-squared:  0.7331,   Adjusted R-squared:  0.7313
F-statistic: 405.5 on 5 and 738 DF,  p-value: < 2.2e-16
```

1段落目の「`Call`」は，回帰式の再表示です。

2段落目の「`Residuals`」には，残差の分布状況が示されています。残差の `Min`（最小値）は -825.22, `Max`（最大値）は 999.57 ですので，予測誤差は最大で -800〜1000 万 kW であるようです。ただし，これは予測が最も誤っていた場合のことです。残差の `1Q`（下位 25%点）は -289.33, `3Q`（上位 25%点）は 270.66 となっていますので，データの半数について，予測誤差は -290〜270 万 kW の範囲内に収まっています。

3段落目の「`Coefficients`」には，これまでどおり回帰係数の OLS 推定値が示されています。他にも `Std. Error` や `t value` などが報告されていますが，これらの数字の解釈については，次の章で詳しく説明します。

決定係数が示されているのは，4段落目の「`Multiple R-squared: 0.7331`」とある箇所です。したがって，決定係数は 0.7331 であり，私たちの重回帰分析は，電気使用量の総変動のうち約 73%を予測していることになります。その一方で，4.2 節で実行した単回帰分析の場合には，

```
lm(elec ~ temp, data = tempdata) %>% summary()
```

を実行することにより `Multiple R-squared: 0.5181` が得られます。したがっ

て，重回帰では，単回帰に比べて予測力が 20%ポイントも増加したということになります。

4.4.3　決定係数は「モデルの正しさ」を保証しない

ここで，決定係数の利用方法についての注意点を述べておきます。決定係数とは，あくまでも回帰分析の予測能力を評価するために用いられるべきものであって，その予測モデルが正しいものであることを保証するものではありません。

次のような例を考えましょう。サイコロを用意して，それを 15 回振ります。その結果を a という名前に格納します。すなわち，

```
a <- sample(1:6, 15, replace = TRUE)
```

とします。同様に，同じ試行をもう 6 回繰り返して，その結果を変数 b，c，d，e，f，g とします。

ここで，summary(lm(a ~ b + c + d + e + f + g)) を実行して，a を b, ..., g に回帰してみます。筆者の場合には Multiple R-squared: 0.618 という結果が得られました。つまり，あるサイコロの目は，それとは独立に振られた別の 6 個のサイコロの目を用いて 62%程度まで予測できるということです。さらにもう 1 つのサイコロ h を追加してみれば，決定係数は 0.8413 にまで改善されました。

```
lm(a ~ b + c + d + e + f + g + h) %>% summary()

    Call:
lm(formula = a ~ b + c + d + e + f + g + h)

Residuals:
     Min       1Q   Median       3Q      Max
-1.24977 -0.23138 -0.09301  0.53529  0.78575

Coefficients:
            Estimate Std. Error t value Pr(>|t|)
(Intercept)  2.82566    1.69156   1.670   0.1388
b            0.38667    0.26654   1.451   0.1901
c            0.01289    0.23694   0.054   0.9581
```

```
d            0.05239    0.24250   0.216   0.8351
e           -0.21587    0.15971  -1.352   0.2185
f           -0.54584    0.18619  -2.932   0.0220 *
g           -0.11759    0.22833  -0.515   0.6224
h            0.63108    0.20116   3.137   0.0164 *
---
Signif. codes:  0 '***' 0.001 '**' 0.01 '*' 0.05 '.'
0.1 ' ' 1
Residual standard error: 0.9152 on 7 degrees of freedom
Multiple R-squared:  0.8413, Adjusted R-squared:  0.6825
F-statistic: 5.299 on 7 and 7 DF,  p-value: 0.0214
```

もちろん，このような分析は完全に無意味です。常識的に考えて，サイコロ b, . . . , h を振り，上の回帰モデルを当てはめてサイコロ a の次の出目を 84%程度も予測できるとは到底思えませんね。なぜなら「正しいモデル」においては，サイコロの出目は 1/6 の確率でしか予測できないからです。

実は，決定係数には，「説明変数を追加すれば，それが何であれ決定係数の値は必ず上昇する」という性質があります。現象の本質にまったく無関係であっても，とにかく説明変数に含めてしまえば決定係数は大きくなるのです。極端な場合，データの数に等しいだけの説明変数を用意すれば，決定係数を 1 にすることもできます。したがって一般的に，決定係数の大小によって「モデルの正しさ」を判断することはできません。このように，説明変数を増やすなどしてモデルの自由度を過度に上げ，正しいモデルよりも高い決定係数を得てしまう現象を**過剰適合**（overfitting）や**過学習**といいます。

では，どの説明変数をモデルに含めるべきか，どのようにして決めればいいのでしょうか？ 1 つの方法は，経済理論や分析対象に関する背景知識などを用いて先験的にモデルを定める方法です。もう 1 つの方法としては，標本データを「モデル推定用」と「モデル検証用」の標本に 2 分割する方法があります。すなわち，前者のデータを用いて推定されたモデルを後者のデータに当てはめてみて，そこでの当てはまりのよさを基準に説明変数を選択するわけです。このような方法は機械学習の分野では頻繁に用いられています。他にも，情報量基準と呼ばれる統計量を使って変数選択する方法などありますが，本書では割愛します。

補足：残差の性質と回帰係数の計算公式

■ 残差の性質

この補足では，最小二乗推定法の残差について，よく知られた性質を手短に解説します。この性質を利用すれば，回帰係数の計算公式 (4.1)，(4.2) を求めることができます。

最小二乗推定によって生じる残差 $\hat{e}_1, \ldots, \hat{e}_n$ とは，単回帰モデルの場合，被説明変数の実測値 Y と予測値 $\hat{\beta}_0 + \hat{\beta}_1 X$ の差，すなわち

$$\hat{e}_1 = Y_1 - \hat{\beta}_0 - \hat{\beta}_1 X_1, \ \ldots \ , \hat{e}_n = Y_n - \hat{\beta}_0 - \hat{\beta}_1 X_n$$

によって計算される予測誤差のことでした。この誤差について，最適化の 1 階の条件から次の性質が得られます。

> **【残差の性質】**
> 最小二乗推定法の残差 $\hat{e}_1, \ldots, \hat{e}_n$ について，以下の①，②が成立する。
> ① $\sum_{i=1}^{n} \hat{e}_i = 0$
> ② $\sum_{i=1}^{n} X_i \hat{e}_i = 0$

数学的な証明はさておくとして，R によってこの性質を確認しておきましょう。次のコードを実行してください。

```
tempdata <- readr::read_csv("temperature_aug.csv")
result <- lm(elec ~ temp, data = tempdata)
```

これは，データ temperature_aug.csv を読み込んで，電気使用量 elec を気温 temp に回帰するコードですね。この推定結果から残差を取り出すには，

```
ehat <- result$residuals
```

を実行します。これで，変数 ehat の中にすべての残差が格納されました。この残差の総和を計算すると

```
sum(ehat)

[1] -6.165735e-12
```

が得られます。この出力は $-6.165735 \times 10^{-12}$ を意味していますから，実質的には 0 であるとみなしてよい値です。数学的には，残差の総和は厳密に 0 になるはずなのですが，計算機では値の丸めによる誤差が発生するため，極めて微小とはいえ総和が 0 でない値を取ってしまいます。

同様にして，次の命令により残差の性質②が確認されます。

```
sum(tempdata$temp * ehat)

[1] -9.03384e-11
```

この結果も 0 とみなせる値です。

■ OLS 推定量の導出

以上の性質①，②を用いれば，回帰係数の OLS 推定量が導出されます。まず，残差の定義式を変形すると，

$$Y_1 = \hat{\beta}_0 + \hat{\beta}_1 X_1 + \hat{e}_1, \ \ldots, Y_n = \hat{\beta}_0 + \hat{\beta}_1 X_n + \hat{e}_n$$

となります。これをすべて合計すれば，性質①により，

$$\sum_{i=1}^{n} Y_i = \hat{\beta}_0 + \hat{\beta}_1 \cdot \sum_{i=1} X_i + \underbrace{\sum_{i=1} \hat{e}_i}_{=0}$$

したがって，両辺を n で割れば $\overline{Y}_n = \hat{\beta}_0 + \hat{\beta}_1 \overline{X}_n$ を得ます。これにより式 (4.1) が得られます。

さらに，

$$Y_1 - \overline{Y}_n = \hat{\beta}_1 (X_1 - \overline{X}_n) + \hat{e}_1, \ \ldots, Y_n - \overline{Y}_n = \hat{\beta}_1 (X_n - \overline{X}_n) + \hat{e}_n$$

となりますから，性質①，②により，

$$\begin{aligned} \sum_{i=1}^{n} (Y_i - \overline{Y}_n)(X_i - \overline{X}_n) &= \hat{\beta}_1 \sum_{i=1}^{n} (X_i - \overline{X}_n)^2 + \sum_{i=1}^{n} \hat{e}_i (X_i - \overline{X}_n) \\ &= \hat{\beta}_1 \sum_{i=1}^{n} (X_i - \overline{X}_n)^2 \end{aligned}$$

さらには，

$$\hat{\beta}_1 = \frac{\sum_{i=1}^{n}(Y_i - \overline{Y}_n)(X_i - \overline{X}_n)}{\sum_{i=1}^{n}\left(X_i - \overline{X}_n\right)^2}$$

を得ます。こうして，式（4.2）を導出することができました。

第 4 章のまとめ

- 回帰分析とは，説明変数の値を用いて，被説明変数の値を予測することである。
- 回帰分析によって得られる予測式を回帰関数という。
- 回帰関数の構造に仮定を置かない場合をノンパラメトリック回帰という。
- 回帰関数が説明変数の 1 次式であると仮定する場合を線形回帰という。特に，単一の説明変数を想定する分析を単回帰分析，複数の説明変数を想定する分析を重回帰分析という。
- 回帰関数が正しく仮定されているとき，決定係数の大きさは回帰関数の予測能力を表している。しかし，回帰関数が正しくない場合には，決定係数の大小にはあまり意味がない。

練習問題

問題 4.1　4.3 節で説明した実例について，時間帯による電力使用量の変化をさらに細かく分析します。`temperature_aug.csv` を R に読み込んで，以下の指示に従ってコードを書いてください。

1. 昼間の時間帯を，`morning`（6 時から 12 時まで）と `afternoon`（13 時から 18 時まで）に分割し，それぞれの時間帯に対応するダミー変数を作成してください。
2. 土曜日を表すダミー変数 `saturday` を作成してください。ただし，2014 年 8 月の土曜日は 2 日，9 日，16 日，23 日，30 日です。
3. 4.3 節で実行した重回帰分析から変数 `daytime` を除き，新たに `morning`，`afternoon`，`saturday` を追加して，回帰分析の結果を出力してください。
4. 3. によって決定係数がどれだけ増加するか，確認してください。

問題 4.2　`icecream.csv` を R に読み込んでください。このデータは 2013 年の総務省家計調査に基づくもので，問題 3.3 で用いたものと同じものです。

1. アイスクリームの年間消費額を年間所得に回帰し，散布図中に回帰曲線を図示してください。

2. アイスクリームの年間消費額を，年間所得と 15 歳以下の子供の人数に回帰し，決定係数を計算してください。

問題 4.3 `wage.csv` を R に読み込んでください。このデータは 3.3.7 項で用いたものであり，以下の項目を含んでいます。

変数	定義
`educ`	教育を受けた年数
`exper`	職業経験の年数
`wage`	賃金（時給）

1. 変数 `wage` を `educ` に回帰し，散布図中に回帰曲線を図示してください。
2. 1. の結果から，教育年数が 1 年増えると賃金が何%増加するか読み取ってください。
3. 変数 `wage` を `educ` と `exper` に回帰し，その結果を 2. と比較してください。特に，教育年数の増加が賃金に与える影響がどのように変化しているか，なぜそのような変化が生じているのかについて，理由を考えてみてください。

第5章
推測統計の基礎

第 4 章では，R を用いて回帰係数の推定値を得る方法を説明しました。第 5 章では，それらの推定値の精度を評価する方法について説明します。特に，統計的仮説検定（statistical hypothesis testing）の手法によって，説明変数の予測における有用性を評価する方法を学びます。

5

5.1 統計的仮説検定の考え方

5.1.1 この章の目的

第 4 章では，被説明変数 Y と説明変数 X の間に，

$$Y = \beta_0 + \beta_1 X_1 + \cdots + \beta_d X_d + \varepsilon \tag{5.1}$$

という線形構造を仮定して，OLS 推定量によって回帰係数 $\beta_0, \beta_1, \ldots, \beta_d$ を推定する方法について説明しました。その結果として得られた推定値 $\hat{\beta}_0, \hat{\beta}_1, \ldots, \hat{\beta}_d$ の値から，一体どんなことがいえるのかを考えるのが，この章の目的です。

たとえば式 (5.1) を推定した結果，1 番目の説明変数の回帰係数の推定値 $\hat{\beta}_1$ が（X と Y の単位を考慮したうえで）非常に大きな値をとったとしましょう。これは Y の予測において X_1 の値が重要であることを意味しています。また，2 番目の説明変数の回帰係数について，$\hat{\beta}_2$ が 0 に近い値を示したならば，X_2 は Y の予測の役に立たないということを意味します。このように，回帰係数の値を通して，説明変数 $X_1, \ldots, X_d$ の重要性を評価することができるわけです。特に，ある回帰係数が 0 であるかどうかを知ることには，Y が決定される仕組みを知るうえで非常に重要な意味があります。

しかしながら，「推定値」である $\hat{\beta}_0, \hat{\beta}_1, \ldots, \hat{\beta}_d$ は真の回帰係数の値ではなく，ある程度の誤差を伴ったものです。どのような推定値が得られるかは，どのような標本が抽出されてくるかに依存しています。したがって，ある回帰係数の値が

0 であるかどうかを判断するためには，そのような確率的誤差を考慮することが不可欠となります。非常に 0 に近い推定値が得られたときに，真の回帰係数も 0 に近いのか，それとも標本の出方によってたまたま小さな値を示しただけなのかを見分けなくてはならないのです。一方で，「推定量」は具体的な標本の抽出結果とは独立な「確率変数」です。そこで，推定量の確率的性質をうまく利用して，0 に近い推定値が得られる確率を考えるのです。これが統計的仮説検定の考え方です。

5.1.2　統計的仮説検定

統計的仮説検定とは，いってみれば「統計学的な背理法」です。たとえば，あるコインについて，それを投げて表が出る確率が 1/2 であるかどうかを検証したいとします。そして，そのコインを 10 回投げた結果，そのすべてで表が出たとします。もし，表が出る確率が本当に 1/2 であるのなら，10 回連続で表が出る確率は 1/1024 です。このような場合，私たちはコインに何か細工がある可能性を疑い，「表が出る確率は 1/2 である」という仮説の否定を試みるのです。これが，統計的仮説検定の考え方の基本です。

ここで，背理法において否定が期待される仮説のことを**帰無仮説**（null hypothesis: H_0）といいます。また，「帰無仮説の否定」に相当する仮説を**対立仮説**（alternative hypothesis: H_1）といいます。

より一般的な仮説検定の手続きは以下の 4 段階からなります。

(1) どれくらい低い確率であれば「現実には起こりえないこと」と見なすか，その基準を決めておく。この基準を**有意水準**（significance level）という。

(2) 母集団の確率分布について，何らかの帰無仮説を立てる。

(3) 母集団から標本を抽出する。

(4) 帰無仮説を正しいと仮定して，そのもとで (3) で抽出した標本が得られる確率を計算する。その結果が (1) で決めた有意水準より小さいとき，帰無仮説は真実ではないと結論して**棄却**（reject）する。確率が有意水準より大きいならば，帰無仮説を**受容**（accept）する。

この流れを頭に入れておけば，第 5 章の理解に役立つでしょう。仮説検定の手続き (1)〜(4) を，フローチャートにして**図 5.1** に示しておきます。

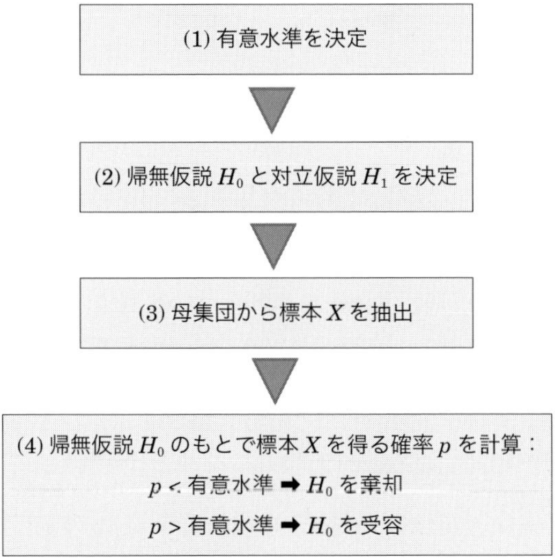

図 5.1　統計的仮説検定のフローチャート

ここで，注意していただきたいことは，「帰無仮説が受容」されたからといって，「帰無仮説が正しい」とは限らない点です。単に帰無仮説を否定するに足る根拠が得られなかっただけであり，依然として帰無仮説が正しくない可能性は否定されません。

5.1.3　コイン投げの例

統計的仮説検定の考え方は，慣れないうちはなかなか難しいものです。理解をより確かなものにするために，コイン投げの具体例を示しておきましょう。ここに，1 枚のコインがあるとします。知りたいことは，このコインについて表と裏がどちらも同じ確率 1/2 で実現するかどうかです。図 5.1 の流れに従って，検定してみましょう。

(1) まずは，有意水準を決めます。多くの場合，有意水準は 1%，5%，10%のうちから選ばれます。経済学では特に 5%を選択することが典型的ですので，ここでも有意水準を 5%としましょう。

(2) 次に，帰無仮説を設定します。このコインを投げて表が出る確率を p としましょう。このとき，帰無仮説と対立仮説はそれぞれ $H_0 : p = 1/2$，$H_1 : p \neq 1/2$

となります。

(3) コインを100回投げます。その結果，表が65回，裏が35回出たとしましょう。

(4) ここで，帰無仮説 $H_0 : p = 1/2$ のもとで「100回中表が41〜60回出る確率※1」をRで計算してみると，およそ95%だとわかります。

```
p40 <- pbinom(q = 40, size = 100, prob = 0.5)
p60 <- pbinom(q = 60, size = 100, prob = 0.5)
p60 - p40

[1] 0.9539559
```

ここで，pbinom(q, size, prob)は成功確率probの試行をsize回繰り返したときに，成功回数がq回以下である確率を返すコマンドです。この結果から，帰無仮説が正しいならば，(3)のような標本が得られる確率は5%よりさらに小さな確率だとわかります。よって，$H_0 : p = 1/2$ は棄却されます。

5.1.4　回帰分析と統計的仮説検定

回帰分析の場合では，回帰係数の値に関する検定が行われます。たとえば「教育年数（educ）は賃金（wage）の予測に役立つか？」という問題を調べたいとします。このような場合には，以下の①〜③の手続きに従って分析を行います。

① まずはwageをeducとその他の説明変数に回帰し，各変数の回帰係数を推定します。特に，教育年数の回帰係数 β_{educ} の推定値 $\hat{\beta}_{\text{educ}}$ が必要です。

② 次に，回帰分析の推定結果をうまく使って，帰無仮説 $H_0 : \beta_{\text{educ}} = 0$ を検定します。

③ 帰無仮説が有意水準 α%で棄却されたなら，そのときには対立仮説 $H_1 : \beta_{\text{educ}} \neq 0$ が採用されることになります。つまり，教育年数の情報は，賃金の予測において有用ということになります。このとき，教育年数の推定値は「有意水準 α%で**統計的に有意**（statistically significant）である」とい

※1　すなわち，帰無仮説が正しいとして，「標本における表の割合と母集団における p との差が10%以内である確率」を計算しています。

います。

実際の回帰分析において以上の手続きを実行する際には，特に②の下線部について具体案を考えねばなりません。いったい，回帰分析の結果をどのように「うまく」使えば $H_0 : \beta_{\mathrm{educ}} = 0$ の検定を実行できるのでしょうか？その方法を理解するためには，次の 5.2 節で説明する「平均値の検定」の知識が必要になります。特に t 値（t-value）と p 値（p-value）と呼ばれる 2 つの値について，その意味と使い方を知らなければなりません。

5.2 平均値の検定

5.2.1 問題設定

平均値の検定は，さまざまな統計的仮説検定の問題の中でも最も基本的なものです。回帰係数に関わる検定も，平均値の検定の自然な拡張として得られます。問題の設定は以下のとおりです。

ある確率密度関数 f について，その平均値を $\mu = \int uf(u)\mathrm{d}u$ とします。いま，この μ の値について，「$\mu = 0$」または「$\mu \neq 0$」の 2 つの可能性があります。私たちは，そのどちらの可能性が真実であるのかを知りませんが，その代わりに，f から無作為に抽出された標本 $(X_1, \ldots, X_n)$ を利用することができます。

以上の設定のもとで，2 つの仮説「$\mu = 0$」または「$\mu \neq 0$」のうち，どちらを真実と判断するべきかを考えましょう。

5.2.2 正規分布 $N(\mu, 1)$ の場合

平均値の検定の中でもさらに単純な場合として，母集団の分布が平均 μ，標準偏差 1 の正規分布 $N(\mu, 1)$ であると判明しているケースを考えてみましょう。

(1) 有意水準の選択

まずは有意水準の選択ですが，ここでも 5%とすることにしましょう。

(2) 帰無仮説の設定

この問題の設定では，私たちは「$\mu = 0$」が正しいかどうかを知りたいわけですから，帰無仮説を $H_0 : \mu = 0$，対立仮説を $H_1 : \mu \neq 0$ とします。

(3) 標本の抽出

検定の対象となっている母集団 $N(\mu, 1)$ から標本を抽出します。正しい結果を得るためには，できるだけ大きな標本を得ることが好ましいのですが，ここでは状況を特に簡単にするために，たとえば，大きさ 1 の標本 $X = 2.23$ だけが得られたものとしましょう。

(4) 帰無仮説 $H_0 : \mu = 0$ の検定

ここで，もしも帰無仮説 $H_0 : \mu = 0$ が正しいのであれば，(3) において標準正規分布 $N(0, 1)$ から標本 $X = 2.23$ を得たことになります。ところが 3.4 節でも説明したように，標準正規分布に従う確率変数 X について $|X| > 1.96$ となる確率はおよそ 5%です。したがって，帰無仮説 $H_0 : \mu = 0$ のもとで $|X| \geq 2.23$ となる標本を得る確率は 5%未満ですから，$H_0 : \mu = 0$ は棄却されることになります。

以上はもっとも単純化された平均値の検定の例であり，このままでは実用性に乏しいものです。そもそも「平均値 μ はわからないが，分布が正規分布であることは判明している」という状況は考えにくいものです。また，ステップ (3) において抽出する標本の大きさを 1 とするのも，現実的とはいえません。

5.2.3　t　検　定

ここで，問題設定を一般化して，「母集団分布については何もわからない」としましょう。また，分布からは好きなだけ標本を抽出できるものとしましょう。以上の変更のもとで，検定の手続きは次のように変わります。

(1) 有意水準を 5%とします。

(2) 帰無仮説を $H_0 : \mu = 0$，対立仮説を $H_1 : \mu \neq 0$ とします。

(3) 母集団 f から大きさ n の標本 $(X_1, \ldots, X_n)$ を独立に抽出します。ここで n が十分に大きな数ならば，中心極限定理により，以下の式 (5.2) によって定義される統計量 Z_n は近似的に標準正規分布 $N(0, 1)$ に従います (3.4 節参照)。

$$Z_n = \frac{\sqrt{n}(\overline{X}_n - \mu)}{\sqrt{V_n}} \tag{5.2}$$

ただし，$\overline{X}_n$ は標本平均，V_n は標本分散です。この統計量 Z_n には未知の値 μ

が含まれているので，このままでは計算できないことに注意してください。

(4) ここで，帰無仮説 $H_0 : \mu = 0$ が正しいものとしてみましょう。すると統計量 Z_n は

$$t_n = \frac{\sqrt{n}}{\sqrt{V_n}} \cdot \overline{X}_n \tag{5.3}$$

として計算可能であり，この t_n が近似的に $N(0, 1)$ に従うことになります。したがって，もし $|t_n| > 1.96$ であるならば，有意水準 5%で $H_0 : \mu = 0$ は棄却されます。

式（5.3）で計算される統計量 t_n を，この検定における **t 値**（t-value）といいます。また，t 値を用いる検定を **t 検定**（t-test）といいます。

ここで，3.4.4 項で説明した 95%信頼区間の構成方法を思い出してみましょう。すると，「$|t_n| > 1.96$」という事象は「μ の 95%信頼区間が 0 を含まない」という事象に等しいことがわかります。真の μ が何であれ，十分に大きな標本のもとで，95%の確率で μ は信頼区間に含まれるはずです。したがって，$|t_n| > 1.96$ を確認することで，$H_0 : \mu = 0$ は正しくないだろうと推測できるのです。

5.2.4　有意水準と棄却域

上で説明した t 検定の方法は，「t 値の絶対値が 1.96 よりも大きな領域に含まれるなら $H_0 : \mu = 0$ を棄却する」という単純な構造をもっていました。一般的に，「検定統計量がその領域に含まれるときに帰無仮説を棄却する」と判定する領域を検定の**棄却域**（critical region）といいます。有意水準が 5%の場合，帰無仮説のもとで棄却域の確率は 5%となります。また，ある有意水準で棄却するかどうかを決める検定統計量の境界値を**棄却臨界値**（critical value）と呼びます。上の t 検定の場合，有意水準 5%での棄却臨界値は 1.96 となります（**図 5.2**）。

経済学では多くの場合，有意水準は 5%が選ばれるのですが，心理学やファイナンスなどの他の分野では異なる有意水準が選択されることもあります。**表 5.1** に，さまざまな有意水準に対応する t 値の棄却域をまとめておきます。これらの棄却域は，標本の大きさ n が十分に大きいものとして，中心極限定理に基づいて近似計算したものです。n が大きくなく正規分布による近似が正確でない場合は，**t 分布**（t-distribution）と呼ばれる分布から棄却臨界値を求める必要がありますので注意してください。

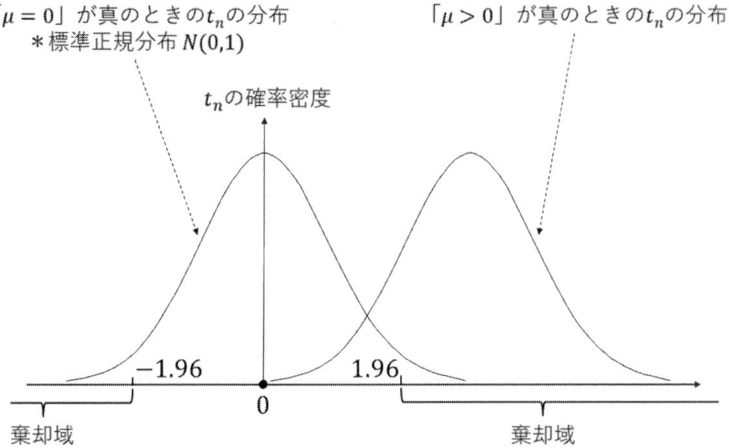

図 5.2　平均値の検定のイメージ

表 5.1　さまざまな有意水準と t 値の棄却域
($H_0 : \mu = 0$ vs. $H_1 : \mu \neq 0$)

有意水準（%）	$H_0 : \mu = 0$ の棄却域
0.1	$\|t_n\| > 3.29$
1	$\|t_n\| > 2.58$
5	$\|t_n\| > 1.96$
10	$\|t_n\| > 1.65$

＊ n が十分に大きい場合。

5.2.5　R による例題演習

オーム社 Web サイトの本書サポートページから distributions.csv をダウンロードして，R の作業フォルダに置いてください。これは筆者が用意したシミュレーション用のデータです。このデータには異なる母集団分布 A と B から無作為に抽出された標本 distA, distB が含まれています。ここで，分布 A，B のそれぞれについて，帰無仮説 $H_0 : \mu = 0$ を検定してみましょう。対立仮説は $H_1 : \mu \neq 0$ です。また，標本の大きさはいずれも 100 です。

まずは R にデータを読み込みます。名称は simdata にでもしておきましょう。

```
simdata <- readr::read_csv("distributions.csv")
```

simdata を実行すれば，それぞれのサンプルが 2 つの項目 distA と distB として含められていることがわかります。分布 A から得た標本の平均と分散を計算してみましょう。

```
library(dplyr)
simdata %>%
  summarise(mean_A = mean(distA),
            var_A  = var(distA))

# A tibble: 1 × 2
  mean_A var_A
   <dbl> <dbl>
1   2.04 0.373
```

帰無仮説 $H_0 : \mu = 0$ のもとでは，この標本平均の値は少し大きすぎるように思えます。そこで式 (5.3) によって t 値を計算してみます。

```
simdata %>%
  summarise(mean_A  = mean(distA),
            var_A   = var(distA),
            t.value = sqrt(100) / sqrt(var_A) * mean_A)

# A tibble: 1 × 3
  mean_A var_A t.value
   <dbl> <dbl>   <dbl>
1   2.04 0.373    33.4
```

表 5.1 を見れば，たとえ有意水準が 0.1%であったとしても，分布 A についての帰無仮説 $H_0 : \mu = 0$ は棄却されます。実は，標本 distA は，区間 $[1, 3]$ 上の一様分布 $U(1, 3)$ から抽出されたものです。この母集団の平均値は $\mu = 2$ ですので，私たちの t 検定は真実を正しく言い当てたということになります。

同様に分布 B についても，帰無仮説 $H_0 : \mu = 0$ の検定を行ってみましょう。この標本は一様分布 $U(-1,\ 1)$ から抽出して作られており，したがって母集団平均は $\mu = 0$ です。事実，標本 distB の t 値は 1.250113 と計算され，表 5.1 により，有意水準が 10%であっても帰無仮説が棄却できないことがわかります。

【t 値による平均値の検定】

(1) 密度関数 f の平均値 μ について，帰無仮説を $H_0: \mu = 0$，対立仮説を $H_1: \mu \neq 0$ とする。

(2) f から独立に抽出した標本の平均 $\bar{X}_n$ と分散 V_n を計算し，式 (5.3) によって t 値を求める。

(3) $|t_n| > 1.96$ であれば有意水準 5%で帰無仮説を棄却する。そうでなければ帰無仮説を受容する。

5.2.6 p 値

以上が t 値を用いる検定の方法です。しかし，読者の皆さんの中には，有意水準の選び方が恣意的であると感じた方もいるかもしれません。t 検定の実施に際しては，最初に有意水準を選択する必要がありますが，ここで 5%を選ぶことには，単なる慣行以上の理由はないのです。有意水準の選択が不要となるような，うまい方法はないものでしょうか。

そのような手法としては **p 値**（p-value）を用いる方法があります。具体例を用いて説明しましょう。

上で示した実習例において，分布 B から得られた標本 distB の t 値は 1.250113 でした。したがってこのときには，有意水準がたとえ 10%であったとしても，$H_0: \mu = 0$ は棄却できませんでした。そこで，次のように考えてみましょう。$t = 1.250113$ のときに $H_0: \mu = 0$ を棄却するためには，有意水準をどこまで大きくする必要があるでしょうか？

つまり，$N(0, 1)$ に従う確率変数を z とするとき，$|z| \geq 1.250113$ となる確率はどれくらいかが問われています。この確率は関数 pnorm() を用いて以下のようにして計算できます（**図 5.3** も参照）。

```
1 - pnorm(1.250113) + pnorm(-1.250113)

[1] 0.2112583
```

すなわち，およそ 21%です。この確率 21%を，当該検定における p 値といいます。

したがって，分布 B について帰無仮説 $H_0: \mu = 0$ を棄却したいのであれば，21%の有意水準を認めるほかないのです。確率 21%で起きる現象を「確率的に起

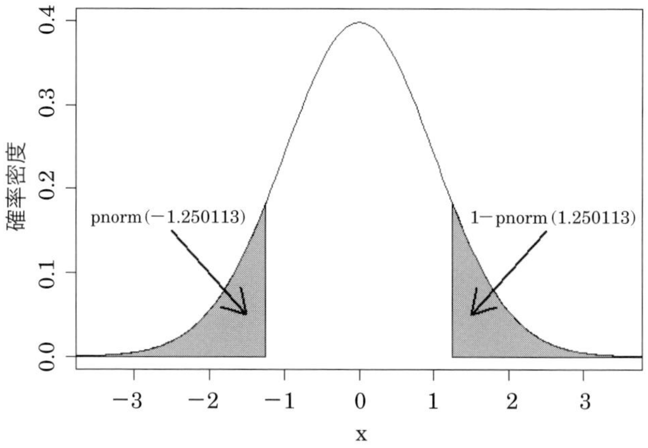

図 5.3　確率 $P(|Z| \geq 1.250113)$ の計算

こりえない事象」と見なす必要があるわけですから，分布 B について帰無仮説を棄却するのは，どうやらかなり難しいという感触を得ます。これが，p 値を利用する方法の考え方です。

> **【p 値による平均値の検定】**
>
> (1) 密度関数 f の平均値 μ について，帰無仮説を $H_0 : \mu = 0$，対立仮説を $H_1 : \mu \neq 0$ とする。
>
> (2) f から独立に抽出した標本の平均 $\overline{X}_n$ と分散 V_n を計算し，式 (5.3) によって t 値を求める。
>
> (3) $N(0, 1)$ に従う確率変数 z について，$|z| > |t_n|$ となる確率を計算する。これを当該検定における p 値という。p 値が小さいほど，帰無仮説を棄却することが容易である。

t 検定と p 値による方法は本質的には同じものです。実際，t 値がちょうど 1.96 であれば p 値は 5%です。ただし，運用面では以下に述べる 2 つの大きな違いがあります。第一に，t 検定では有意水準を事前に定める必要があるのに対して，p 値ではその必要がありません。第二に，p 値を用いる方法では，帰無仮説を棄却することの妥当性が示されますが，t 検定とは異なり，最終的な結論として帰無仮説の棄却/受容を決定しません。したがって，有意水準の設定を避けたいのであれば t 検定よりも p 値のほうが優れた方法であるといえますし，帰無仮説の棄却についてはっきりした結論を得たいのであれば t 検定のほうがふさわしい方法といえます。

5.3　回帰係数の検定

5.3.1　OLS 推定量の分布

それでは，第 5 章の目的である，回帰係数の検定について考えてみましょう。まずは簡単のため，単回帰分析に注目します。

単回帰モデル

$$\begin{cases} Y = \beta_0 + \beta_1 X + \varepsilon \\ \mathrm{E}[Y \mid X] = \beta_0 + \beta_1 X \end{cases}$$

を仮定します。無作為標本 $\{(Y_i, X_i) : i = 1, \ldots, n\}$ が得られたとき，回帰係数 β_1 の OLS 推定量は，

$$\hat{\beta}_1 = \frac{\sum_{i=1}^{n}(X_i - \overline{X}_n)(Y_i - \overline{Y}_n)}{\sum_{i=1}^{n}(X_i - \overline{X}_n)^2}$$

によって計算されます（式（4.2）の再掲）。

ここで，証明は省略しますが，繰り返し期待値を使うことで $\hat{\beta}_1$ の期待値について $\mathrm{E}[\hat{\beta}_1] = \beta_1$ を示すことができます（この性質を**不偏性**（unbiasedness）といいます）。また，$\hat{\beta}_1$ の標準偏差を標本データによって推定したものを σ_n と表します。$\hat{\beta}_1$ の標準偏差の推定量である σ_n のことを特に**標準誤差**（standard error）といいます。標準誤差の計算式は若干複雑ですので，ここでは示しません。

すると，中心極限定理を適用することにより，

$$Z_n = \frac{\hat{\beta}_1 - \beta_1}{\sigma_n} \tag{5.4}$$

が近似的に $N(0, 1)$ に従うことを示せます。ここで，式（5.4）を以下のように変形しましょう。

$$\hat{\beta}_1 = \beta_1 + \sigma_n \cdot Z_n$$

十分に大きな n のもとで，Z_n は近似的に $N(0, 1)$ に従うのですから，$\hat{\beta}_1$ の分布は平均 β_1，標準偏差 σ_n の正規分布 $N(\beta_1, \sigma_n^2)$ で近似できることになります。

5.3.2 $\hat{\beta}_1$ の分布のシミュレーション

OLS 推定量 $\hat{\beta}_1$ の分布を R によってシミュレーションするには，どのようなプログラムを書けばいいでしょうか。たとえば，変数 X と Y を，次のようにして作成してみます。

```
X <- rnorm(1000, 0, 1)
Y <- 1 + 5 * X + rnorm(1000, 0, 1)
```

したがって母集団においては $\mathrm{E}[Y \mid X] = 1 + 5X$ という線形の関係式が成立しており，X の真の回帰係数は $\beta_1 = 5$ ということです。

次に，回帰分析を実行して OLS 推定値 $\hat{\beta}_1$ を得ます。

```
beta1 <- lm(Y ~ X)$coefficients[2]
```

4.2.6 項で言及しましたが，`lm()` 関数が出力するオブジェクトは，推定値や決定係数などのさまざまな情報を含んだ list になっています。特に，回帰係数の推定値は，項目 `coefficients` に記録されているのでした。`lm(Y ~ X)` に含まれる項目をすべて見たい場合には，`names()` 関数を使って，

```
names(lm(Y ~ X))
```

を実行してください。回帰式 `call` や，残差 `residuals` など，さまざまな項目があることがわかります。

さて，`beta1` と実行すれば，おおよそ 5 に近い数値が出力されます。以上の 1 回の試行により，$\hat{\beta}_1$ の実現値を 1 つ得ることができました。この試行を S 回繰り返せば，$\hat{\beta}_1$ の実現値を S 個手に入れることができます。それをもとに，$\hat{\beta}_1$ の分布をシミュレートできます。ただし，上のコードを繰り返して，その都度に `betas1[1] <- lm(Y ~ X)$coefficients[2]`, `beta1[2] <- lm(Y ~ X)$coefficients[2]`, ..., `beta1[10000] <- lm(Y ~ X)$coefficients[2]` などと地道に計算することは非常に非効率的です。

このように似たような作業を繰り返し実行するときには，`for` 文を使って処理を自動化しましょう。以下のようなコードによって，先ほど行ったシミュレーションを自動で繰り返すことができます。

```
S <- 10000             # 繰り返しの回数
beta1 <- numeric(S) # 結果の保存
```

```
for(i in 1:S){          # 繰り返し開始
  x <- rnorm(1000, 0, 1)
  y <- 1 + 5 * x + rnorm(1000, 0, 1)
  beta1[i] <- lm(y ~ x)$coefficients[2]
}                       # 繰り返し終了
summary(beta1)          # 結果の要約
sd(beta1)               # 標準偏差
hist(beta1)             # 結果の描画
```

このコードを実行すれば，たとえば以下の出力が得られます。

```
summary(beta1)

   Min. 1st Qu.  Median    Mean 3rd Qu.    Max.
  4.885   4.979   5.000   5.000   5.022   5.115
sd(beta1)

[1] 0.03176331
```

また**図 5.4** が hist(beta1) により作成されるヒストグラムです。

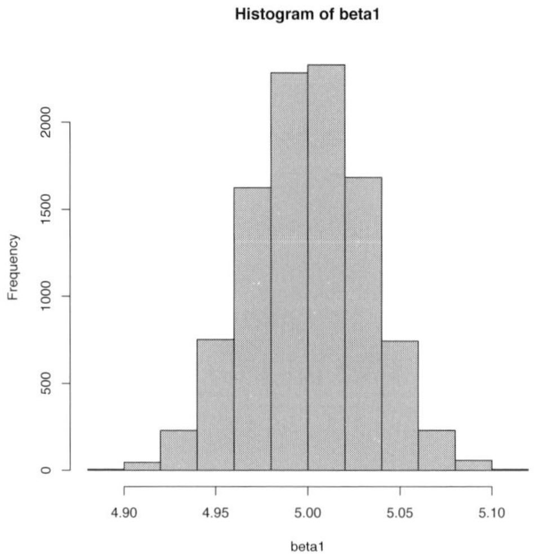

図 5.4　推定量 $\hat{\beta}_1$ の分布

これらの結果から，プログラムによって生成された 10000 個の推定値 $\hat{\beta}_1$ は，確かに $\beta_1 = 5$ を中心として左右対称に分布していることが見て取れます。また，シミュレーションによる $\hat{\beta}_1$ の標準偏差（$\approx$ 標準誤差）はだいたい 0.0318 ですから，$\hat{\beta}_1$ の分布はおおむね $N(5, 0.0318^2)$ となります。

5.3.3 回帰係数の t 検定

式（5.4）で定義される Z_n が標準正規分布 $N(0,1)$ に従うことを用いれば，帰無仮説 $H_0 : \beta_1 = 0$ についての検定を行うことは容易です。もし $\beta_1 = 0$ であるならば，

$$t_n = \frac{\hat{\beta}_1}{\sigma_n} \tag{5.5}$$

によって定義される $\hat{\beta}_1$ の t 値が $N(0,1)$ に従うことになります。したがって，もし $|t_n| > 1.96$ となったならば有意水準 5%で帰無仮説 $H_0 : \beta_1 = 0$ を棄却できます。

【回帰係数の t 検定】

(1) 単回帰モデル $Y = \beta_0 + \beta_1 X + \varepsilon$ の係数 β_1 について，帰無仮説を $H_0 : \beta_1 = 0$，対立仮説を $H_1 : \beta_1 \neq 0$ とする。

(2) OLS 推定量 $\hat{\beta}_1$ と，標準誤差 σ_n を計算する。

(3) $t_n = \hat{\beta}_1 / \sigma_n$ として，$|t_n| > 1.96$ であれば，有意水準 5%で帰無仮説 $H_0 : \beta_1 = 0$ を棄却する。

5.3.4 p 値による回帰係数の検定

回帰分析の場合でも，t 値の代わりに p 値を用いることができます。まずは式（5.5）によって t 値を計算します。次に，得られた t 値に基づき $H_0 : \beta_1 = 0$ を棄却するためには，有意水準をどこまで引き上げなければならないのかを考えます。これは，$N(0,1)$ に従う z を用いて $\mathrm{P}(|z| > |t_n|)$ を計算することにあたります。

【 p 値による回帰係数の検定】

(1) 単回帰モデル $Y = \beta_0 + \beta_1 X + \varepsilon$ の係数 β_1 について，帰無仮説を $H_0 : \beta_1 = 0$，対立仮説を $H_1 : \beta_1 \neq 0$ とする。

(2) OLS 推定量 $\hat{\beta}_1$ と，標準誤差 σ_n を計算する。

(3) $t_n = \hat{\beta}_1/\sigma_n$ を計算する。
(4) $N(0,1)$ に従う確率変数 z について，$|z| > |t_n|$ となる確率を計算する。
この値が小さいほど，帰無仮説を棄却することが容易である。

5.3.5　重回帰分析の場合

重回帰モデル

$$\begin{cases} Y = \beta_0 + \beta_1 X_1 + \cdots + \beta_d X_d + \varepsilon \\ \mathrm{E}[Y \mid X] = \beta_0 + \beta_1 X_1 + \cdots + \beta_d X_d \end{cases}$$

の場合でも，回帰係数の検定の方法は単回帰のときと変わりません。各 $k = 0, 1, \ldots, d$ について，回帰係数 β_k の OLS 推定量を $\hat{\beta}_k$ とします。このとき中心極限定理により，十分大きな n のもとで，

$$Z_{nk} = \frac{\hat{\beta}_k - \beta_k}{\sigma_{nk}}$$

は標準正規分布 $N(0,1)$ に従うものと見なせます。ここで σ_{nk} は，$\hat{\beta}_k$ の標準誤差で，例によって複雑な式となりますのでここでは示しません。

したがって，特に帰無仮説 $H_0 : \beta_k = 0$ のもとでは，

$$t_{nk} = \frac{\hat{\beta}_k}{\sigma_{nk}}$$

が $N(0,1)$ に従います。もし $|t_{nk}| > 1.96$ であれば，有意水準 5%のもとで $H_0 : \beta_k = 0$ が棄却され，$H_1 : \beta_k \neq 0$ が受容されます。また，$N(0,1)$ に従う確率変数 z について $|z| > |t_{nk}|$ となる確率が $\hat{\beta}_k$ の p 値となります。

5.3.6　R による分析例

R を用いた分析の例を示しましょう。本書の 3.3 節および第 4 章の練習問題 4.3 で用いたデータ `wage.csv` を用意してください。これは，アメリカの若い男性について，賃金（`wage`），教育年数（`educ`）および職業経験の年数（`exper`）を調べたものです。データの詳細については 3.3 節を見てください。

次の回帰式を `lm()` によって推定してみましょう。

$$\log(\mathrm{wage}) = \beta_0 + \beta_{\mathrm{educ}}\mathrm{educ} + \beta_{\mathrm{exper}}\mathrm{exper} + \varepsilon$$

ここで，被説明変数を対数に変換していますが，これにより係数を変化率として解釈することができるため，実証分析ではしばしば行なわれます。なお，R では対数は log() 関数によって得られます。ここからは dplyr パッケージを使うことにしましょう。summary() によって分析結果の詳細を出力させれば，以下の結果が得られます。

```r
library(dplyr)
wagedata <- readr::read_csv("wage.csv")
wagedata %>%
  lm(log(wage) ~ educ + exper, data = .) %>%
  summary()
```

```
Call:
lm(formula = log(wage) ~ educ + exper, data = .)

Residuals:
     Min       1Q   Median       3Q      Max
-1.93442 -0.26396  0.02404  0.27287  1.42863

Coefficients:
            Estimate Std. Error t value Pr(>|t|)
(Intercept) 4.666034   0.063790   73.15   <2e-16 ***
educ        0.093168   0.003612   25.80   <2e-16 ***
exper       0.040657   0.002334   17.42   <2e-16 ***
---
Signif. codes:  0 '***' 0.001 '**' 0.01 '*' 0.05 '.' 0.1 ' ' 1

Residual standard error: 0.4017 on 3007 degrees of freedom
Multiple R-squared:  0.1813, Adjusted R-squared:  0.1808
F-statistic:   333 on 2 and 3007 DF,  p-value: < 2.2e-16
```

なお，lm() の中で data = . とすることで左辺のデータフレームを第 1 引数ではなく引数 data に受け渡すように命令しています。パイプ演算子（%>%）が左辺の処理を受け渡す対象は，原則的に右辺の関数の第 1 引数であるため，そのままでは第 1 引数が回帰式（formula）である lm() にデータフレームを受け渡せません。data = . を忘れると，エラーになるので注意してください。

さて，Estimate の項目には，定数項と回帰係数の推定値 $\hat{\beta}_0$，$\hat{\beta}_{\text{educ}}$，および $\hat{\beta}_{\text{exper}}$ が示されています。Std.　Error の項目にあるのは，それぞれの標準誤差です。したがって，たとえば educ の回帰係数 $\hat{\beta}_{\text{educ}}$ は，真の回帰係数 β_{educ} を中心とする正規分布 $N(\beta_{\text{educ}}, 0.003612^2)$ に従っているものと見なせます。また，$\hat{\beta}_{\text{exper}}$ の分布は $N(\beta_{\text{exper}}, 0.002334^2)$ と近似できます。

t value という項目には，各推定値について，それを 0 とする帰無仮説のもとでの t 値が示されています。たとえば educ については，帰無仮説 $H_0 : \beta_{\text{educ}} = 0$ に対する t 値（$= \hat{\beta}_{\text{educ}}/\sigma_{\text{educ}}$）が示されています。実際に，

```
0.093168 /  0.003612

[1] 25.79402
```

となっています。数字に多少の違いが出ているのは，四捨五入などの誤差による影響です。この値は 1.96 より大きいですから，帰無仮説 $H_0 : \beta_{\text{educ}} = 0$ は有意水準 5%で棄却されます。表 5.1 を見れば，有意水準がたとえ 0.1%であっても棄却できることがわかります。同様に，$H_0 : \beta_{\text{exper}} = 0$ に対する t 値は 17.42 であり，したがって $H_0 : \beta_{\text{exper}} = 0$ も有意水準 5%で棄却されます。

$\Pr(>|t|)$ の欄にあるのが p 値です。たとえば，変数 educ についてこの値は <2e-16 となっていますが，2e-16 というのは指数表記で 2×10^{-16} というとてつもなく小さな数を表しており，<2e-16 はそれよりも値が小さいということを意味しています。したがって，相当に小さな有意水準を選んだとしても，帰無仮説 $H_0 : \beta_{\text{educ}} = 0$ は棄却されます。

p 値の後に付いている星印***は，各変数の有意性の強さを表しています。出力結果にも説明がありますが，有意水準が 5%で有意であれば「*」，1%で有意であれば「**」，0.1%で有意であれば「***」が付けられます。要するに，星印が多いほど，回帰係数は 0 ではないと信じることができます。

以上のことから，ある人の教育年数と経験年数を知ることができれば，その人の賃金を予測するのに役立つと結論できます。つまり，この回帰において educ と exper は統計的に有意な変数です。

5.4 信頼区間

5.4.1 回帰係数の信頼区間

t 検定によって $\beta \neq 0$ であることが結論されたなら，今度は $\hat{\beta}$ の推定の精度が気になります。この節では，OLS 推定量を使って，回帰係数の信頼区間を構成する方法を説明します。私たちはすでに 3.4 節において，平均値の信頼区間について学んでいます。同様にして，回帰係数 $\beta = (\beta_0, \beta_1, \cdots, \beta_d)$ の各要素 β_k についても信頼区間を構成することができます。

5.3.5 項で述べたとおり，n が十分に大きいときには，$Z_{nk} = (\hat{\beta}_k - \beta_k)/\sigma_{nk}$ は $N(0,1)$ に従うものと見なせます。よって，

$$
\begin{aligned}
0.95 &\approx \mathrm{P}\left(-1.96 \leq \frac{\hat{\beta}_k - \beta_k}{\sigma_{nk}} \leq 1.96\right) \\
&= \mathrm{P}\left(-1.96\sigma_{nk} \leq \hat{\beta}_k - \beta_k \leq 1.96\sigma_{nk}\right) \\
&= \mathrm{P}\left(\hat{\beta}_k - 1.96\sigma_{nk} \leq \beta_k \leq \hat{\beta}_k + 1.96\sigma_{nk}\right)
\end{aligned}
$$

と近似できるはずです。これにより，β_k の 95%信頼区間は，

$$
\left[\hat{\beta}_k - 1.96\sigma_{nk},\ \hat{\beta}_k + 1.96\sigma_{nk}\right]
$$

となります。したがって，標準誤差 σ_{nk} が小さいほど 95%信頼区間を狭くすることができます。同様の方法で，99%信頼区間や 90%信頼区間も作成できます。

5.4.2 R による分析例

先ほどの賃金の重回帰分析の実例について，回帰係数 β_{educ} と β_{exper} の 95%信頼区間を計算してみましょう。そのためには，まずは分析結果から標準誤差の項目だけを取り出さなければなりません。

その方法を理解するために，まずは次の命令を実行してみてください。

```
result <- wagedata %>%
  lm(log(wage) ~ educ + exper, data = .)
summary(result)$coefficients
```

```
                Estimate  Std. Error  t value      Pr(>|t|)
(Intercept) 4.66603445 0.063790003 73.14680  0.000000e+00
educ        0.09316802 0.003611751 25.79581  1.000493e-132
exper       0.04065736 0.002334406 17.41658  8.434838e-65
```

これによって，各説明変数についての推定情報が行列の形式で取り出されます。ここでは，まずは分析結果の詳細な情報を持つリスト summary(result) を用意しています。標準誤差の情報は lm() の出力には含められていませんので，summary() を併用して詳細情報を出力させる必要があるのです。次にその情報の中から回帰係数に関するものだけを「$coefficients」によって取り出しています。

信頼区間を構成するためには，このうちの Estimate と Std.　Error の項目が必要です。Estimate は行列の 1 列目，Std.　Error は 2 列目ですので，それらを取り出すには

```
summary(result)$coefficients[ , 1:2]

                Estimate  Std. Error
(Intercept) 4.66603445 0.063790003
educ        0.09316802 0.003611751
exper       0.04065736 0.002334406
```

とすればよいわけです。95%信頼区間を作るには，まずは

```
betahat <- summary(result)$coefficients[, 1]
sigma <- summary(result)$coefficients[, 2]
```

によって $\hat{\beta}$ と σ を準備して，そのうえで

```
lower <- betahat - 1.96 * sigma
upper <- betahat + 1.96 * sigma
cbind(lower, upper)

                   lower     upper
(Intercept) 4.54100604 4.7910629
educ        0.08608899 0.1002471
exper       0.03608193 0.0452328
```

のように実行します。ここで用いた cbind() という命令は，ベクトルを縦に並べて行列の形式にするためのものです。cbind() の c は column（列）のことで，各ベクトルを行列の列として結束させる（bind）という意味です。

この結果を見ると，各推定値の誤差範囲がわかります。たとえば β_{educ} の 95%信頼区間はおよそ 8.60%～10.02%，β_{exper} の 95%信頼区間はおよそ 3.60%～4.52%です（変化率をパーセントに変換する際には値を 100 倍することに注意！）。今回はサンプルサイズも約 3000 と大きいため，それぞれ 1.4%ポイントと 0.9%ポイント程度の幅におさまっており，推定精度は高いといえます。信頼区間によって，t 検定ではわからなかった推定精度の評価が可能になるわけです。

信頼区間の計算の仕方を体得してもらうために，あえて手計算のようなコードで解説しましたが，実はRには回帰結果から信頼区間を簡単に計算できる confint() というビルトイン関数が用意されています。使い方は非常に簡単で，lm() の結果を格納したオブジェクトを引数として与えるだけです。

```
result %>% confint()

                 2.5 %     97.5 %
(Intercept) 4.54095799 4.79111090
educ        0.08608627 0.10024978
exper       0.03608017 0.04523456
```

よく見てみると，先ほど手計算した信頼区間とは値が微妙に異なります。これは，私たちが手計算する際には n が十分大きいことから，検定統計量が標準正規分布に従うと仮定していました。しかし，confint() は t 分布に基づいて信頼区間を計算するため値が異なるのです。サンプルサイズが十分大きいときには，今回のように両者はほとんど同じ値になります。実務的には，コーディングエラーの観点からも，confint() を使うのが無難でしょう。

なお，信頼区間の信頼水準を変えたいときには level 引数に数値を指定します。たとえば，99%信頼区間を計算する場合には，以下のコードを実行すればよいでしょう（出力結果は省略）。

```
result %>% confint(level = 0.99)
```

補足：broom パッケージの使い方

この補足では，回帰分析結果をわかりやすくしてくれる broom というパッケージの使い方を解説します。

broom による回帰分析結果の整理

lm() の出力結果（lm オブジェクト）や lm オブジェクトに summary() を適用した出力結果は，list というデータの型になっており，回帰分析結果に関するさまざまな情報がやや雑然と格納されています。これらの出力結果は，どういう項目名でどういう形式で格納されているのかわかりづらいため，扱いづらいところがあります。

そこで，lm() が出力する情報をきれいな形に整えてティブルに変換する broom パッケージを紹介しておきましょう。broom は，主要な関数として tidy()，glance()，augment() の 3 つを提供しています。いずれの関数も第 1 引数として lm オブジェクを与えるだけで，簡単に実行できます。

例として，temperature_aug.csv を使って，broom パッケージの使い方を見ていきましょう。データを読み込んで，第 4 章と同様に必要な変数を作成した上で OLS 推定を行い，その結果を result に格納しましょう。

```
library(dplyr)
library(broom)
tempdata <- readr::read_csv("temperature_aug.csv")

tempdata <- tempdata %>%  # 変数の作成・加工
  mutate(daytime = 1 * (18 >= time & time >= 9),
         date = ymd(date),
         dow = wday(date, label = TRUE),
         sunday = 1 * (dow == "日"),
         recess = 1 * ("2014-08-16" >= date & date
                              >= "2014-08-11"))

result <- tempdata %>%
```

```
  lm(elec ~ temp + daytime + prec + sunday + recess,
    data = .)
```

まず，tidy() です。tidy() は，lm オブジェクトの推定値に関する情報をまとめたティブルを作成してくれます。

```
result %>% tidy()
# A tibble: 6 × 5
  term        estimate std.error statistic   p.value
  <chr>          <dbl>     <dbl>     <dbl>     <dbl>
1 (Intercept)    179.     114.        1.57 1.17e-  1
2 temp           113.       4.19     27.1  1.34e-112
3 daytime        564.      29.7      19.0  1.24e- 65
4 prec            14.3     14.7       0.971 3.32e-  1
5 sunday        -448.      38.1     -11.8  2.16e- 29
6 recess        -438.      35.2     -12.5  1.96e- 32
```

各行が推定した各パラメータに対応していることがわかります。term という項目には各パラメータに対応する変数の名前が入っています。estimate と std.error には，その名の通り係数の推定値と標準誤差がそれぞれ格納されています。そして，statistic には t 値が，p.value には p 値がそれぞれ入っています。tidy() の出力結果もティブルになっているので，当然ながらティブルとして扱えます。

たとえば，係数の推定値が欲しいときには，

```
result %>%
  tidy() %>%
  pull(estimate)
```

を実行すればいいでしょう。pull() は dplyr に含まれる関数で，ティブルの項目をベクトルとして抽出する関数です。ちなみに，tidy(conf.int = TRUE) とすると，95%信頼区間も計算してくれます。

次に，glance() は，推定したモデル全体に関する情報を要約したティブルを出力します。使い方は tidy() と同じで，

```
result %>% glance()
```

を実行すると，r.squared，adj.r.squared，...，nobs といった項目を持つティブルが出力されます。はじめの r.squared は決定係数（R^2）のことで，最後の nobs は回帰に使われたサンプルサイズを示しています。他にも，F 値や対数尤度，AIC などの指標がありますが，本書ではこれらを詳しく取り上げません。詳しくは，開発元公式の解説 Web サイト（https://broom.tidymodels.org/index.html）などを参照してください。

最後に，augment() は分析対象としたデータセットに推定によって得られた観察単位レベルの情報を追加する関数です。

```
result %>% augment()
```

これを実行すると，elec，temp，daytime，...，recess というもともとある項目に加えて，.fitted，.resid，...，.std.resid などの項目が追加されていることがわかります。augment() によって追加された項目は，もともとある項目を上書きしてしまわないようにピリオド（.）から始まる仕様になっています。本書でも明示的に扱ったものとしては，予測値（.fitted）や残差（.resid）などが含まれています。

このように broom パッケージを使うことで，回帰分析の結果を整然とした（tidy）データに変換することができるのです。broom は lm オブジェクト以外にもさまざまな統計分析のオブジェクトに適用することができます。本書で取り上げるものでは，glm() や fixest::feols() などにも適用することが可能です。

回帰分析結果の値に基づいて追加の分析や可視化を行う場合には，整然としたデータに変換しておくと便利なので，ぜひ使いこなせるようにしておきましょう。

第5章のまとめ

- 回帰係数の推定結果を評価する手段としては，t 値，p 値，信頼区間がある。
- 回帰係数が 0 でないとき，その説明変数は有意であるといわれる。
- 十分大きな標本のもとで，回帰係数の t 値の絶対値が 1.96 より大きいとき，その説明変数は 5%水準で有意であると考えられる。
- 回帰係数の p 値が 0 に近いほど，その説明変数は有意であると考えられる。
- 信頼区間によって，回帰係数の値が確率的に含まれる区間を見ることができる。

練習問題

問題 5.1 データファイル `icecream.csv` をオーム社 Web サイトの本書サポートページからダウンロードし，作業フォルダに保存してください。このデータは問題 3.3 や問題 4.2 でも用いたものです。

1. `icecream` を `income` と `u15` に回帰し，各変数の有意性を判断してください。有意水準は 5%とします。
2. `income` と `u15` の回帰係数について 95%信頼区間を構成してください。

問題 5.2 問題 4.1 に引き続いて，電力使用量の予測分析を実行します。

1. 問題 4.1 の小問 3. で実行した回帰分析の結果について，各変数の有意性を判断してください。有意水準は 5%とします。
2. すべての回帰係数についての 95%信頼区間を構成してください。

問題 5.3 以下のことを実行するプログラムを考えてください。これは，回帰係数の 95%信頼区間が，真の回帰係数を本当に 95%の確率で含んでいるかどうかをシミュレーションするためのものです。

① `x <- rnorm(1000, 0, 1); y <- 1 + 5 * x + rnorm(1000, 0, 1)`とする。
② `lm(y ~ x)` から，`x` の回帰係数の推定値 $\hat{\beta}_1$ と標準誤差 σ を取り出す。
③ 論理演算子（`>`, `<=`, `==`, `&`, `|`など）を用いて，不等式 $\hat{\beta}_1 - 1.96\sigma < 5 < \hat{\beta}_1 + 1.96\sigma$ の成否を確認する。
④ 以上の①〜③を `S = 10000` 回繰り返して，③の不等式が成立した回数を数え，その割合を出力する。

この結果が 0.95 に近いのであれば，シミュレーションは成功です。

第 6 章
相関関係と因果関係

第 6 章では，本書の重要なテーマである「相関関係と因果関係の違い」について解説します。通常，回帰分析において私たちが知りたいことは，変数間の単なる相関関係ではなく，それらの因果関係です。しかし一般的に，相関関係と因果関係を区別することは容易ではありません。ここではその理由として，**擬似相関**，**偶然の相関**，**同時性**の 3 つの可能性をあげます。次に，変数間の因果関係を数学的に記述するために，**ルービンの因果モデル**を導入します。Part II 以降の議論は，このルービンの因果モデルに基づいて進行しますので，しっかりと理解しておきましょう。

6.1 相関 $\neq$ 因果

6.1.1 擬似相関

小学生におけるゲームの時間と学業成績の関係性について，考えてみましょう。私も含む多くの方は，親や学校の先生からゲームの時間を制限された経験があることと思います。ここでは，「ゲームに多くの時間を費やすほど，成績に悪影響を及ぼす」といった**因果関係**（causality）が暗に想定されています。

ここで，ある小学校において，生徒の 1 日の平均的なゲーム時間を実際にアンケート調査したとします。このシミュレーションデータをまとめた CSV ファイル `video_game.csv` はオーム社 Web サイトの本書サポートページからダウンロードできます。CSV ファイルの 1 行目には各生徒の最近数回のテストの平均成績（`grade`），2 行目には 1 日の平均ゲーム時間（`hours`）が収められています。`video_game.csv` を読み込み，データを `ggplot2` を用いて散布図にプロットしてみましょう。

```
library(dplyr)
```

```
library(ggplot2)
videodata <- readr::read_csv("video_game.csv")
videodata %>%
  ggplot(aes(x = hours, y = grade)) +
  geom_point()
```

すると**図 6.1** のような散布図が得られ，全体的に右下がりの傾向が確認できます。

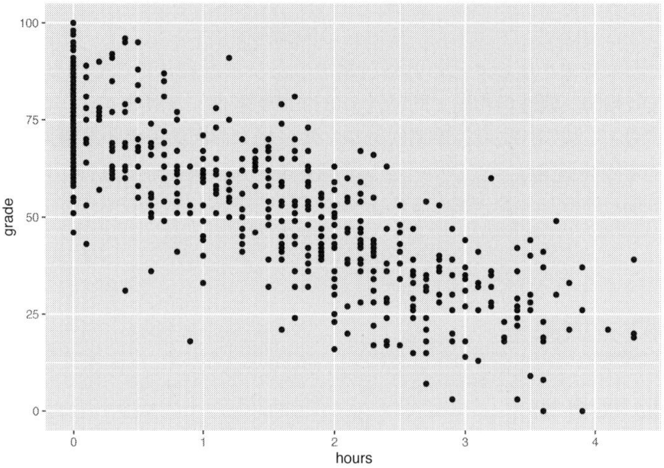

図 6.1　散布図：テスト成績 vs. ゲーム時間

実際，相関係数を計算してみると -0.821 となり，

```
videodata %>%
  summarise(cor = cor(grade, hours))
# A tibble: 1 × 1
     cor
   <dbl>
1 -0.821
```

ゲームの時間と成績の間にはやはり強い負の相関が存在することがわかります。このようにデータを用いて示されると，多くの人は「ゲームは子供の教育に悪影響を与えている！」と思ってしまいがちですが，それは早計です。ゲームに費や

す時間が学業成績に直接的な影響を与えない場合であっても，図のような負の相関は観察され得るのです。なぜでしょうか。

その理由は**擬似相関**（spurious correlation）にあります。擬似相関とは，「2つの変数間に因果関係がなくとも，それらに共通して影響を与える第3の変数が存在する場合には，結果的に相関関係が観測されること」を表します。擬似相関が存在するときには，相関関係が明確に観察されたとしても，それを意味のある因果関係として捉えることはできません。

では，ゲームの時間と学業成績に共通して影響を与える要因として，どのようなものが考えられるでしょうか。1つは家庭環境があげられます。たとえば両親が共働きで帰宅が遅い家庭を考えてみましょう。この場合，両親が帰宅するまでの時間は，時間を制限されることなく，子供は勉強せずに好きなだけゲームで遊ぶことができます。したがって，明らかにゲーム時間と成績の間に負の相関が生じます。他にも，子供が自分の個室を持っているか否か，なども同様に共通の要因となるでしょう。

ここでもし，その生徒がゲームに飽きてしまって，他の事柄に興味が移ったとしたらどうでしょうか。このような場合であっても，勉強時間そのものが変わらないのであれば，ゲーム時間が減少したところで，劇的に成績が向上することは見込めないでしょう。すなわち，「ゲームで遊ぶという行為」自体が本質的な問題なのではなく，「勉強時間が確保できる家庭環境をいかにつくるか」が重要といえます。**図 6.2** はゲーム時間と学業成績の擬似相関の可能性を表した模式図です。図において，実線の矢印は因果関係を表し，破線の矢印は因果関係が不確かであることを示しています。

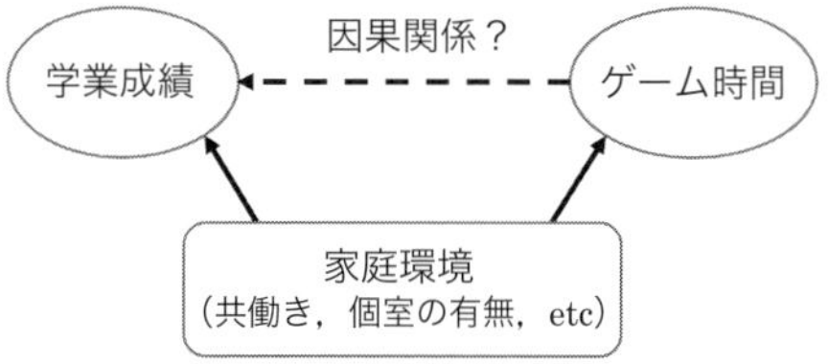

図 6.2　ゲーム時間と学業成績の擬似相関

6.1.2　偶然の相関

図 6.3 を見てみましょう[※1]。この図は，横軸を海賊の数，縦軸を地球の平均気温とした散布図を表しています。図から明らかなとおり，海賊の数と地球の平均気温の間には，負の相関が存在することがわかります。この結果を見て，「地球温暖化の問題を解決するためには，海賊を保護し増やす必要がある」と考える人はまずいないでしょう。常識的に考えれば，両者の間に因果関係は存在しません。それでは，なぜこのような相関関係が観察されるのでしょうか。

その理由は，「単なる偶然」です。時代の流れと共に，地球の平均気温は上昇傾向にあり，また海賊の数は減少傾向にあります。そのため，偶然，図 6.3 のような散布図が描かれたのです。

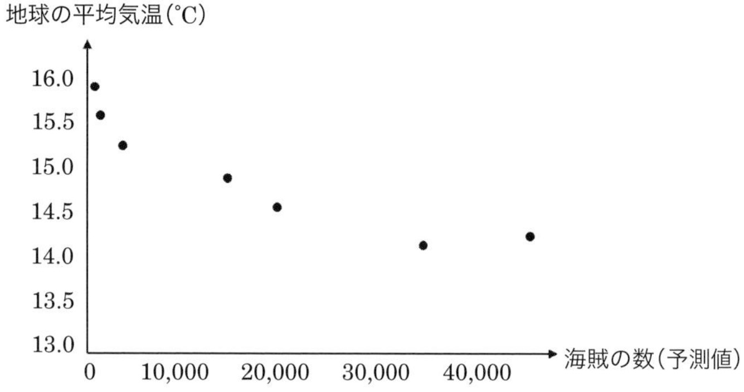

図 6.3　散布図：地球の平均気温 vs. 海賊の数

6.1.3　同　時　性

上の 2 つの例では，因果関係がない（あるいは極めて弱い）にも関わらず，明確な相関関係が観察される可能性を説明しました。一方，明確な因果関係が存在するにも関わらず，観察される相関関係からでは，因果的な影響の大きさや正負が正しく判別できない場合もあります。

ここで，CSV ファイル police_crime.csv をオーム社 Web サイトの本書サポートページからダウンロードしてください。CSV ファイルの 1 行目には都道府県名，2 行目には都道府県別人口 1000 人あたりの警察官数（police），3 行目に

※1　この図は http://sparrowism.soc.srcf.net/home/pirates.html をもとに，筆者が作成しました。興味のある方は，「空飛ぶスパゲッティモンスター」で検索してみましょう！

は都道府県別人口 1000 人あたりの刑法犯認知件数（crime）が収められています(出典：総務省平成 26 年地方公共団体定員管理調査関係データ，平成 26 年版警察白書)。police_crime.csv を作業フォルダに置いて読み込み，データを散布図にプロットしてみましょう。

```
crimedata <- readr::read_csv("police_crime.csv")
crimedata %>%
  ggplot(aes(x = police, y = crime)) +
  geom_point()
```

すると**図 6.4** のような散布図が得られます。

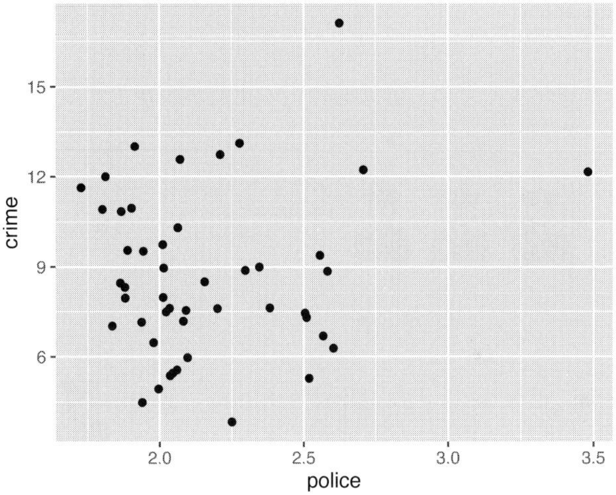

図 6.4　散布図：刑法犯認知件数 vs. 警察官数

相関係数を計算してみると 0.129 となり，

```
crimedata %>%
  summarise(cor = cor(police, crime))

# A tibble: 1 × 1
    cor
  <dbl>
1 0.129
```

警察官の数と刑法犯の件数の間に弱い正の相関が存在することがわかります。常識的に考えて，警察官の数を増やせば犯罪は抑制されるはずです。言い換えれば，因果関係としては，警察官数と犯罪件数の間には負の関係性が期待されます。しかし，この図を見た限りでは，そのような関係性は観察できません。

このような相関関係と因果関係の逆転は，**同時性**（simultaneity）の観点から説明できます。同時性とは，「2 つの事柄について，互いが互いの原因であり同時に結果であること」を意味します。警察官数と犯罪件数の場合，犯罪件数の多い地域では犯罪抑制のためにより多くの警察官が配備されるでしょう。また同時に，警察の増強は犯罪を減らすものと考えられます。一方，犯罪が少ない地域では警察官の数を減らすことができますが，それによって犯罪件数が増えてしまうリスクがあります（**図 6.5**）。もし，地域間の犯罪検挙率が均等化するように警察官が配備されるのであれば，「警察官（多）- 犯罪（多）」，「警察官（少）- 犯罪（少）」という傾向が常態化するため，結果的に正の相関が観察されるのです。

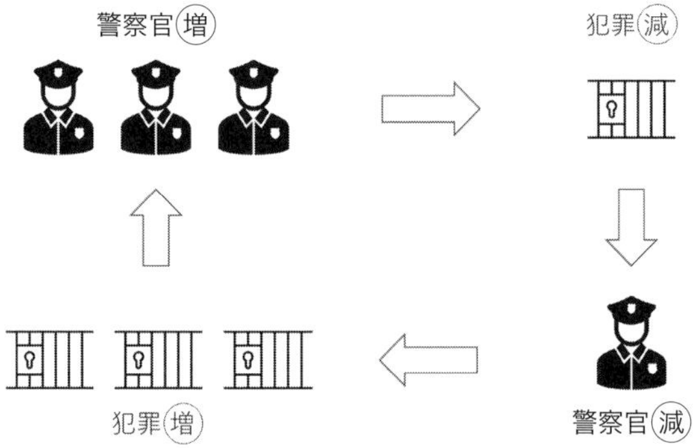

図 6.5　警察官数と犯罪件数の同時性

6.2　ルービンの因果モデル

6.2.1　トリートメントと潜在的な結果

以上で説明したとおり，さまざまな理由によって，変数間の相関関係からそれらの因果関係を導くことは容易ではありません。このことは回帰分析についても当てはまります。なぜなら，4.2.3 項でも示したとおり，回帰係数の推定値は相関係数と比例関係にあるからです。それでは,「回帰分析から因果関係が正しく推定できる」とは具体的にどのような状況でしょうか。それを考えるためには，変数間の因果関係を数学的に記述する必要があります。

変数の組 (Y, D) における因果関係を考えてみましょう。Y は何らかの結果・成果を表す変数，D はその原因を表す変数とします。このような変数 D を**トリートメント**（treatment）や**処置**と呼びます。以下では，トリートメント D が 0 か 1 の値をとるダミー変数である場合に注目します。ここで，具体的にイメージがしやすいよう，**表 6.1** に変数の組 (Y, D) の例を載せておきます。

表 6.1　(Y, D) の例

Y	D	調べたいこと
賃金	資格あり：$D = 1$，資格なし　：$D = 0$	資格取得による賃金の変化
テストの点数	補講参加：$D = 1$，補講不参加：$D = 0$	補講授業の参加によるテストの点数の変化
汚染物質の排出	規制あり：$D = 1$，規制なし　：$D = 0$	環境規制の導入による汚染物質の排出量の変化

ある個人 i について，データとして (Y_i, D_i) が観測されています。$D_i = 1$ であったときに得られる結果の値を Y_{1i}，逆に $D_i = 0$ であったときに得られる値を Y_{0i} としましょう。このとき，D_i の値は必ず 0 か 1 のどちらか一方しか実現しないので，同一個人について Y_{1i} と Y_{0i} を両方観察することはできない点に注意してください。すなわち，$D_i = 1$ が実現しているときには，Y_{1i} が結果 Y_i として観測されますが，一方で Y_{0i} は決して観測できない潜在的な値，いわゆる**反実仮想**（counterfactual）の値です。同様に，$D_i = 0$ のもとでは Y_{0i} が観測されますが，Y_{1i} は観測できません。この関係をまとめると**表 6.2** のようになります。

表 6.2　$\boldsymbol{Y_{1i}}$ と $\boldsymbol{Y_{0i}}$ の関係

トリートメントの状態	観測される結果	観測されない潜在的結果
$D_i = 1$	Y_{1i}	Y_{0i}
$D_i = 0$	Y_{0i}	Y_{1i}

Y_i について式にまとめると，

$$Y_i = \begin{cases} Y_{1i} & \text{if} \quad D_i = 1 \\ Y_{0i} & \text{if} \quad D_i = 0 \end{cases}$$

あるいは，

$$Y_i = D_i Y_{1i} + (1 - D_i) Y_{0i}$$

と書けます。

以上のような枠組みで，「個人 i について D が Y に及ぼす因果的効果」は，

$$Y_{1i} - Y_{0i} \tag{6.1}$$

と定義されます。式（6.1）は**トリートメント効果**（treatment effect）と呼ばれます。トリートメント効果は，「$D_i = 1$（$D_i = 0$）を実際に選んだときに得られる結果」と，「そのとき選ばれなかった $D_i = 0$（$D_i = 1$）のもとでの潜在的な結果」の差を表しています。一般的に，トリートメント効果は個人ごとに異なる値をとりえます。このように，ある変数からある変数への因果的効果を，潜在的な結果変数の差として定義するアプローチを**ルービンの因果モデル**（Rubin causal model）といいます (Rubin, 1974)[1]。

6.2.2　平均トリートメント効果

基本的に，ルービンの因果モデルに基づいた因果推論の問題は，「どのようにして観測できない潜在的結果を補完するか」という問いに集約されます。たとえば，生物学などの実験では，各個体 i と同一の遺伝情報を持つ別の個体 j を用意し，それぞれに異なるトリートメントを与えることで，直接的に式（6.1）のトリートメント効果を求めることも可能でしょう。

もちろん，そのような方法を一般的な社会科学の事例に応用することはできませんから，社会科学データにおいて個人レベルのトリートメント効果を計算することは非常に難しそうです。

そこで，特定の個人ではなく，全体としての平均的なトリートメント効果，すなわち**平均トリートメント効果**（average treatment effect：**ATE**）

$$\mathrm{E}[Y_{1i} - Y_{0i}] \tag{6.2}$$

について考えてみましょう。

データとして $\{(Y_i, D_i) : i = 1, \ldots, n\}$ が得られたとします。また，議論を簡単にするため，「i 以外の個人 j （$i \neq j$）のトリートメントは，個人 i の結果に影響しない」ということを仮定します（自身が受けたトリートメントは自身のみに影響する）。この仮定を **SUTVA**（Stable Unit Treatment Value Assumption）と呼びます。

ここで，トリートメントが $D = 1$ である個人のグループ $\{i : D_i = 1\}$ を**トリートメントグループ**，$D = 0$ である個人のグループ $\{i : D_i = 0\}$ を**コントロールグループ**と呼びます（**図 6.6**）。条件付期待値の推定（3.3.7 項参照）から類推すると，ATE：$\mathrm{E}[Y_{1i} - Y_{0i}]$ は各グループの Y の平均値の差

$$\frac{\sum_{i=1}^{n} D_i Y_i}{\sum_{i=1}^{n} D_i} - \frac{\sum_{i=1}^{n} (1 - D_i) Y_i}{\sum_{i=1}^{n} (1 - D_i)} \tag{6.3}$$

から推定できそうです。このとき，式 (6.3) は (Y_i, D_i) の相関関係を表していることに注意してください。

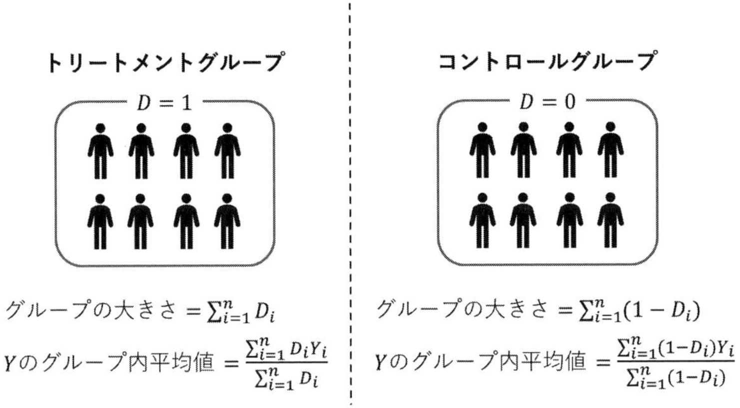

図 6.6　トリートメントグループとコントロールグループ

実際に R によるシミュレーションで確認してみましょう。次のコードを実行します。

```
n  <- 400
D  <- rbinom(n, 1, 0.6) #確率0.6で1，確率0.4で0をとるトリートメント変数
TE <- 2                 #トリートメント効果 = 2で個人間の差は無いと想定
Y  <- TE * D + rnorm(n) #結果変数
```

このシミュレーションでは，標本の大きさを $n=400$ として，トリートメントの値は完全にランダムに決定されています（$\mathrm{P}(D_i=1)=0.6$，$\mathrm{P}(D_i=0)=0.4$）。rbinom(n, 1, p) は確率 p で1，確率 $1-p$ で0の値をとる試行を n 回繰り返す，という命令です。各個人のトリートメント効果（6.1）はすべての i について $Y_{1i}-Y_{0i}=2$ で等しく，したがって平均トリートメント効果（6.2）の値も $\mathrm{ATE}=2$ となります。通常は平均トリートメント効果の値は事前にわかりませんので，この2という値（すなわち真値）を推定することが目標となります。結果変数 Y は，

$$Y = \text{トリートメント効果} \times D + \text{個人ごとの誤差項}$$

として決まっているものと想定します。各個人ごとに異なる誤差要因は標準正規分布 $N(0,1)$ に従っているものとし，分析者からは観測できません。それでは，式（6.3）に従って，ATE を推定してみましょう。次のコードを実行してみてください。

```
EY1 <- sum(D * Y) / sum(D)             # トリートメントグループの平均値
EY0 <- sum((1 - D) * Y) /sum(1 - D) # コントロールグループの平均値
EY1 - EY0
```

1行目は，mean(Y[D == 1]) と書くこともできます。同様に，2行目は mean(Y[D == 0]) と同じ計算です。

いかがでしょうか。おそらく2にかなり近い値が求められたものと思います。たとえば，筆者の環境で計算した場合，以下のようになりました。

```
[1] 2.053911
```

このように，標本データ $\{(Y_i, D_i) : i=1,\ldots,n\}$ から，単純に各グループの平均値を比較することで，平均トリートメント効果が正しく推定できました。

それでは，ここで少し設定を変えてみましょう。次のコードを実行してみましょう。

```
Z <- runif(n)          # DとYに共通して影響を与える変数
D <- rbinom(n, 1, Z) # Zが大きいほど1をとりやすいトリートメント変数
```

```
Y <- TE * D + (2 * Z - 1) + rnorm(n)
```

1 行目では，区間 [0,1] 上の一様分布に従う変数 Z を作成しています。このとき，トリートメント D は Z の値が大きいほど 1 をとりやすいものとします（$\mathrm{P}(D_i = 1) = Z_i$，$\mathrm{P}(D_i = 0) = 1 - Z_i$）。さらに，結果変数についても，

$$Y = \text{トリートメント効果} \times D + (2Z - 1) + \text{個人ごとの誤差項}$$

として Z の影響があるとしましょう。ここで，6.1.1 項の擬似相関を思い出してください。もし，D と Y に共通して影響を与える変数 Z が存在する場合には，単純に D と Y の相関関係を調べただけではそれらの因果関係はわかりません。同様のことがシミュレーションによって確認できます。それでは，再び式（6.3）に従って，ATE を推定してみます。すると，計算結果は以下のようになりました。

```
EY1 <- sum(D * Y) / sum(D)                # トリートメントグループの平均値
EY0 <- sum((1 - D) * Y) / sum(1 - D)  # コントロールグループの平均値
EY1 - EY0

[1] 2.481898
```

皆さんの計算結果についても，明らかに 2 より大きな値が得られているでしょう。すなわち，式（6.3）の方法で求めた値は因果的な効果としては過大評価になってしまいました。

以上のシミュレーションの結果から，平均トリートメント効果の推定において，単純にトリートメントグループとコントロールグループの平均値の差を計算すればよい場合とそうでない場合があることがわかります。なぜこのような違いが生じるのか，その数学的解説は次章で行います。

第 6 章のまとめ

- 擬似相関，偶然の相関，同時性などが存在するとき，相関関係は因果関係を意味しない。
- 潜在的な結果を比較して因果的効果を定義するアプローチをルービンの因果モデルという。
- 各個人に関するトリートメント効果をデータから計算することは一般的に困難。
- 単純にトリートメントグループとコントロールグループの平均値の差を計算しただけでは，平均トリートメント効果が推定できるとは限らない。

練習問題

問題 6.1　ある新聞の記事に次のような趣旨の文章が掲載されていました。この記事を批判的に考察してください。

“留学経験がある人は，留学経験のない人と比べて，就職後の年収が高いことがわかった。この結果は，留学は語学力だけでなく，仕事上の個人能力の向上にも効果があることを意味している。”

問題 6.2　毎月のアイスクリームの消費量と水難事故者数を比べてみると，正の相関関係が確認できました。これが因果関係でないことは明白ですが，なぜこのような相関が生じたのでしょうか。

問題 6.3　本書であげた例のほか，擬似相関の疑われる例を考えてみましょう。

問題 6.4　もしすべての個人について Y_{0i} と Y_{1i} の両方の値を知ることができるならば，ATE はどのように推定すればよいでしょうか。

問題 6.5　推定された ATE がほとんどゼロの場合であっても，トリートメント効果そのものの存在は否定されません。具体的な例をあげてその理由を説明してください。

第7章 外生変数と内生変数

第7章では，回帰分析における**外生変数**と**内生変数**について解説します。説明変数が内生変数であるとき，通常の回帰分析によって推定された係数の値にはバイアスが含まれてしまうため，本来関心のある因果的効果の値から乖離してしまいます。以下では，まず，外生変数と内生変数の性質を解説し，次に，実証分析において内生変数が生じる主な要因として，**欠落変数**，**測定誤差**，**同時性**の3つの要因をあげます。特に，欠落変数と同時性は，第6章において「相関関係と因果関係が異なる要因」としてあげた擬似相関と同時性にそれぞれ対応しています。また，データの集め方に工夫を凝らすことで，内生変数の問題を克服し，通常の回帰分析からでも因果的効果が推定できる場合があります。本章の最後では，そのような実証分析の例として，Boes and Nüesch (2011) [2] と Behrman and Rosenzweig (2004) [1] の研究を紹介します。

7.1 外生変数

次の単回帰モデルを考えてみましょう。

$$Y_i = \beta_0 + \beta_1 X_i + \varepsilon_i, \quad i = 1, \ldots, n \tag{7.1}$$

説明変数は X_i のみで，また，$\mathrm{E}[\varepsilon_i] = 0$ とします。このとき，X_i が**外生変数** (exogenous variable) であるとは，「X_i と誤差項 ε_i が相関しないこと」を意味します。すなわち，$\mathrm{E}[\varepsilon_i] = 0$ に注意し（3.3.6 項参照），

$$\mathrm{E}[X_i \varepsilon_i] = \mathrm{Cov}(X_i, \varepsilon_i) = 0 \tag{7.2}$$

が成立するとき，X_i は外生変数となります。また，外生変数の性質 (7.2) を**外生性** (exogeneity) と呼びます。

ここで，式 (7.1) の両辺の期待値をとって β_0 について解き，$\beta_0 = \mathrm{E}[Y_i] - \beta_1 \mathrm{E}[X_i]$ を得ます。よって，式 (7.1) は，

$$Y_i - \mathrm{E}[Y_i] = \beta_1 (X_i - \mathrm{E}[X_i]) + \varepsilon_i \tag{7.3}$$

と書き換えることができます。X_i が外生変数であれば，式（7.3）の両辺に X_i を乗じて期待値をとったとき，

$$\begin{aligned}\underbrace{\mathrm{E}[X_i (Y_i - \mathrm{E}[Y_i])]}_{\mathrm{Cov}(X_i, Y_i)} &= \beta_1 \cdot \underbrace{\mathrm{E}[X_i (X_i - \mathrm{E}[X_i])]}_{\mathrm{Var}(X_i)} + \underbrace{\mathrm{Cov}(X_i, \varepsilon_i)}_{=0} \\ &= \beta_1 \mathrm{Var}(X_i)\end{aligned} \tag{7.4}$$

が成立するので，$\mathrm{Var}(X_i)$ を移項すれば，

$$\beta_1 = \frac{\mathrm{Cov}(X_i, Y_i)}{\mathrm{Var}(X_i)} \tag{7.5}$$

として β_1 を求めることができます。さらに，式（7.5）の $\mathrm{Var}(X_i)$，$\mathrm{Cov}(X_i, Y_i)$ を標本分散，標本共分散に置き換えることで，実際のデータから β_1 の値を推定することができます（式（4.2）参照）。

それでは，どのような変数が外生変数といえるでしょうか。たとえば，自然科学実験などにおいて，各個体 i の要因 X_i を分析者側がランダムに決定する場合，X_i は明らかに外生変数です。そのような例として，R にはじめからで用意されているサンプルデータ ToothGrowth を見てみましょう。この ToothGrowth というデータは，「モルモットの歯の成長がビタミン C の摂取方法と量によってどのように異なるか」を調べる目的で作成された実験データです。R を起動し，head(ToothGrowth) というコードを実行してみてください。

```
head(ToothGrowth)

   len supp dose
1  4.2   VC  0.5
2 11.5   VC  0.5
3  7.3   VC  0.5
4  5.8   VC  0.5
5  6.4   VC  0.5
6 10.0   VC  0.5
```

ここで，len は歯の長さ（mm），supp はビタミン C の摂取方法で，VC と OJ

の2通りあります。VC はアスコルビン酸(ビタミンC)を直接与えたもので，OJ はオレンジジュースです。ここでは，dose はビタミンCの量(mg)を表します。各個体について，ビタミンCの量はランダムに決定されています。ビタミンC摂取量(dose)を説明変数として，歯の長さ(length)を回帰してみましょう※1。つまり，次の回帰モデルを推定します。

$$\text{len} = \beta_0 + \beta_1 \text{dose} + \varepsilon$$

第5章で学んだようにRでOLS推定を行います。

```
library(dplyr)
library(broom)
ToothGrowth %>%
  lm(len ~ dose, data = .) %>%
  tidy()

# A tibble: 2 × 5
  term        estimate std.error statistic  p.value
  <chr>          <dbl>     <dbl>     <dbl>    <dbl>
1 (Intercept)     7.42     1.26       5.89 2.06e- 7
2 dose            9.76     0.953     10.3  1.23e-14
```

この結果，ビタミンCが歯の成長にプラスに影響していることがわかります。ここで得られた β_1(ビタミンC摂取量の係数)の推定値は，明らかに歯の成長に関する因果的な影響を反映した，信頼性の高い結果です。このような回帰分析の活用が，1つの理想的な形といえます。

7.2 内生変数

再び単回帰モデル(7.1)について考えましょう。ただし，ここでは X_i が外生変数ではなく，X_i と誤差項 ε_i が相関していると仮定します。すなわち，

※1 摂取方法(supp)もランダムに割り当てられている要因の1つですが，摂取量(dose)とは相関しないように割り当てられているため，回帰モデルに含めなくても後述する欠落変数バイアスは生じません。

$$\mathrm{E}\left[X_i \varepsilon_i\right] = \mathrm{Cov}\left(X_i, \varepsilon_i\right) \neq 0 \tag{7.6}$$

となっているとします。このとき，X_i は**内生変数**（endogenous variable）であるといいます。また，内生変数の性質（7.6）を**内生性**（endogeneity）と呼びます。X_i が内生変数であるとき，$\mathrm{Cov}\left(X_i, \varepsilon_i\right)$ は 0 でないため，式（7.4）から

$$\underbrace{\frac{\mathrm{Cov}\left(X_i, Y_i\right)}{\mathrm{Var}\left(X_i\right)}}_{\text{回帰分析で推定しているもの}} = \beta_1 + \underbrace{\frac{\mathrm{Cov}\left(X_i, \varepsilon_i\right)}{\mathrm{Var}\left(X_i\right)}}_{\text{バイアス}} \tag{7.7}$$

となります。したがって，あやまって式（7.5）を前提として回帰分析を実施し β_1 を推定すると，$\mathrm{Cov}\left(X_i, \varepsilon_i\right) / \mathrm{Var}\left(X_i\right)$ に相当するバイアスが生じてしまい，β_1 の値を正しく推定することができません。また，$\mathrm{Var}(X_i)$ が常に正であることに注意すると，バイアスの符号は説明変数と誤差項の相関係数の符号に一致することもわかります。

実際に R によるシミュレーションで確認してみましょう。次のコードを実行します。

```
n  <- 200
e  <- rnorm(n)                         # 誤差項
X  <- (1 + 0.5 * e) * runif(n) # 説明変数
b0 <- 1                                # 切片の真値 = 1
b1 <- 2                                # 係数の真値 = 2
Y  <- b0 + X * b1 + e                  # 被説明変数
```

ここで，runif(n) は，[0,1] に値をとる一様分布に従う変数を n 個作成する，という命令です（練習問題 2.1 参照）。誤差項 e は標準正規分布 $N(0, 1)$ に従っており，説明変数 X は誤差項と相関するように作成されています。切片 β_0 の値は 1，係数 β_1 の値は 2 と設定し，標本の大きさ $n = 200$ のデータを人工的に作成します。このとき，回帰分析によって β_0 と β_1 の真の値が正しく推定できるか検証してみましょう。lm(Y ~ X) として回帰分析を実施します。すると，たとえば以下のような結果が得られます。

```
lm(Y ~ X)
```

```
Call:
lm(formula = Y ~ X)

Coefficients:
(Intercept)            X
     0.1243       3.6458
```

計算環境によって乱数の値が異なるので，皆さんの計算結果が必ずしも上の結果と一致しない点に注意してください。今回のシミュレーションでは，切片 β_0 の値は 0.1243，係数 β_1 の値は 3.6458 という推定結果となりました。真の値はそれぞれ 1 と 2 でしたから，大きなバイアスが生じていることがわかります。また，説明変数と誤差項の相関が正であるときバイアスの符号も正であることもこのシミュレーションから確認できました。もしこの結果に基づいて，「X が Y に与える影響は，X の 1 単位あたり 3.6458 である」と結論してしまうと，現実の影響の程度と比べて明らかな過大評価となってしまいます。

このように関心のある説明変数が内生的である場合，その効果を正しく推定することができなくなり，得られる推定値は，真の値よりも大きすぎるか，小さすぎるかのどちらかになってしまいます。政策や施策などの何らかの処置の効果が正しく推定できなければ，それらの処置が費用に見合うのかどうかを評価することもできないため，政策的または経営的な意思決定に役立てることができません。そのため，内生性の問題がある場合には，何かしらの工夫によって対処する必要があるのです。

それでは，説明変数はどのような状況で内生変数になりやすいのでしょうか。以下では，内生変数の生じる典型的な 3 つの要因を説明します。これらの要因は，いずれも社会科学における統計データで特に頻繁に観察されます。「説明変数の内生性への対処」は，計量経済学をはじめとする社会科学分野の統計学の最も重要な課題であり，特徴でもあります。

7.2.1 欠落変数

説明変数が 2 つの場合の重回帰モデルを考えてみましょう。

$$Y_i = \beta_0 + \beta_1 X_{1i} + \beta_2 X_{2i} + \varepsilon_i, \quad i = 1, \ldots, n \tag{7.8}$$

このとき，X_{1i} と X_{2i} が誤差項 ε_i と相関していれば，これらの説明変数は内生変数ですが，ここでは X_{1i} と X_{2i} は外生変数であるとします（すなわち，$\mathrm{E}[X_{1i}\varepsilon_i]=0$，$\mathrm{E}[X_{2i}\varepsilon_i]=0$）。したがって，通常の重回帰分析によって，$X_{1i}$ と X_{2i} が Y_i に与える影響を正しく推定することができます。

それではここで，何らかの理由によって「X_2 が観察できない」という状況を想定してみましょう。観察できない X_2 を除いて，以下の単回帰モデルの推定を試みます。

$$Y_i=\alpha_0+\beta_1 X_{1i}+\eta_i, \quad i=1,\ldots,n \tag{7.9}$$

ここで，α_0 と η_i はこの単回帰モデルにおける新しい切片と誤差項で，それぞれ，

$$\begin{aligned}\alpha_0&=\beta_0+\beta_2\mathrm{E}[X_{2i}]\\ \eta_i&=\beta_2\cdot(X_{2i}-\mathrm{E}[X_{2i}])+\varepsilon_i\end{aligned}$$

として与えられます[※2]。このとき，$\mathrm{E}[\eta_i]=0$ が成立しています。単回帰モデル（7.9）では，$\beta_2\neq 0$ ならば，本来加えるべき説明変数 X_{2i} が欠落しています。そのような変数を**欠落変数**（omitted variables）といいます。単回帰モデル（7.9）のもとで，β_1 の値を正しく推定するためには，

$$\mathrm{E}[X_{1i}\eta_i]=0$$

という意味で X_{1i} が外生変数である必要があります。しかし，$\mathrm{E}[X_{1i}\varepsilon_i]=0$ が成立したとしても，

$$\begin{aligned}\mathrm{E}[X_{1i}\eta_i]&=\mathrm{E}\{X_{1i}[\beta_2(X_{2i}-\mathrm{E}[X_{2i}])+\varepsilon_i]\}\\ &=\beta_2\cdot\mathrm{E}\{X_{1i}(X_{2i}-\mathrm{E}[X_{2i}])\}+\mathrm{E}[X_{1i}\varepsilon_i]\\ &=\beta_2\mathrm{Cov}(X_{1i},X_{2i})\end{aligned}$$

であるため，「X_{1i} と X_{2i} の相関（共分散）が 0」もしくは「$\beta_2=0$」のいずれかが成立しない限り，$\mathrm{E}[X_{1i}\eta_i]=0$ は成立しません。したがって，

※2　式（7.8）から $\beta_2\mathrm{E}[X_{2i}]$ を足し引きすると，

$$\begin{aligned}Y_i&=\beta_0+\beta_2\mathrm{E}[X_{2i}]+\beta_1X_{1i}+\beta_2(X_{2i}-\mathrm{E}[X_{2i}])+\varepsilon_i\\ &=\alpha_0+\beta_1X_{1i}+\eta_i\end{aligned}$$

となり，式（7.9）が得られます。

① X_{1i}とX_{2i}の相関 $\neq 0$ かつ

② $\beta_2 \neq 0$

であるとき X_{1i} は内生変数となり，単回帰モデル（7.9）のもとでの回帰分析では，β_1 の値を正しく推定することはできません。欠落変数によって生じるこのようなバイアスを特に**欠落変数バイアス**（omitted variable bias）といいます。

お気づきになった方もいらっしゃると思いますが，欠落変数の存在による内生性の問題は，第 6 章で解説した「擬似相関」に対応しています。6.1.1 項では，テレビゲームの時間と学業成績の関係を例に擬似相関について解説しました。学業成績を Y，テレビゲームの時間を X_1 としましょう。そこで，単回帰モデル（7.9）から，ゲーム時間が学業成績に与える因果的な影響，すなわち β_1 を推定する問題を考えます。

ここで，ゲーム時間と学業成績に共通して影響する要因，たとえば「家庭環境」が存在するとき，単純にゲーム時間と学業成績の相関関係を見ただけでは，それらの因果関係まではわからなかったことを思い出してください。家庭環境を表す変数を X_2 としましょう。このとき，

家庭環境 X_2がゲーム時間 X_1に影響 $\Rightarrow$ X_1と X_2の相関 $\neq 0$

家庭環境 X_2が学業成績 Y に影響 $\Rightarrow$ $\beta_2 \neq 0$

ということを意味します。したがって，ゲーム時間は単回帰モデル（7.9）において内生変数となり，通常の回帰分析では β_1 の値を正しく推定できません。このように，擬似相関による相関関係と因果関係の乖離は，回帰分析における欠落変数による内生性と同一の問題としてみることができます（**図 7.1**）。

もちろん，X_2 が観察可能であれば，はじめから重回帰モデル（7.8）を推定す

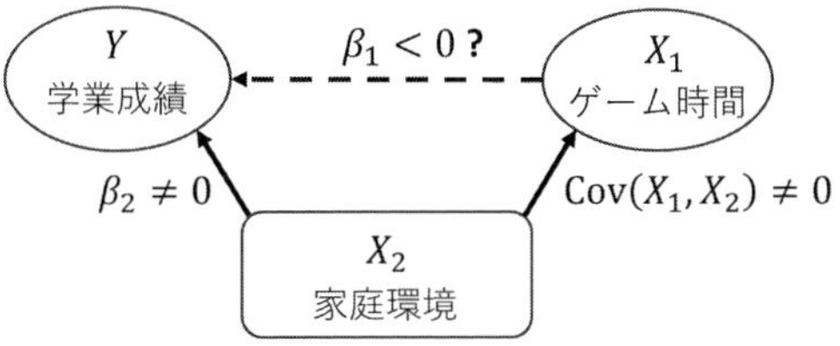

図 7.1 擬似相関 = 欠落変数問題

ればよいので，欠落変数による問題は生じません。しかし，「家庭環境」という変数は，通常，分析者からは観測が極めて困難で，また定量化も難しい変数です。

他にも，計量経済学における典型的な実証分析の題材として，教育年数（X_1）と収入（Y）の因果関係を調べたいとします。この場合，たとえば「個人の潜在能力」（X_2）といった変数は X_1，Y どちらにも影響しますが，データとして観測することは容易ではありません。

以上の例のように，現実には X_1 が内生変数となることが不可避である場合も多くあります。

7.2.2　測定誤差

社会科学における統計分析では，アンケート調査などのいわゆる「サーベイデータ」を使用することが多くあります。特に経済学における実証分析では，家計の所得や個人の賃金，消費支出に関するデータが必要となる場合が多いですが，アンケートにおいてそれらのデータを正確に収集することは，技術的にも個人情報の観点からも困難です。そのため，アンケートによって得られるデータは大まかな近似値のみで，私たちの知りたい実際の値に対して**測定誤差**（measurement error）が含まれます。このような測定誤差の存在は，説明変数の内生性の要因となります。

再び単純な 1 変数の回帰モデル

$$Y_i = \beta_0 + \beta_1 X_i + \varepsilon_i, \quad i = 1, \ldots, n$$

を用いて説明しましょう。X_i は外生変数であると仮定します（すなわち，$\mathrm{E}[X_i \varepsilon_i] = 0$）。ただし，ここでは説明変数 X_i の正確な値はわからず，測定誤差が生じているものとします。実際に観測できる X_i の値を W_i，測定誤差を u_i とします。すなわち，

$$W_i = X_i + u_i$$

という関係性があります。したがって，上の単回帰モデルは以下のように書き換えることができます。

$$\begin{aligned} Y_i &= \beta_0 + \beta_1 X_i + \varepsilon_i \\ &= \beta_0 + \beta_1 W_i + \eta_i \end{aligned} \tag{7.10}$$

ここで，η_i はこの単回帰モデルにおける新しい誤差項で，

$$\eta_i = \varepsilon_i - \beta_1 \cdot u_i$$

と表すことができます。また，測定誤差 u_i の期待値は 0 で，X_i と ε_i と独立であると仮定します。このとき，観測可能なデータのみを用いて，β_1 の値を正しく推定するためには，単回帰モデル（7.10）の 2 行目の式において，説明変数 W_i の外生性 $\mathrm{E}[W_i\eta_i] = 0$ が必要です。しかし，

$$\begin{aligned} \mathrm{E}[W_i\eta_i] &= \mathrm{E}[W_i(\varepsilon_i - \beta_1 \cdot u_i)] \\ &= -\beta_1 \mathrm{E}[W_i u_i] \\ &= -\beta_1 \mathrm{E}[(X_i + u_i)u_i] \\ &= -\beta_1 \mathrm{Var}(u_i) \end{aligned} \tag{7.11}$$

となるので，$\beta_1 \neq 0$ である限り，測定誤差 u_i が存在すると W_i と η_i は相関してしまいます（$\mathrm{E}[W_i\eta_i] \neq 0$）。したがって，観測可能なデータのみを用いて単回帰分析を実施すると，β_1 の値は正しく推定されません。実際，式（7.5）と同様の方法で β_1 を求めてみると，式（7.11）から，

$$\begin{aligned} \frac{\mathrm{Cov}(W_i, Y_i)}{\mathrm{Var}(W_i)} &= \beta_1 - \left(\frac{\mathrm{Var}(u_i)}{\mathrm{Var}(W_i)}\right)\beta_1 \\ &= \left(1 - \frac{\mathrm{Var}(u_i)}{\mathrm{Var}(X_i) + \mathrm{Var}(u_i)}\right)\beta_1 \qquad (7.12) \\ &= \left(\frac{\mathrm{Var}(X_i)}{\mathrm{Var}(X_i) + \mathrm{Var}(u_i)}\right)\beta_1 \end{aligned}$$

となります。ここで，式（7.12）の 2 つ目の等号は，u_i と X_i が独立であると仮定したことによります（問題 3.1 参照）。

式（7.12）の 3 行目の $\mathrm{Var}(X_i)/[\mathrm{Var}(X_i) + \mathrm{Var}(u_i)]$ に注目してみましょう。この値は，$\mathrm{Var}(X_i)$ と $\mathrm{Var}(u_i)$ は必ず正の値をとるので，測定誤差が存在するならば，

$$0 < \frac{\mathrm{Var}(X_i)}{\mathrm{Var}(X_i) + \mathrm{Var}(u_i)} < 1$$

という関係が成り立ちます。すなわち，$\beta_1 > 0$ としたとき，

$$\underbrace{\beta_1}_{\text{知りたい値}} > \underbrace{\frac{\mathrm{Cov}(W_i, Y_i)}{\mathrm{Var}(W_i)}}_{\text{データから推定できる値}} > 0$$

なので，観測可能なデータのみを用いて回帰分析を実施した場合，推定される β_1 の値の大きさは過小評価となります。同様に，仮に $\beta_1 < 0$ であるとすると，$\beta_1 < \mathrm{Cov}\left(W_i, Y_i\right) / \mathrm{Var}\left(W_i\right) < 0$ ということになり，やはり絶対値での意味で過小評価となります。このように，測定誤差によって推定値にゼロに向かってバイアスがかかることを特に，**減衰バイアス**（attenuation bias）といいます。

この減衰の程度は式 (7.12) からわかる通り，測定誤差の分散 $\mathrm{Var}(u_i)$ と実際の説明変数の分散 $\mathrm{Var}(X_i)$ の比によって決まります。相対的に $\mathrm{Var}(u_i)$ が大きくなるほど，減衰は強まります。逆に，$\mathrm{Var}(u_i)$ が小さければ減衰は弱まります。

ただし，測定誤差が存在する場合でも，減衰バイアスによって推定された係数の符号は逆転しないので，X が Y に与える影響の「方向」は判別可能です。

実際に R によるシミュレーションで確認してみましょう。次のプログラムを実行します。

```
n  <- 200
e  <- rnorm(n)              # 誤差項
X  <- rnorm(n)              # 説明変数の真の値
u  <- runif(n, -1, 1)       # 測定誤差
W  <- X + u                 # 説明変数の測定値
b0 <- 1                     # 切片の真値 = 1
b1 <- 2                     # 係数の真値 = 2
Y  <- b0 + X * b1 + e       # 被説明変数
```

ここで，runif(n, -1, 1) で $[-1, 1]$ に値をとる一様分布に従う期待値 0 の測定誤差 u を作成しています。説明変数 X の係数の真値は 2 です。X は直接観測できないものとして，そのかわりに W を使って回帰分析を実施してみます。lm(Y ~ W) を実行してみると，

```
lm(Y ~ W)

Call:
lm(formula = Y ~ W)

Coefficients:
```

```
(Intercept)           W
     0.9833      1.4028
```

となり，理論に示された通り回帰係数の値は過小評価になっています。

7.2.3 同時性

6.1.3 項において，相関関係と因果関係が乖離する 1 つの理由として「同時性」を説明しました。そのような同時性が存在するとき，内生性が生じます。再び，警察官の数と犯罪件数の関係を例に説明しましょう。

ある地域 i の警察官数を X_i，犯罪件数を Y_i とし，説明の簡単化のため他の説明変数はないものとします。今，私たちが調べたいことは，「警察官の数を増やすことで，犯罪件数がどの程度減少するのか」です。よって，単回帰モデル（7.1）における β_1 を推定することが目標となります。

ここで，「警察官の数と犯罪件数の同時性」の説明を思い出してください。警察の増強は犯罪を減らすものと考えられますが，同時に，犯罪件数の多い地域では犯罪抑制のためにより多くの警察官が配備されます。このことは，次のような 2 つの式によって表すことができます。

$$
\begin{aligned}
Y_i &= \beta_0 + \beta_1 X_i + \varepsilon_i \quad &\text{（地域 } i \text{ の犯罪件数を決める式）} \\
X_i &= \gamma_0 + \gamma_1 Y_i + u_i \quad &\text{（地域 } i \text{ の警察官の数を決める式）}
\end{aligned}
\tag{7.13}
$$

ここで，u_i は地域 i の警察官の数を決める式の誤差項です。u_i と ε_i は相関しないものと仮定しておきましょう。

通常の回帰分析によって β_1 の値を推定するためには，X_i が外生変数である必要があります（すなわち，$\mathrm{E}[X_i\varepsilon_i] = 0$）。しかし，式（7.13）の 2 つ目の式から，

$$
\begin{aligned}
\mathrm{E}[X_i\varepsilon_i] &= \mathrm{E}[(\gamma_0 + Y_i\gamma_1 + u_i)\varepsilon_i] \\
&= \mathrm{E}[Y_i\varepsilon_i]\,\gamma_1
\end{aligned}
$$

となります。Y_i の式には ε_i が含まれていますので，$\gamma_1 \neq 0$ である限り，$\mathrm{E}[X_i\varepsilon_i] = 0$ は一般的に成立しません。したがって，通常の回帰分析では，β_1 の値を正しく推定することはできません。

7.2.4　内生性を見抜くコツ

内生性に対処するためには，まず，どのような内生性がデータに潜んでいるかを把握しなくてはなりません。データに潜む内生性を洗い出す際のヒントになるのは，経済主体による最適化行動です。すなわち，「人々や組織は自らが得をするように意思決定している」という考え方です。多くの場合，観察データに含まれる変数の値というのは無作為に決定されているわけではありません。むしろ，経済主体が損得を勘案して作為的に決定しているのが通常です。

経済主体は，さまざまな要素に基づいて意思決定をするでしょう。教育年数と収入の例でいえば，教育年数という変数は本人や保護者が色々と考えた上で決定しているはずです。その際にどのような要素に基づいて意思決定するかを考えることで，潜在的な内生性が見えてくることがあります。本人の能力というのは明らかにその 1 つです。

たとえば，自分の能力では大学に合格するのが難しい，入学してもついていけずに中退してしまう，あるいは，卒業してもそれに見合う職を得られなさそう，などと考える人は大学進学を選択しないでしょう。逆に，自分の能力なら大学に進学するほうが得だと考える人は進学を選ぶでしょう。すると，結果的に教育年数と能力に相関が生まれ，教育年数は内生変数ということになるのです。

上の例は欠落変数の場合ですが，同時性の場合も同様な議論が可能です。地域ごとの警察官の数と犯罪件数の例では，警察官の数はその地域の自治体が現在の治安情勢を考慮して決定しており，犯罪件数はその地域の潜在的な犯罪者が逮捕される確率などに基づいて犯罪が割に合うかどうか判断する結果として決まるでしょう。同時性はそのような意思決定によって生まれるといえます。

このように，経済主体による最適化の結果として，内生性が生じることは多く，関心のある変数がどのような意図に基づいて決定されているかを考えることは内生性を洗い出すための有効な手段です。データ分析の際には，データの背後にいる人々や組織に思いを巡らせて，どのような意思決定の結果としてそのデータが生み出されているのかを考えるとよいでしょう。

7.3　因果分析としての回帰分析

ここまでの説明から，通常の回帰分析によって説明変数の因果的効果を正確に推定するには，多くの課題が存在することが理解できたと思います。Part II では，変数間の因果関係を調べるための回帰分析の応用的な使い方について解説しますが，実は，「データの集め方」自体に工夫を凝らすことで，通常の回帰分析からでも因果的効果が推定できる場合があります。以下では，そのような好例として，Boes and Nüesch (2011) [2] の研究と Behrman and Rosenzweig (2004) [1] の研究を紹介しましょう。

7.3.1 航空騒音が住宅価格に与える影響

経済学における回帰分析の代表的な適用例として，**ヘドニック価格分析**があります。ヘドニック価格分析とは，ある商品の価格をその商品の特性（特徴）に回帰することで，それぞれの特性の金銭的価値を求める手法です。特に環境経済学においては，住宅価格を住宅環境（例：大気の質，騒音，緑地面積）に回帰することで，本来価格の付いていない環境質の経済価値を求めることができるため，非常に多くの実証研究が蓄積されています。しかし，しばしば住宅環境は住宅価格について内生変数であるため，環境質の価値を正しく推定するためには，この内生性を克服する必要があります。

Boes and Nüesch (2011) は，スイスのデータを用いて，航空騒音がマンションの家賃に与える影響を調べました。まず，通常の回帰分析から航空騒音の影響を推定することを考えてみましょう。Y_i を住宅 i の家賃，$X_{1i}, \ldots, X_{ki}$ を住宅 i の構造的特性（例：部屋数，面積，階数）とし，重回帰モデル

$$Y_i = \beta_0 + \beta_1 X_{1i} + \cdots + \beta_k X_{ki} + \alpha \times (\text{騒音レベル}_i) + \varepsilon_i \tag{7.14}$$

を考えます。このとき，興味のある値は変数「騒音レベル」の係数 α ですが，それを正しく推定するためには，騒音レベル$_i$ と誤差項 ε_i が無相関である必要があります（$\mathrm{E}[\text{騒音レベル}_i \times \varepsilon_i] = 0$）。はたしてそのような仮定は妥当でしょうか。

まず，どのような地域で騒音レベルが高いか考えてみましょう。明らかに，騒音レベルが高い地域は空港に近い傾向があります。それでは，空港に近い地域とはどのような地域でしょうか。比較的郊外で，近隣の住居が少なく，公共サービスや商業サービスの供給水準も（都市部と比べて）低いことが予想されます。そして明らかに，これらの地域要因は住宅価格に大きく影響を与えます。したがって，これらの地域要因がすべてコントロールされていない限り，重回帰モデル (7.14) の推定の際に欠落変数による内生性が生じます（$\mathrm{E}[\text{騒音レベル}_i \times \varepsilon_i] \neq 0$）。

この問題に対して，Boes and Nüesch (2011) は「航空経路の変更の時期」に注目しました。2003 年 10 月に施行された新たな航空制度により，チューリッヒ空港における朝の着陸経路は大幅に変更されました。それによって，「もともとの航空騒音は微小であったが，制度施行後に航空騒音が問題になった地域」が生まれます。したがって，「住宅 i の制度施行以前・以後の価格の変化」と「航空経路変更による騒音レベルの変化」を比較することで，航空騒音の影響を推定できそうです。

具体的な分析手順は以下のとおりです。まず，制度施行の以前（before）と以後（after）に「繰り返し賃貸に出された同一のマンション」のデータを集めます。次に「騒音被害地域」を表すダミー変数を，航空経路を参照して作成します。そして，次の重回帰モデルを推定します。

$$
\begin{aligned}
Y_{t,i} = \alpha_1 \cdot \mathrm{After}_t &+ \alpha_2 \cdot (\mathrm{After}_t \times \text{騒音被害地域}_i) \\
&+ \beta_1 X_{1t,i} + \cdots + \beta_k X_{kt,i} + \gamma_i \cdot (\text{住宅}\ i\ \text{ダミー}) + \varepsilon_{t,i} \qquad (7.15) \\
&\qquad\qquad\qquad i = 1, \ldots, n
\end{aligned}
$$

ここで，$t = \{\mathrm{before}, \mathrm{after}\}$，$Y_{t,i}$ は時点 t における住宅 i の家賃の対数値，After_t は $t = \mathrm{after}$ であれば 1 となるダミー変数，$X_{1t,i}, \ldots, X_{kt,i}$ は住宅 i の特性のうち，時点によって変化する特性（例：築年数）を表します。説明変数に「住宅 i ダミー」を加えることで，住宅 i の特性のうち時点によって不変である特性は，構造的特性に限らず地域特性もすべてコントロールされています。同一の住宅 i が複数時点で観察されることによって，係数 γ_i がモデルに導入できるようになっている点に注意してください。このモデルにおいて，興味のある値は変数「After×騒音被害地域」の係数 α_2（制度施行後に航空騒音が問題となった地域の住宅価格の下落）です。

以上の重回帰モデル（7.15）について，推定結果をまとめたものが**表 7.1** です。表 7.1 では，比較の目的で，制度施行以前と以後に繰り返し賃貸に出されたマンションに限らず，その期間のすべてのマンションデータを用いて回帰分析を実施した結果も載せています。その場合は住宅ダミー変数は導入できないので，式 (7.14) のように住宅の構造特性をそれぞれ個別の説明変数として加えます。推定結果を見てみると，どちらのデータを使用した場合でも，航空騒音の影響 α_2 は負の値で 5%水準で有意な結果となっています。それぞれのデータによる推定値を比較してみると，すべてのマンションデータを使用した場合は α_2 の値は -0.061

表 7.1 回帰分析の結果

使用データ	すべてのマンション	繰り返し賃貸に出たマンション
After	0.058 (0.016)	0.001 (0.006)
After × 騒音被害地域	−0.061 (0.035)	−0.035 (0.015)
住宅ダミー	なし	あり
サンプルサイズ	6562	436

(他の説明変数に関する結果は省略。括弧内は標準誤差の値)
(Boes and Nüesch (2011) Table 2 より抜粋)

ですが，住宅ダミー変数を導入したモデルでは −0.035 と大幅に減少しています。上で述べたように，航空騒音と家賃に共通して影響する地域要因がすべてコントロールされていない限り，欠落変数による内生性が生じます。したがって，前者のモデルにおいて α_2 の値は正しく推定できておらず，−0.061 という値は（絶対値で）過大評価であると予想されます。一方，後者のモデルでは，住宅ダミー変数を導入したことで欠落変数の問題が緩和されるため，−0.035 という値は航空騒音が家賃に与える因果的影響として，より信頼性が高いといえます。

この研究のように，政策変更の以前と以後を比べることで政策効果を推定する方法を**差の差分析**（difference-in-differences: **DID**）といいます。DID 法に関する詳しい解説は 12.3 節を参照してください。

7.3.2 出生時の体重は大きいほどよい？

出生体重が 2500 グラム未満の「低出生体重児」は成熟児と比べて，認知機能や神経学的な機能の発達に遅滞が生じるリスクが高いとされています。低出生体重児を減らすことは，健康に関する非常に重要な政策課題といえます。このような背景から，出生時の体重がその後の教育や就労にどのような影響を及ぼすのか，実証的に明らかにすることが求められています ※3。

まずは素朴に，通常の回帰分析から出生時体重の影響を推定することを考えてみましょう。Y_i を個人 i の成人時の結果変数（例：教育，賃金），$X_{1i}, \ldots, X_{ki}$ を個人 i の家族の特性（例：両親の教育年数，所得）とし，重回帰モデル

※3 日本での分析事例としては，小原・大竹 (2009) [3] において，出生時の体重とその後の学力の間に正の相関があることが報告されています。

$$Y_i = \beta_0 + \beta_1 X_{1i} + \cdots + \beta_k X_{ki} + \alpha \cdot (\text{出生時体重}_i) + \varepsilon_i \tag{7.16}$$

を考えます。このとき，興味のある値は変数「出生時体重」の係数 α ですが，これまでの議論と同様に，出生時体重$_i$ と誤差項 ε_i が相関している場合，α の値は正しく推定できません。ここでもやはり欠落変数による内生性の存在が疑われます。

まず，新生児の出生体重の代表的な決定要因として，遺伝的特性や母親の健康状態や生活習慣（特に飲酒・喫煙の有無）があげられます。そしてこれらの要因は，子供のその後の成長にも大きく影響を与えるものと考えられます。結果として，そのような特性をすべてコントロールすることは難しいため，重回帰モデル（7.16）の推定において内生性が生じます（$\mathrm{E}\,[\text{出生時体重}_i \times \varepsilon_i] \neq 0$）。

この問題に対して，Behrman and Rosenzweig (2004) の研究では，「一卵性の双子のデータ」に注目しました。一卵性の双子の場合，当然，親の健康状態や生活習慣は全く同一であり，さらに遺伝的特性についても同じになります。一方，双子であっても出生時体重は同一でなく，当然，教育年数や賃金といった成人時の結果についても異なります。したがって，偶然生じた「双子のペア i, j 間の出生時体重の差」と「成人時の結果変数の値の差」を比較することで，出生時体重の影響が推定可能です。

Behrman and Rosenzweig (2004) はミネソタ州における女性の双子データを集め，次の回帰モデルを推定しました。

$$Y_i - Y_j = \alpha \cdot \left(\text{出生時体重}_i - \text{出生時体重}_j\right) + \eta_{i,j} \qquad (i, j \text{ は双子のペア}) \tag{7.17}$$

ここで，$\eta_{i,j}$ はこの単回帰モデルにおける新しい誤差項で，$\eta_{i,j} = \varepsilon_i - \varepsilon_j$ と表すことができます。双子間の差をとることで，遺伝的特性や親の健康状態や生活習慣といった要因が互いに打ち消され，欠落変数の問題が克服されている点に注意してください。

回帰モデル（7.17）および（7.16）について，推定結果をまとめたものが**表 7.2** です。

表 7.2 から，出世時の体重は，教育年数，賃金どちらについても正の影響を与えることがわかります。教育年数について α の推定値は，回帰モデル（7.17）を用いた場合 0.657 となり，そうでない場合と比べて約 1.7 倍大きな値が得られています。このことは，重回帰モデル（7.16）の推定における欠落変数の存在を示

表 7.2　回帰分析の結果

被説明変数	教育年数		賃金の対数値	
推定モデル	モデル（7.16）	モデル（7.17）	モデル（7.16）	モデル（7.17）
出生時体重	0.385 (2.76)	0.657 (3.11)	0.033 (1.01)	0.190 (2.47)
サンプルサイズ	1418	804	1418	804

（他の説明変数に関する結果は省略。括弧内は t 値）
（Behrman and Rosenzweig (2004) Table 2 より抜粋）

唆しており，0.385 という値は出生時体重の因果的効果として過小評価であったと予想されます。同様の傾向は，被説明変数として賃金の対数値を用いたときにも観察できます。以上の結果から，低出生体重児を減らすことの政策的重要性が，改めて明らかとなりました。

第 7 章のまとめ

- 説明変数が内生変数であるとき，推定された係数は因果的な効果として解釈できない。
- 説明変数の内生性が生じる要因として，欠落変数，測定誤差，同時性などがある。
- データの集め方次第では，通常の回帰分析からでも因果的効果が推定できる。

R によるシミュレーション演習

式（7.7）からわかるように，説明変数が内生変数であるときのバイアスは，説明変数と誤差項の相関（共分散），すなわち内生性が強いほど大きくなります。乱数を用いたシミュレーションから，内生性の強さとバイアスの関係性を数値的に検証してみましょう。

7.2 節のシミュレーションと同様のモデルを考えます。

$$Y_i = \beta_0 + X_i\beta_1 + \varepsilon_i$$

ここで，誤差項 ε_i は正規分布 $N(0,1)$ に従うとし，X_i について，

$$X_i = (1 + \lambda \cdot \varepsilon_i)U_i$$

という式が成り立っていると想定します。ここで，U_i は [0,1] に値をとる一様分布に従う変数で，λ は X_i と ε_i の相関の度合い（内生性の強さ）を表すパラメータです。7.2 節のシミュレーションでは $\lambda = 0.5$ と設定していました。$\lambda = 0$ であれば，X_i と ε_i は無相関となります。切片と係数の真の値は，それぞれ $\beta_0 = 1$，$\beta_1 = 2$ と設定し，サンプルサイズ $n = 200$ のデータを人工的に作成します。

調べたいことは「内生性の強さとバイアスの関係性」でしたから，λ の値の変化によって，回帰分析による (β_0, β_1) の推定値がどう推移するか見てみましょう。まずは，λ の値を入力すると (β_0, β_1) の推定値を返す関数 Estimate を作成します。

```
n  <- 200 # サンプルサイズ
b0 <- 1   # 切片の真値 = 1
b1 <- 2   # 係数の真値 = 2

Estimate <- function(lambda){

  e  <- rnorm(n)                          # 誤差項
  X  <- (1 + lambda * e) * runif(n) # 説明変数
  Y  <- b0 + X * b1 + e                   # 被説明変数

  lm(Y ~ X)$coefficient

}
```

上のコードの最初の 3 行までのように，乱数によって値が変わらないサンプルサイズやパラメータの真値は関数の外に出しておくとよいでしょう [※4]。関数 Estimate() の最後の行では，推定された回帰係数を出力しています。

関数 Estimate() の結果は乱数に依存しているので，λ（lambda）の値が一定でも，計算を実行するたびに異なる値の係数推定値が得られます。ある乱数のときの推定結果だけでは，それがたまたまうまくいったのか，あるいはうまくいかなかったのかを判別できません。そこで，乱数の選ばれ方による結果のばらつきを均すため，同じ λ の値につき異なる乱数で 100 回推定を繰り返し，その平均値をとることにします。そのような関数が次の Simulate です。

※4　このような変数を**グローバル変数**といいます。対して，関数の中で定義される変数を**ローカル変数**といいます。

```
Simulate <- function(lambda){

    estimates <- matrix(0, 100, 2)
    for(i in 1:100) estimates[i, ] <- Estimate(lambda)
    colMeans(estimates) # 行列 estimates の列ごとの平均値

    }
```

関数 Simulate() では，まず 100×2 の行列 estimates を作成します。次に for ループで estimates の 1 行目から 100 行目まで，与えられた λ の値に基づいた (β_0, β_1) の推定値を格納します（1 列目に切片の推定値，2 列目に係数の推定値）。最後に colMeans() という命令を用いて，行列 estimates の各列ごとの 100 回の繰り返しにおける平均値を計算します。

これで Simulate() に具体的な λ を代入すれば，各 λ ごとのシミュレーション結果が得られるようになりました。1 回ずつ λ の値を直接入力して結果を観察してもよいですが，せっかくなのでその作業も自動化しておきましょう。λ の値を 0 から 0.6 まで 0.01 刻みにして，関数 Simulate() を適用していきます。

```
lambdas <- (0:60) / 100
results <- mapply(Simulate, lambdas) # lambdas の要素ごとに関数を適用
```

このように，λ の値の候補は (0:60) / 100 として作成します。mapply(f, x) はベクトル x の要素ごとに関数 f の処理を適用せよ，という命令です。その結果を results とします。mapply() の計算では，PC の性能にもよりますが，通常のデスクトップ PC で 10 秒前後の計算時間がかかるでしょう。

results の 1 行目と 2 行目には，切片 β_0 を 100 回推定した平均値と係数 β_1 を 100 回推定した平均値が，$\lambda = 0$ から $\lambda = 0.6$ までそれぞれ 61 個の数値が収められています。バイアスが真の値からの乖離であることに注意すると，次のようにバイアスの平均を計算することができます。

```
bias0 <- results[1, ] - b0
bias1 <- results[2, ] - b1
```

次のコードを実行し，それぞれのパラメータの推定におけるバイアスの平均をプロットしてみましょう。

```
plot(lambdas, bias0, xlab = "λの大きさ", ylab =  "バイアス")
plot(lambdas, bias1, xlab = "λの大きさ", ylab =  "バイアス")
```

plot() を実行する前に，par(mfrow = c(2, 1)) というコードを実行すれば，1 つの描画ウィンドウを 2 つに分割することができます。以下のような 2 つの図が得られたでしょうか。

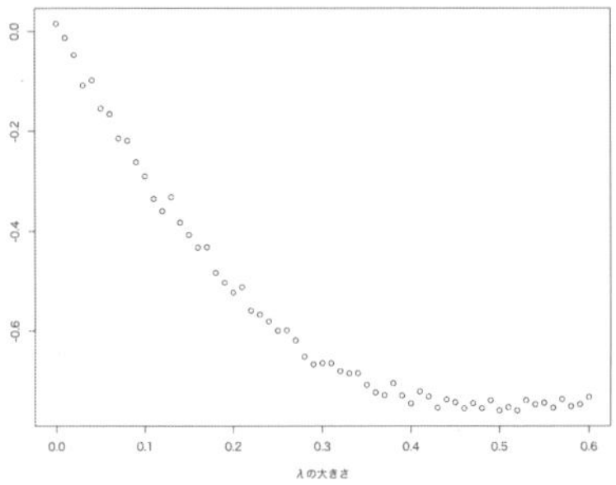

図 7.2　切片の推定値のバイアスの平均

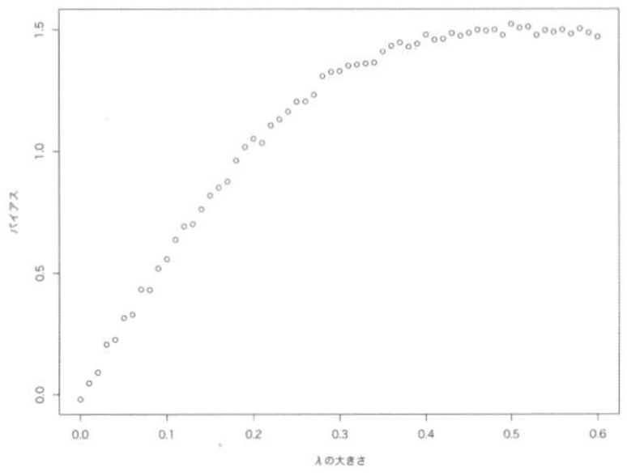

図 7.3　係数の推定値のバイアスの平均

これらの図から，「説明変数と誤差項の相関が強くなるほど，バイアスが大きくなる」という傾向が明確に確認できます。理論的に予想されたとおり，$\lambda = 0$ であれば，切片，係数ともにバイアスはほぼゼロに近くなっています。しかし，λ が大きくなるほどバイアスは大きくなっていき，$\lambda = 0.6$ では切片は平均で真値の約 1/4 の値に，係数は平均で約 1.7 倍の値になっています。

以上のシミュレーションから，内生変数の問題がいかに重要か，理解いただけたのではないでしょうか。

Part Ⅱ
実践編

第8章 ランダム化実験

第 8 章では，因果関係を統計的に明らかにする古典的手法である**ランダム化実験**（randomized experiments）について解説します。第 7 章で解説したように，興味のある説明変数が被説明変数に関して内生変数である場合，相関分析や回帰分析ではそれら変数間の因果関係を調べることはできません。それならば，「初めから説明変数が内生変数とならないようにデータをとればよい」というのがランダム化実験の発想です。本章では，まず，観測データから因果関係を調べることが困難な例として，授業の出席率と成績の関係性を説明します。次に，ランダム化実験を実施することで，内生性の問題を回避し，単純な相関分析や回帰分析からでも因果的効果が推定可能であることを示します。最後に，ランダム化実験の実際の例として，Project STAR と呼ばれる学級の少人数化に関する実験と，実際の企業を舞台とするリファラル採用実験を紹介します。

8.1 授業の出席率と成績：セレクションバイアス

8.1.1 因果関係？単なる相関関係？

大学の授業が小・中学校の授業と大きく異なる点として，授業出席の強制性の有無があげられます。小・中学校においては，原則的に授業に出席することは学生の義務とされています。一方，大学の場合は授業出席は義務ではなく，出席するかしないか学生それぞれが選択可能です。授業の出席率が成績評価に全く考慮されないこともめずらしくありません。このように授業への出席が義務でない場合，一般的には，出席率の高い学生ほどより高い成績を得ると予想できるでしょう。それでは，仮に出席率と成績の間に正の相関が観察されたとして，その結果を因果関係とみなせるでしょうか。すでに本書をここまで読み進めた読者の方であればだいたい察しはついていると思いますが，やはりこの例においても因果関係を調べることは決して容易ではありません。

ある大学における授業を考えてみましょう。成績は最終試験の点数によって決まり，出席率自体は成績評価に影響しないとします。授業の資料はすべて公開されており，授業を欠席することで被る実質的な損失はほとんどありません。ここで，ある学生 i について Y_i を最終試験の点数を表す変数，D_i を学生 i の出席率が 50% 以上ならば 1 の値を，50%未満ならば 0 の値をとるダミー変数とおきます。この授業の受講者数（n）は 60 人とし，データとして $\{(Y_i, D_i) : i = 1, \ldots, 60\}$ が得られたとします。このシミュレーションデータの CSV ファイル `class_attendance.csv` はオーム社 Web サイトの本書サポートページからダウンロードできます。

得られたデータを散布図にプロットしたものが**図 8.1** です。この図から，出席率と成績の正の相関関係が顕著に観察できます。

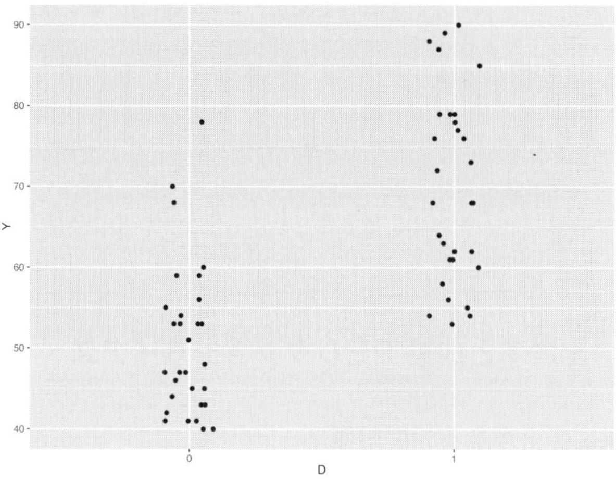

図 8.1　散布図：出席率 vs. 成績

また，データの基礎統計を整理すると**表 8.1** のようになります。この表から，授業に 50%以上出席している学生は，そうでない学生と比べ，平均的に 19.1 点高い成績を取っていることがわかります。

さて，今私たちが興味のあることは，「この 19.1 点という平均点の差が，純粋に

表 8.1　出席率と成績（$n = 60$）

	学生数	平均点	最低点	最高点
$D = 1$（出席率 50%以上）	30	69.83	53	90
$D = 0$（出席率 50%未満）	30	50.73	40	78

授業出席の多い・少ないによって生じた差なのか」ということです。ここで，第6章で学習した擬似相関を思い出してください。擬似相関とは，「2つの変数間に因果関係が無くとも，それらに共通して影響を与える第3の変数が存在する場合には，結果的に相関関係が観測される」というものでした。授業の出席率と成績に同時に影響を与える要因として，たとえばどのような変数が考えられるでしょうか。

まずあげられるのが，学習意欲です。学習意欲が高い学生は，積極的に授業に出席するでしょうし，また成績も当然高くなるでしょう。一方，学習意欲が低い学生ほど授業を欠席しがちで，成績も低くなることが予想できます。また，授業に出席することでどれだけ効果的に学習できるか，すなわち学習能力も出席率と成績に同時に影響を与えるでしょう。したがって，仮に授業に出席することで得られる効果がほとんどないとしても，出席率と成績の間に正の相関が観測されるのです※1。**図 8.2** は出席率と成績の擬似相関の可能性を表したものです。図において，実線の矢印は因果関係を表し，破線の矢印は因果関係が不確かであることを示しています。

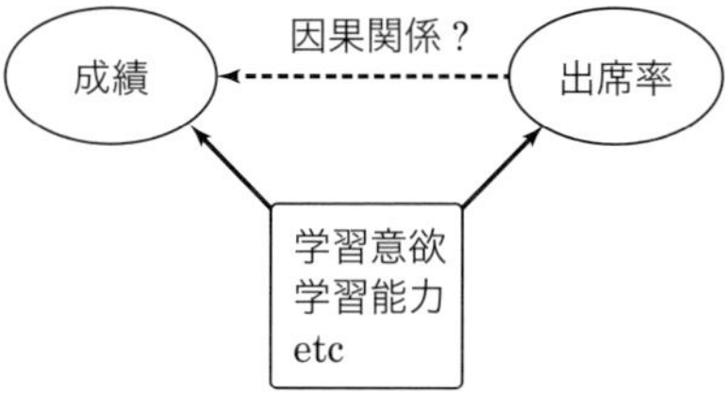

図 8.2　出席率と成績の擬似相関

アメリカの著名な経済学者であるデヴィッド・ローマー氏が，出席率と成績に関する興味深い結果を報告しています（Romer, 1993）[5]。ローマー氏は，自身が担当するマクロ経済学の講義において，各学生の出席率と成績の関係性を調べました。学期中に試験は合計3回実施され，最終的にそれらの平均点を0〜4点に換算して成績をつけます。

表 8.2 の2列目は，成績を定数項（Constant）と出席率（Fraction of Lectures Attended）に回帰した単純な回帰分析の結果です。この結果から，出席率と成績の間に極めて強い関係性が存在することがわかります。実際，出席率1つだけの

※1　実際，上で示した数値例は，「授業出席が成績に与える因果的効果はゼロ」という仮定のもとで作成されています。

表 8.2　出席率と成績の関係性

Constant	1.25 (0.27)	-0.67 (0.32)
Fraction of Lectures Attended	2.19 (0.35)	1.52 (0.32)
Prior GPA		0.78 (0.12)
標本サイズ	195	195
決定係数	0.31	0.47

（括弧内は標準誤差の値）（Romer (1993) Table 2 より抜粋）

説明変数で，成績の変動の 31%が説明されています。また，表 8.2 の 3 列目は，出席率だけでなく，前学期の成績評価（Prior GPA）を説明変数として加えたときの回帰分析の結果を表しています。前学期の成績評価は，学生の学習能力や，今学期の授業への意欲などを反映した指標といえるでしょう。その結果，前学期の成績評価を説明変数に追加したことで，出席率と成績の間の関係性は依然として強く残っていますが，回帰係数の値は最初のモデルと比べて 2/3 程度に小さくなっています。

前学期の成績評価だけでなく，他にも出席率と成績に影響する要因は多数存在すると考えられます。したがって，それらの影響をすべて考慮に入れない限り，回帰分析から因果関係を正確に特定することはできません。しかしながら，この結果は，少なくとも「学生の学習意欲や学力が，授業の出席率と成績に同時に影響を与えている」ことを十分に示しています。したがって，出席率と成績の単純な相関関係を因果関係として解釈することは，過大評価といえるでしょう。

8.1.2　セレクションバイアス

ルービンの因果モデルを用いて，これまでの議論を数学的に整理しましょう。まず，各学生は次の 2 つのグループのいずれかに所属しています ※2。

トリートメントグループ（$D=1$）：授業に 50%以上出席
コントロールグループ（$D=0$）　：授業に 50%未満出席

ある学生 i がトリートメントグループに所属しているときの成績を Y_{1i}，コントロールグループに所属しているときの成績を Y_{0i} と書くことにします。

※2　出席率そのものを処置 D としても，以下の議論は原則的に成り立ちます。ただし，ここでは説明の明快さを考慮し，D をダミー変数としています。

$$Y_i = \begin{cases} Y_{1i} & \text{if } D_i = 1 \\ Y_{0i} & \text{if } D_i = 0 \end{cases}$$

1つの式にまとめると，

$$Y_i = D_i Y_{1i} + (1 - D_i) Y_{0i} \tag{8.1}$$

と書けます。また，学生 i が授業に50%以上出席することの因果的効果，すなわちトリートメント効果は，

$$Y_{1i} - Y_{0i}$$

です。もしトリートメント効果が0ならば（すなわち，授業出席の効果が0ならば），$Y_{1i} = Y_{0i}$ なので，

$$Y_i = Y_{1i} = Y_{0i}$$

となります。ただし，一般的に，トリートメント効果は個人によって異なる値をとります。学生 i にとって $Y_{1i} - Y_{0i}$ が0であっても，学生 i と比べ授業での学習能力が高い学生 j にとってのトリートメント効果 $Y_{1j} - Y_{0j}$ は，正の値になるかもしれません。また，それぞれの学生について，私たちが観測できるのは常に Y_1 と Y_0 のどちらか一方のみであることに注意しましょう。すなわち，$D_i = 1$（$D_i = 0$）が実現している場合，観測される成績 Y_i は Y_{1i}（Y_{0i}）に等しいですが，Y_{0i}（Y_{1i}）は現実には観測できない仮想的な値です。したがって，個人レベルでのトリートメント効果を調べることは原理的に不可能です。このように，各個人について Y_{0i} と Y_{1i} の両方を観察することができないために，個人レベルのトリートメント効果を調べることができないことを「因果推論の根本問題」と呼びます (Holland, 1986) [2]。

そこで，特定の個人ではなく，トリートメントグループの平均的な成績と，コントロールグループの平均的な成績の差

$$\mathrm{E}[Y_i \mid D_i = 1] - \mathrm{E}[Y_i \mid D_i = 0]$$

について調べてみましょう。上の数値例では，この値は，

$$69.83 - 50.73 = 19.1$$

と推定できました。ここで，式（8.1）から，

$$
\begin{aligned}
\mathrm{E}[Y_i \mid D_i = 1] &= \mathrm{E}[D_i Y_{1i} + (1 - D_i) Y_{0i} \mid D_i = 1] \\
&= \mathrm{E}[1 \cdot Y_{1i} + 0 \cdot Y_{0i} \mid D_i = 1] \\
&= \mathrm{E}[Y_{1i} \mid D_i = 1]
\end{aligned}
$$

同様に，

$$
\begin{aligned}
\mathrm{E}[Y_i \mid D_i = 0] &= \mathrm{E}[D_i Y_{1i} + (1 - D_i) Y_{0i} \mid D_i = 0] \\
&= \mathrm{E}[0 \cdot Y_{1i} + 1 \cdot Y_{0i} \mid D_i = 0] \\
&= \mathrm{E}[Y_{0i} \mid D_i = 0]
\end{aligned}
$$

であることに注意すると，

$$
\begin{aligned}
&\underbrace{\mathrm{E}[Y_i \mid D_i = 1] - \mathrm{E}[Y_i \mid D_i = 0]}_{①} \\
&= \mathrm{E}[Y_{1i} \mid D_i = 1] - \mathrm{E}[Y_{0i} \mid D_i = 0] \qquad (8.2) \\
&= \underbrace{\mathrm{E}[Y_{1i} - Y_{0i} \mid D_i = 1]}_{②} + \underbrace{\mathrm{E}[Y_{0i} \mid D_i = 1] - \mathrm{E}[Y_{0i} \mid D_i = 0]}_{③}
\end{aligned}
$$

と表すことができます。式（8.2）の2つ目の等号は，$\mathrm{E}[Y_{0i} \mid D_i = 1]$ を引いて，同じものを足すことで得られます。

式（8.2）の各項①～③の意味を確認しましょう。まず①の項の意味は上で説明したとおりですので，省略してよいでしょう。次に②ですが，この項は，出席率が50%以上の学生に対する，授業出席が成績にもたらす平均的なトリートメント効果と解釈できます。このような「トリートメントグループに対する平均トリートメント効果」を，英語で average treatment effect on the treated といい，しばしば簡略化して **ATET** や **ATT** と呼ばれます※3。特に，トリートメント効果がトリートメントグループとコントロールグループで平均的に等しい場合，すなわち，

$$
\mathrm{E}[Y_{1i} - Y_{0i} \mid D_i = 1] = \mathrm{E}[Y_{1i} - Y_{0i} \mid D_i = 0] \qquad (8.3)
$$

※3　同様に，$\mathrm{E}[Y_{1i} - Y_{0i} \mid D_i = 0]$ は「コントロールグループに対する平均トリートメント効果」と解釈でき，英語で average treatment effect on the controlled といい，簡略化して **ATEC** や **ATC** と呼ばれます。

ならば，繰り返し期待値の法則から，

$$
\begin{aligned}
\underbrace{\mathrm{E}\left[Y_{1i}-Y_{0i}\right]}_{\text{ATE}} &= \mathrm{E}\left[Y_{1i}-Y_{0i} \mid D_i=1\right]\mathrm{P}(D_i=1) \\
&\quad + \mathrm{E}\left[Y_{1i}-Y_{0i} \mid D_i=0\right]\mathrm{P}(D_i=0) \\
&= \mathrm{E}\left[Y_{1i}-Y_{0i} \mid D_i=1\right]\left\{\mathrm{P}(D_i=1)+\mathrm{P}(D_i=0)\right\} \\
&= \underbrace{\mathrm{E}\left[Y_{1i}-Y_{0i} \mid D_i=1\right]}_{\text{ATET}}
\end{aligned}
$$

となり，ATET は平均トリートメント効果（ATE）と等しくなります。

最後に③の項は，

> 「出席率が 50%以上であった学生が，仮想的に授業に出席しなかった場合に得られる平均的な成績」 と
>
> 「実際に出席率が 50%未満であった学生の平均的な成績」 の差

を表しています。この項を**セレクションバイアス**（selection bias）と呼びます。

ここで注意していただきたいことは，①～③の各項のうち，「直接データから計算可能な項は①のみ」ということです。②と③は，仮想的な $\mathrm{E}\left[Y_{0i} \mid D_i=1\right]$ を含んでいるため，それらの項がどういった値になるかデータから予測することは不可能です。しかし，もしセレクションバイアスが 0 ならば，ATET は①の値に等しくなるため計算が可能です。

それではこの例において，セレクションバイアスは 0 とみなせるでしょうか。図 8.2 をもう一度見てみましょう。図中の学習意欲や学習能力から成績に向かう矢印は，「授業出席の多い・少ないに関係なく，学習意欲や能力は成績に（正の）影響を与える」ということを示しています。したがって，「学習意欲が高く $D=1$ であった学生の $D=0$ の下での仮想的な成績」と，「学習意欲が低く $D=0$ であった学生の実際の成績」を比べたとき，前者のほうが平均的に大きい値であることが予想されます。すなわち，セレクションバイアスは正の値になるでしょう。

$$
\text{① グループ平均の差} = \text{② ATET} + \underbrace{\text{③ セレクションバイアス}}_{>0}
$$

正のセレクションバイアスが存在する場合，①の値は因果的効果としては過大評価になります。ATET の値が仮に 0，あるいは負であったとしても，それを上回

る正のセレクションバイアスが存在するならば，観測される出席率と成績の相関関係は正になります。逆に，セレクションバイアスが負ならば，①の値は因果的効果として過小評価になります。実際には授業出席が成績に正の影響を与えているにも関わらず，出席率と成績の間に負の相関関係が観測されることもあり得るのです※4。結論としては，正であれ負であれ，セレクションバイアスがゼロでない限り，相関関係を観察しただけでは，因果関係の強弱はもちろん，その符号さえもわからないのです。

セレクションバイアスは，一般的に，トリートメントの状態を各個人が自ら「選択」できるときに生じます。セレクションバイアスという言葉の由来もここにあります。出席率と成績の例では，学生それぞれが授業の出席率を決定できることが，セレクションバイアスを生じさせる原因となっているのです。

そこで，トリートメントの状態を各個人が自ら選択できないように統制し，トリートメントの状態をランダムに決めてしまえば，セレクションバイアスは除去されるはずです。このように，各個人のトリートメントの状態をランダム化したうえでデータを取得する方法を，**ランダム化実験**（randomized experiments）や**ランダム化比較試験**（randomized controlled trials: **RCT**）といいます。

8.2　ランダム化実験

8.2.1　セレクションバイアスの除去

ランダム化実験とは，各個人がトリートメントグループに所属するか，コントロールグループに所属するかをランダムに割り当て，データを取得する方法です。ランダムにトリートメントを割り当てることで，すべての個人 $i = 1, \ldots, n$ について，トリートメント D_i と潜在的な成果 Y_{1i}，Y_{0i} は独立となります。つまり，

$$\{Y_{1i}, Y_{0i}\} \perp\!\!\!\perp D_i \tag{8.4}$$

直感的には式（8.4）は，出席率と成績の文脈でいうと，「授業に 50%以上/未満出席したときに得られる成績と，実際に授業に 50%以上/未満出席するかは無関係」

※4　たとえば，「すでに高い知識を備えており授業に出席する必要性を感じていない学生」と，「学習能力は高くないものの授業には積極的に出席する学生」の 2 タイプの学生で，受講者が構成されているとします。このような場合には，セレクションバイアスの値は負になるでしょう。

と解釈できます。つまり，授業に出られるかどうかをくじ引きで決めるようなものです。したがって，ランダム化実験の下では以下が成立します。

$$\begin{aligned} \mathrm{E}[Y_{1i} \mid D_i = 1] &= \mathrm{E}[Y_{1i} \mid D_i = 0] \\ \mathrm{E}[Y_{0i} \mid D_i = 1] &= \mathrm{E}[Y_{0i} \mid D_i = 0] \end{aligned} \tag{8.5}$$

式（8.5）の 2 行目の式は「セレクションバイアスがゼロ」ということを意味するので，式（8.2）は，

$$\mathrm{E}[Y_i \mid D_i = 1] - \mathrm{E}[Y_i \mid D_i = 0] = \mathrm{E}[Y_{1i} - Y_{0i} \mid D_i = 1]$$

と単純化され，各グループにおいて観測できる Y の平均値の差を，因果的効果（ATET）と見なすことができます。

さらにそれだけでなく，式（8.5）が成立するならば，式（8.3）も明らかに成立します。結果として，ランダム化実験を用いれば，単純に各グループの平均値の差を比べるだけで，平均トリートメント効果（ATE）を求めることができるのです（6.2.2 項のシミュレーションを思い出しましょう）。

8.2.2 回帰分析による因果的効果の推定

ランダム化実験を用いて取得したデータに対して，回帰分析は因果的効果を推定する有効な手法となります。ここでは説明の簡単化のため，各個人のトリートメント効果はある値 β に等しいものとしましょう（トリートメント効果が個人によって異なるケースは本章末の補足を参照してください）。

$$Y_{1i} - Y_{0i} = \beta, \quad i = 1, \ldots, n \tag{8.6}$$

また，式（8.6）を式（8.1）に代入することで，

$$\begin{aligned} Y_i &= Y_{0i} + \beta \cdot D_i \\ &= \mathrm{E}[Y_{0i}] + \beta \cdot D_i + Y_{0i} - \mathrm{E}[Y_{0i}] \\ &= \alpha + \beta D_i + \varepsilon_i \end{aligned} \tag{8.7}$$

と単回帰モデルの形で書き表すことができます。ただし，

$$\alpha = \mathrm{E}[Y_{0i}]$$

$$\varepsilon_i = Y_{0i} - \mathrm{E}\left[Y_{0i}\right]$$

とします。

実は，単回帰モデル（8.7）を最小二乗法によって推定し得られる D の回帰係数 $\hat{\beta}$ は，各グループにおける Y の平均値の差に数値的に等しくなります。すなわち，

$$\text{最小二乗推定量 } \hat{\beta} = \frac{\sum_{i=1}^{n} D_i Y_i}{\sum_{i=1}^{n} D_i} - \frac{\sum_{i=1}^{n} (1 - D_i) Y_i}{\sum_{i=1}^{n} (1 - D_i)} \tag{8.8}$$

という関係が成立しています。式（8.8）の導出は練習問題とします。また，式（8.8）の右辺は，$\mathrm{E}\left[Y_i \mid D_i = 1\right] - \mathrm{E}\left[Y_i \mid D_i = 0\right]$ を標本データから推定したものであることに注意してください。

実際に R を使って確認してみましょう。前節で用いた出席率と成績の CSV ファイル class_attendance.csv を作業フォルダに置いて読み込み，以下のコードを実行します。

```
library(dplyr)
classdata <- readr::read_csv("class_attendance.csv")
classdata %>%
  lm(Y ~ D, data = .)

Call:
lm(formula = Y ~ D, data = .)

Coefficients:
(Intercept)            D
      50.73        19.10

Y1mean <- with(classdata, sum(D * Y) / sum(D))
Y0mean <- with(classdata, sum((1 - D) * Y) / sum(1 - D))

Y0mean          # コントロールグループの平均値 = α
Y1mean - Y0mean # 平均値の差 = β

[1] 50.73333

[1] 19.1
```

このように，確かに回帰分析による切片の推定値とコントロールグループの平均値，D の係数の推定値（Coefficients の 2 つ目の数字）と各グループにおける Y の平均値の差は等しい値になっています。もちろん，dplyr パッケージを駆使して，

```
classdata %>%
  summarise(Y1mean = mean(Y[D == 1]),
            Y0mean = mean(Y[D == 0]),
            diff   = Y1mean - Y0mean)

# A tibble: 1 × 3
  Y1mean Y0mean  diff
   <dbl>  <dbl> <dbl>
1   69.8   50.7  19.1
```

のように計算してもよいでしょう。

第 7 章で説明したとおり，回帰分析の結果を因果関係として解釈するためには，説明変数と誤差項の無相関が必要条件となります。実際，ランダム化実験の下では，トリートメントと潜在的な結果変数の独立性（8.4）が成立するため，

$$
\begin{aligned}
\mathrm{E}[D_i\varepsilon_i] &= \mathrm{E}[D_i(Y_{0i} - \mathrm{E}[Y_{0i}])] \\
&= \mathrm{E}[D_iY_{0i}] - \mathrm{E}[D_i]\,\mathrm{E}[Y_{0i}] \quad (= \mathrm{Cov}(D_i, Y_{0i})) \\
&= 0
\end{aligned}
$$

となり（3.3.6 項参照），D_i と ε_i は相関しません。したがって，観測された結果 Y を被説明変数に，トリートメント D（と定数項）を説明変数として単回帰分析を実施し，D の係数の推定値 $\hat{\beta}$ をトリートメントの因果的効果として解釈することが可能です。この結果は，式（8.8）の関係性からわかるとおり，8.2.1 項で示した結果（グループ平均の差 = ATE, ATET）と整合的なものとなっています。

さて，もう一度出席率と成績の例を考えてみましょう。図 8.2 でも示されているように，通常，成績は授業への出席だけでなく，学生自身の学習意欲や能力によっても決まってきます。これらの要因を新たな説明変数 $X_1, \ldots, X_k$ とし，データとして $\{(Y_i, D_i, X_{1i}, \ldots, X_{ki}) : i = 1, \ldots, n\}$ が観測されているとしましょう。

ここで，単回帰モデル（8.7）を修正し，重回帰モデル

$$Y_i = \alpha + \beta D_i + \gamma_1 X_{1i} + \cdots + \gamma_k X_{ki} + \varepsilon_i \tag{8.9}$$

の推定を考えます。ただし，$\gamma_1, \ldots, \gamma_k$ は新たに加わった推定パラメータとします。

トリートメントが完全にランダムに割り振られているならば，すべての個人 $i = 1, \ldots, n$ について，トリートメント D_i は説明変数 $X_{1i}, \ldots, X_{ki}$ とも独立になります。したがって，重回帰モデル（8.9）から得られる β の推定値は，単回帰モデル（8.7）から推定された β と近い値になるはずです。逆に，それらの値が大きく異なるのであれば，それは「トリートメント D_i が説明変数 $X_{1i}, \ldots, X_{ki}$ と独立に割り振られていない」ということを意味します。表 8.2 に示したとおり，Romer (1993) の結果では，前学期の成績評価を説明変数に新たに追加したとき，出席率の回帰係数の値は明らかに小さくなりました。したがって同様の理由から，この結果は「各学生の出席率はランダムではない」ということを表しています。

CSV ファイル class_attendance.csv には，学生の学習意欲を示す指標として motiv という変数が含まれています。この変数を新たに加えて重回帰モデルを推定してみましょう。以下のコードを実行してみてください。

```
library(broom)
classdata %>%
  lm(Y ~ D + motiv, data = .)   %>%
  tidy()

# A tibble: 3 × 5
  term        estimate std.error statistic  p.value
  <chr>          <dbl>     <dbl>     <dbl>    <dbl>
1 (Intercept)   41.2        2.80    14.7   4.60e-21
2 D              1.24       4.82     0.257 7.98e- 1
3 motiv          0.989      0.231    4.28  7.32e- 5
```

重回帰分析の結果，単回帰モデルでは 19.1 であった D の回帰係数の推定値は，1.24 にまで小さくなり，t 値（statistic）も小さく有意とはいえません。一方，変数 motiv の t 値は 4.28 ではっきりと有意な値になっています。このことから，観察された出席率と成績の正の相関関係は，学習意欲と出席率 D との間の相関によってもたらされた，単なる擬似相関であったことがわかります。

ところで，トリートメントが正しくランダム化されている場合，重回帰モデル(8.9) と単回帰モデル (8.7) どちらを用いても因果的効果の推定が可能です。重回帰モデルを用いる利点としては，説明変数 $X_1, \ldots, X_k$ が被説明変数 Y に対して重要な変数であるとき（すなわち，$\gamma_1, \cdots, \gamma_k$ がゼロでないとき），それらを説明変数に加えることでモデルのあてはまりが改善され，β を含む推定パラメータの推定誤差を小さくできることです。したがって，重回帰モデルを用いることで，単回帰モデルよりも精度の高い統計的推論が可能となります。

8.2.3　ランダム化実験の注意点

以上で見たように，ランダム化実験は通常の相関分析や回帰分析から因果的効果を推定可能にする，非常に優れた分析手法といえます。しかし，実際に実験を実施する際にはいくつかの重要な注意点があります。その代表的なものを以下で説明しましょう。

■ **サンプルの欠落** (sample attrition)

実験の期間が長いときには，期間中にサンプルが欠落してしまうことが考えられます。サンプルの欠落がトリートメントの状態と独立に生じているのであれば，大きな問題ではありません。しかしそうでない場合，トリートメントの割り当てがランダムであったとしても，推定結果はバイアスを伴います。たとえばトリートメントとして，「職業訓練への参加」を考えてみましょう。職業訓練の参加者にとって，もし訓練中により条件のよい職に就けることとなった場合，訓練を途中で辞退することもあり得るでしょう。したがってこの場合，訓練終了時に観測できるデータのみを用いて訓練の効果を測定すると，因果的効果としては過小評価となってしまいます。

■ **サンプルの代表性**

推測統計の原則として，サンプルから母集団の値を正確に推定するためには，サンプルの「代表性」が求められます。最も代表性の高いサンプリングの方法は，無作為抽出（ランダムサンプリング）です。したがって，職業訓練の例ですと，労働者全体を母集団として扱いたいところですが，すべての労働者から無作為抽出することは非現実的です。実際には，訓練の参加希望者をサンプルとして抽出することになります。しかしながら，このようなサンプルが母集団を正確に反映しているとはいいがたいでしょう。

■ ホーソン効果

1920～30 年代，シカゴ郊外にある電子部品を扱うホーソン工場において，照明などの作業環境が与える従業員の作業効率への影響を測定する実験が行われました。その結果，照明を明るくした場合，従来よりも高い作業効率が観測されましたが，照明を暗くした場合においても同様に作業効率が高くなったのです。なぜそのような現象が起きたのか調査したところ，「従業員が，周囲の同僚や上司から注目されている，と意識することで生産性が高まった」という結論に至りました。この事例から，「実験に参加していると意識すること自体が，行動に影響を及ぼす」という現象を総称し**ホーソン効果**と呼びます。ホーソン効果を防ぐには，参加者に実験を実施していることを知らせなければよいのですが，説明責任や倫理的な観点から現実的な対策とはいえないでしょう。

8.2.4 社会科学におけるランダム化実験

ランダム化実験の歴史は古く，19 世紀後半から 20 世紀の前半頃には考案されています。ランダム化実験はこれまで主に，心理学や生物学，医療などの分野で実施されてきましたが，経済学をはじめとする社会科学での大規模な実施例はあまり多くありません。

なぜこれほど優れた手法が社会科学で用いられてこなかったのか，その理由は主に 2 つあげられるでしょう。まず第一に実施のコストです。たとえば経済学において，因果的効果を調べたいトリートメントとしては，経済政策の実施，規制の導入・緩和，新しい交通機関の導入，情報の公開，治安の改善などさまざまなものがあります。しかし，このようなトリートメントを実際に実現するには，金銭的にも政治的にも，非常に大きなコストが必要となります。そして第二に倫理的問題があります。ランダム化実験を実施するには，個人や地域にトリートメントをランダムに施す必要があります。トリートメントとして授業出席を考えた場合，「学生らの希望を無視し，各学生が授業に出席できるか・できないかランダムに決める」ということは，教育の公平性の観点から望ましくないでしょう。またたとえば，補助金などの地域経済政策の効果を調べる際，その政策を実施する地域をランダムに決定することは非現実的です。

このように，ランダム化実験は非常に優れた手法ですが，私たちの社会で実際に実施するには多くの問題が伴います。このような背景から，計量経済学者を中心とする社会科学分野の統計学者は，「実際にランダム化実験を実施することなく，擬似的に実験的状況を作り出す方法」について研究を進めてきました。こういった手法を総称して**準実験法**（quasi-experiment）といいます。次章以降解説を行うマッチング法，不連続回帰デザイン，操作変数法，差の差分析は準実験法の代表的な手法といえます。

8.3　ランダム化実験の実際

本節では，準実験法の解説に入る前に，実際に行われたランダム化実験の事例を 2 つ紹介しましょう。はじめに，アメリカ・テネシー州で実施された，学級の少人数化に関する，Project STAR と呼ばれる大規模ランダム化実験の結果を紹介します。Project STAR は 1980 年代に実施された若干古い実験ですが，教育におけるこのような大規模な社会実験はほとんど例がなく，その結果は現在でも参考になります。

次に，実際の企業においてリファラル採用プログラムの実験を行った研究を紹介します。優秀な人材を採用するために企業はさまざまな採用施策を展開しており，リファラル採用はその 1 つです。そのような人事施策が利益につながるのかを実際の企業を舞台にランダム化実験で検証した先駆的な研究です。

8.3.1　Project STAR：学級の少人数化がもたらす教育効果

学級の少人数化は，学習の効率化を図る有効な手段とされています。OECD（経済協力開発機構）発表の「Education at a Glance 2014」によると，日本の 1 学級あたりの平均生徒数は小学校で 28 人，中学校では 33 人となっています（Table D2.1. データは 2012 年）。一方，OECD 加盟国の平均学級規模は小学校で 21 人，中学校で 24 人であり，日本の学級規模は先進国の中では比較的大きいです。このような背景から，日本においても少人数教育の推進が広く支持されるようになりました。しかし少人数教育を推進するためには，教室の確保や教員の増員などのコストがかかります。したがって，少人数教育の効果がそのコストに見合ったものであるか，慎重に調べる必要があります。

これまでの議論と同様，生徒の学習能力と学級の規模が完全に独立に決まっていない限り，学級規模と成績の単純な相関関係から少人数教育の効果はわかりません。一方，各生徒に対して所属する学級規模をランダムに割り振ることができれば，少人数教育の因果的効果を正確に調べることができるでしょう。そのような実験を実際に実施したのが，アメリカ・テネシー州における **Project STAR**（Student/Teacher Achievement Ratio）と呼ばれる実験です。

以下では，Project STAR 実験のデータを分析した代表的な研究論文 Krueger (1999) [3] に沿って，実験の概要と結果を紹介します。この実験ではまず，幼稚園児を 3 つのグループにランダムに割り振ります。

Small class	教員 1 人につき生徒数 13〜17 人の学級
Regular class	教員 1 人につき生徒数 22〜25 人の学級
Regular/aide class	Regular class と同じ学級規模で，各学級に補助教員が加わる

この割り振りに基づいて 1985〜1986 年度から授業を開始し，最初に割り振られたクラスタイプは小学 3 年生になるまで 4 年間継続します。さらに，生徒だけでなく，教員がどのクラスタイプで教えるかもランダムに決定されます。生徒は毎年 3 月末から 4 月の初めに Stanford Achievement Test（SAT）と呼ばれるテストを受験し，各学年のレベルに応じて文章読解力，語彙力，算数の三科目の能力をテストします。全体として，実験期間の 4 年間で，州内 80 の学校においておよそ 11600 人の生徒が実験に参加しました。その実験費用はテネシー州の議会によって拠出され，4 年間でおよそ 1200 万ドルにも上りました。

実験の結果を説明する前に，この実験におけるいくつかの限界について述べておきます。第一に，生徒がどの学校に通うかまではランダムに決定できないため，クラスタイプのランダム化は各学校内でのみ実施されています。したがって，各学校の固有の影響まではこの実験によって排除できません。次に，原則的には一度決定されたクラスタイプは 4 年間変更できませんが，一定の割合で異なるタイプの学級へ移動した生徒がいます。理由としては，生徒の行動上の問題や生徒の両親の要望などがあります。そのようなクラスタイプの変更が生徒の学力と関連性があるとすると（たとえば，学力の低い生徒ほど頻繁に Small class へ移動している場合），各クラスタイプの平均的な成績を単純に比較したときにはバイアスが伴います。最後に，サンプルの欠落の問題もあります。実験期間中に生徒が転校した場合や，留年・飛び級した場合には，サンプルから除外されます ※5。

※5　Krueger (1999) では，このような問題がどの程度分析結果に影響を与えているかの検証を行っています。興味のある読者は論文を参照してください。

それでは実験の結果を紹介しましょう。**表 8.3** は各クラスタイプ・学年におけるSAT テストの結果を比較したものです。SAT テストの各科目ごとの得点を，最も高い（低い）得点の生徒が 100（0）となるようにパーセントに変換し，3 科目で平均した値を各生徒の Percentile score とします。この表から，すべての学年において，Small class に属する生徒のほうが Regular class や Regular/aide class の生徒と比べて平均的により高い成績を取っていることがわかります。しかし，補助教員の有無が成績に明確な影響を与えているとはいえません。3 つのグループの平均 Percentile score が等しいか否かについて F 検定を実施したところ，いずれの学年においても統計的に有意な差が認められました。

表 8.3　Percentile score の比較

	平均 Percentile score			
	幼稚園	小学校 1 年	小学校 2 年	小学校 3 年
Small class	54.7	49.2	46.4	47.6
Regular class	49.9	42.6	45.3	44.2
Regular/aide class	50.0	47.7	41.7	41.3
p-value	0.00	0.00	0.01	0.01

（p-value は「3 つのグループの値が等しいか否か」の F 検定における p 値）
（Krueger (1999) Table I より抜粋）

次に，回帰分析の結果を見てみましょう。被説明変数を Percentile score，説明変数に定数項，Small class に属しているか否か，Regular/aide class に属しているか否かのダミー変数を用いて，最小二乗法によって各学年ごとに回帰モデルを推定します。すでに述べたように，クラスタイプのランダム化は各学校内で行われます。そこで，学校固有の影響をコントロールするため，生徒がどの学校に通っているかを表すダミー変数を学校ごとに作成し，それを説明変数に加えた回帰モデルの推定も行います。推定結果をまとめたものが**表 8.4** です。学校固有の効果を考慮しないモデルでは，Small class に属する生徒は Regular class の生徒と比べて，幼稚園でおよそ 5 点，小学校 1 年で 8.6 点，小学校 2〜3 年で 5〜6 点高い Percentile score を取っています。また，学校ダミー変数を加えることで，小学校 1 年を除いて，Small class の係数はわずかに上昇しましたが，全体的には学校ダミー変数を含まないモデルと同じような結果が得られています。また，補助教員の有無は全体的に有意ではなく，ほとんど効果がないといえそうです。

以上の結果から，学級の少人数化は生徒の学力を伸ばすうえで，非常に有効な

表 8.4　回帰分析の結果

	幼稚園		小学校 1 年	
Small class	4.82 (2.19)	5.37 (1.26)	8.57 (1.97)	8.43 (1.21)
Regular/aide class	0.12 (2.23)	0.29 (1.13)	3.44 (2.05)	2.22 (1.00)
学校ダミー変数	なし	あり	なし	あり
標本サイズ	5861	5861	6452	6452
決定係数	0.01	0.25	0.02	0.24
	小学校 2 年		小学校 3 年	
Small class	5.93 (1.97)	6.33 (1.29)	5.32 (1.91)	5.58 (1.22)
Regular/aide class	1.97 (2.05)	1.88 (1.10)	−0.22 (1.95)	−0.16 (1.12)
学校ダミー変数	なし	あり	なし	あり
標本サイズ	5950	5950	6109	6109
決定係数	0.01	0.22	0.01	0.17

（定数項の結果は省略。括弧内は標準誤差の値）（Krueger (1999) Table V より抜粋）

手段であることがわかりました。この結果を受けて，テネシー州は 1989 年，州内全体 139 学区の中で平均的に所得や学力の低い 17 の学区において，幼稚園から小学校 3 年までの学級の少人数化を実現しました。このプロジェクトは **Project Challenge** と呼ばれています。Project Challenge の結果はというと，1989 年時点におけるこの 17 地区の平均学力ランクは，小学校 2 年時の文章読解力で 139 学区中 99 位，算数で 85 位でしたが，1992 時点ではそれぞれ 78 位と 56 位にまで上昇し，顕著な学力の向上が観察されました（Mosteller, 1995）[4]。

8.3.2　リファラル採用プログラムの離職予防効果

企業が利潤を上げるためには，自社にとって優秀な人材を採用することが重要です。そのため，多くの企業は採用活動にお金を費やして，企業説明会の実施，人材紹介会社の利用，ダイレクトリクルーティングなどさまざまなアプローチを駆使しています。リファラル採用（従業員による紹介採用）もその 1 つで，近年，日本でもリファラル採用制度を導入する企業が増えています。

企業がリファラルを公式に推進する採用施策は ERP（employee referral programs）と呼ばれ，多くの場合，紹介した従業員に対して報酬が与えられます。Friebel et al. (2019) [1] の研究では，ヨーロッパのあるスーパーマーケットチェーンにおいてランダム化実験を行い，ERP の従業員離職率への効果を検証しました。

この研究では，店舗をランダムにトリートメントグループとコントロールグループに割り当てて，前者ではERPを実施し，後者では実施しないという実験を行いました※6。前者は，報酬額の多さによってさらに4つのサブグループに分けられました。トリートメントグループの店舗では，ERPが行われることが周知され，紹介した人と自身が5カ月以上勤続した場合には，サブグループに応じて0, 50, 90, 120ユーロのボーナスが与えられることになりました。その上で，次のような線形確率モデルをOLSにより推定しました。

$$\text{離職ダミー} = \beta_0 + \beta_1 \text{ERP}^{€0} + \beta_2 \text{ERP}^{€50} + \beta_3 \text{ERP}^{€90} + \beta_4 \text{ERP}^{€120} + \varepsilon$$

ただし，離職ダミーは従業員が離職したかどうかのダミー変数，$\text{ERP}^{€x}$ は x ユーロのボーナスが得られるERP実施店に勤務していたかどうかのダミー変数です。

表8.5は回帰モデルの推定結果を要約したものです。(1)の列にあるのは，トリートメントグループをまとめて1つのグループとして推定して得られた値で，今回実施したERPの平均的な効果として解釈できます。ERPは従業員が離職する確率を0.97%ポイント下げることが見て取れ，統計的にも有意であることが確認できます。コントロールグループにおける平均的な離職確率を計算すると6.677%であるため，ERPによって離職確率が約15%下がるということになり，非常に大きな効果であることがわかります。ERPの費用も考慮して，削減された離職に伴う企業側の費用を計算すると，約3%の人件費削減につながったそうです。

次に，(2)の列には上で示した回帰モデルの推定値が表示されています。いず

表8.5　ERPの従業員離職確率への効果

	(1)	(2)
$\text{ERP}^{€0}$		−1.00 (0.40)
$\text{ERP}^{€50}$		−0.47 (0.45)
$\text{ERP}^{€90}$		−1.59 (0.38)
$\text{ERP}^{€120}$		−0.81 (0.42)
$\text{ERP}^{\text{平均}}$	−0.97 (0.34)	
観察数	74,188	74,188

（括弧内は標準誤差）
（係数と標準誤差は可読性のために100倍表示）
（Friebel et al. (2019) Table 5より抜粋）

※6　このように，個人レベルではなくグループレベルで行われるランダム化を，特に**クラスターランダム化**（cluster randomization）といいます。

れのトリートメントグループでも，離職の確率が下がっていることがわかります。興味深いことに，リファラルに報酬がない $\mathrm{ERP}^{€0}$ でもその効果が大きいです。著者たちによると $\mathrm{ERP}^{€0}$ の店舗では実はリファラルが全くなかったため，その効果はリファラル採用によって長期間働いてくれる人材を採用できたということでは説明できません。著者らは，既存の従業員が採用に携われること自体に満足感を得て離職が減ったことが示唆されると主張し，追加の分析でもその仮説がもっともらしいことを確認しました。

このようにランダム化実験を行うことで，施策のコストパフォーマンスを厳密に評価することができるのです。また，この例のようにトリートメントにいくつかのバリエーションを設けることで，今まで考えていなかったメカニズムに気づけるかもしれません。ランダム化実験の実施にはさまざまな制約がつきまといますが，それを乗り越えられればビジネスにおいても有益な分析手法となるでしょう。

補足：トリートメント効果が個人ごとで異なる場合

ここでは，トリートメント効果 $\beta_i = Y_{1i} - Y_{0i}$ が個人ごとで異なる値をとる確率変数だとします。推定したい値は，平均トリートメント効果 $\mathrm{E}[\beta_i]$ です。このとき，式（8.1）から，

$$\begin{aligned} Y_i &= Y_{0i} + \beta_i D_i \\ &= \mathrm{E}[Y_{0i}] + \mathrm{E}[\beta_i] \cdot D_i + Y_{0i} - \mathrm{E}[Y_{0i}] + (\beta_i - \mathrm{E}[\beta_i]) \cdot D_i \\ &= \alpha + \gamma D_i + \varepsilon_i \end{aligned}$$

と書けます。ただし，$\alpha = \mathrm{E}[Y_{0i}]$，$\gamma = \mathrm{E}[\beta_i]$，$\varepsilon_i = Y_{0i} - \mathrm{E}[Y_{0i}] + (\beta_i - \mathrm{E}[\beta_i]) \cdot D_i$ です。ここで，トリートメントはランダム化実験により割り振られていると仮定しましょう。したがって，D_i は β_i とも独立になります。さらに，D_i は 1 か 0 の値をとるダミー変数なので $D_i = D_i^2$ に注意すれば，

$$\begin{aligned} \mathrm{E}[D_i \varepsilon_i] &= \mathrm{E}[D_i(Y_{0i} - \mathrm{E}[Y_{0i}])] + \mathrm{E}[D_i(\beta_i - \mathrm{E}[\beta_i])] \\ &= \mathrm{Cov}(D_i, Y_{0i}) + \mathrm{Cov}(D_i, \beta_i) = 0 \end{aligned}$$

です。この結果から，トリートメント効果が個人間で多様な場合であっても，ランダム化実験を実施すれば通常の回帰分析から平均トリートメント効果が推定できることがわかります。

第8章のまとめ

- グループ平均の差 = ATET + セレクションバイアス
- セレクションバイアスがゼロでない限り，単純に平均値を比較しても因果関係はわからない。
- セレクションバイアスは，トリートメントの状態を各個人が選択可能な場合に生じる。
- ランダム化実験は，トリートメントの割り当てをランダムに決定しデータを得る方法。
- ランダム化実験の下では，セレクションバイアスはゼロになり，トリートメントを外生変数として扱える。すなわち，回帰分析によって因果的効果を推定可能。さらに，ATET = ATE が成立する。
- 社会科学の対象にランダム化実験を実施することは通常，金銭的，政治的，あるいは倫理的観点から困難。

練習問題

問題 8.1　ある調査によって，「コーヒーを多く飲む人ほど寿命が短い傾向がある」ということがわかったとします。

1. この調査の結果から，「コーヒーを飲むと寿命が縮む」と主張できるでしょうか。
2. ある教員 H 氏は 1 日にコーヒーを 4 杯以上飲みます。一方，同じく教員の T 氏はコーヒーを飲む習慣がありません。どちらの教員が長生きすると考えられるでしょうか。
3. ある大学院生 K 氏も 1 日にコーヒーを 4 杯以上飲んでいましたが，上の調査結果を知って飲まなくなりました。彼の寿命はのびると考えられるでしょうか。
4. どのようなランダム化実験を行えば，コーヒーと寿命の因果関係を調べることができるでしょうか（実験の実行可能性の問題はないものとします）。

問題 8.2　ある調査によって，「成績のよい学生ほど方眼ノートを使う傾向がある」ということがわかったとします。

1. この調査の結果を受けて，ある学習塾では生徒に方眼ノートを使用することを義務としました。この方針を批判的に考察してください。
2. どのようなランダム化実験を行えば，方眼ノートの使用と成績の因果関係を調べることができるでしょうか（実験の実行可能性の問題はないものとします）。

問題 8.3　式（8.8）を導出してください。

第9章
マッチング法

第 9 章では，準実験法の代表的な手法である**マッチング法**（matching）について解説を行います。これまで解説してきたとおり，あるトリートメントに対する因果的効果を調べる根本的な困難は，同一の個人について異なるトリートメントの状態が観測できないことにあります。この問題に対して，マッチング法は，「トリートメントの状態が異なる似た者同士を比較する」ことで，トリートメントの因果的効果を推定可能にします。もちろん，このような素朴な方法で因果的効果を推定するためには，いくつかの条件が必要となります。本章では，まず，どのような条件が満たされればマッチング法が使用できるかについて説明します。次に，具体的なマッチング法の分析手順を解説し，最後にマッチング法を用いた実証分析の例として，アメリカの絶滅危惧種保護法（Endangered Species Act）の効果を分析した Ferraro et al. (2007) [1] の研究を紹介します。

9.1 マッチング法の背景

9.1.1 条件付独立性

ある企業において，社員の職業能力向上のための短期研修プログラムを実施したとします。プログラムへの参加は強制でなく，それぞれの社員が自主的に参加するものとします。この研修プログラムに参加することで賃金がどのように変化するか，すなわち研修プログラムが賃金に与える因果的効果を調べましょう。

これまで同様，ある社員 i について，研修に参加していた場合 $D_i = 1$，不参加であった場合 $D_i = 0$ とし，観測される賃金を Y_i で表します。また，ルービンの因果モデルに従って，社員 i が研修に参加したとき得られる賃金を Y_{1i}，不参加であったときに得られる賃金を Y_{0i} と書きます。ここでは，「研修参加者における研修の因果的効果」，すなわち，

$$\text{ATET}: \mathrm{E}\left[Y_{1i} - Y_{0i} \mid D_i = 1\right]$$

について考えましょう。

第 8 章で解説したとおり，トリートメントグループとコントロールグループの平均賃金の差 $\mathrm{E}[Y_i \mid D_i = 1] - \mathrm{E}[Y_i \mid D_i = 0]$ は ATET とセレクションバイアスに分解することができます。したがって，セレクションバイアスがゼロでない限り，単純な平均値の差から ATET を識別することはできません。

それでは，どのような人々が職業能力訓練により積極的に参加するか考えてみましょう。たとえば，経験年数がまだ浅く，能力が相対的に高くない社員や，現在の賃金水準に満足していない社員などが，積極的に参加を希望するでしょう。また明らかに，経験年数や現在の賃金は，研修期間後の賃金にも影響を与える要因です。したがって，この例において「セレクションバイアスがゼロ」と想定することは現実的ではありません。もちろん，ランダム化実験を用いれば，各社員の経験年数や研修以前の賃金とは無関係に研修プログラムの参加・不参加を決定できるため，セレクションバイアスはゼロとなり，因果的効果 ATET は容易に推定できます。

ランダム化実験を実施せず，ATET を推定することは可能でしょうか。ここで，社員 i の経験年数を X_{1i}，研修以前の賃金を X_{2i} と書くこととし，次の条件を仮定します。

$$\{Y_{1i}, Y_{0i}\} \perp\!\!\!\perp D_i \mid X_{1i}, X_{2i} \tag{9.1}$$

この条件（9.1）を**条件付独立性**（conditional independence）といいます ※1。ここで，条件付独立性（9.1）は，経験年数 X_1 と研修以前の賃金 X_2 が等しい社員の集団においては，研修に参加するかしないかは完全にランダムである，ということを意味します。

言い換えると，条件付独立性のもとでは，経験年数と研修以前の賃金が互いに等しい社員だけを取り出してみると，その中ではあたかもランダム化実験を実施しているかのように研修プログラムの参加・不参加が割り振られているのです。この条件は，「トリートメントの割り当てが完全なランダムではなく，共変量 X_1, X_2 に依存してよい」という点で，ランダム化実験における完全な独立性（8.4）よりも現実的な条件といえます ※2。**図 9.1** は条件付独立性の直感的なイメージを表したものです。

※1　文献によっては，conditional ignorability，や unconfoundedness，selection-on-observables と呼ばれることも多くあります。

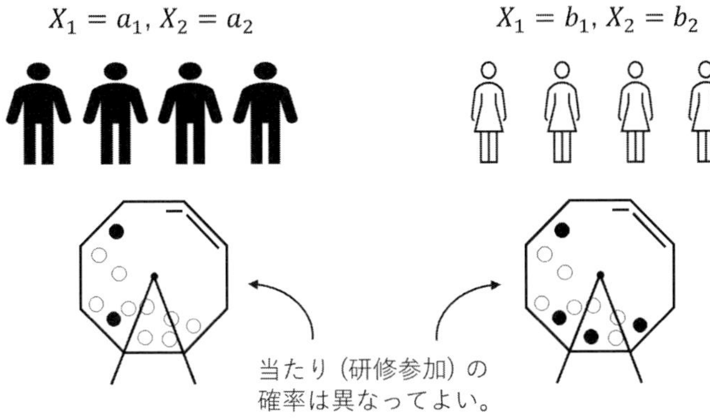

図 9.1　条件付独立性のイメージ

条件付独立性の仮定（9.1）が満たされるならば，共変量 X_{1i}, X_{2i} を条件として D_i と Y_{0i} は独立ですので，次の等式が成立します。

$$\mathrm{E}\left[Y_{0i} \mid D_i = 1, X_{1i}, X_{2i}\right] = \mathrm{E}\left[Y_{0i} \mid D_i = 0, X_{1i}, X_{2i}\right] \tag{9.2}$$

この等式（9.2）は，「共変量 X_1, X_2 を条件とすれば，セレクションバイアスがゼロとなる」ということを表しています。したがって，式（8.2）と同様に，

$$\begin{aligned}
&\mathrm{E}\left[Y_i \mid D_i = 1, X_{1i}, X_{2i}\right] - \mathrm{E}\left[Y_i \mid D_i = 0, X_{1i}, X_{2i}\right] \\
&= \mathrm{E}\left[Y_{1i} \mid D_i = 1, X_{1i}, X_{2i}\right] - \mathrm{E}\left[Y_{0i} \mid D_i = 0, X_{1i}, X_{2i}\right] \\
&= \mathrm{E}\left[Y_{1i} - Y_{0i} \mid D_i = 1, X_{1i}, X_{2i}\right] \\
&\quad + \underbrace{\mathrm{E}\left[Y_{0i} \mid D_i = 1, X_{1i}, X_{2i}\right] - \mathrm{E}\left[Y_{0i} \mid D_i = 0, X_{1i}, X_{2i}\right]}_{\text{セレクションバイアス}} \\
&= \mathrm{E}\left[Y_{1i} - Y_{0i} \mid D_i = 1, X_{1i}, X_{2i}\right]
\end{aligned} \tag{9.3}$$

となります。

ここで，繰り返し期待値の法則から，

$$\mathrm{E}\left\{\mathrm{E}\left[Y_{1i} - Y_{0i} \mid D_i = 1, X_{1i}, X_{2i}\right] \mid D_i = 1\right\} = \underbrace{\mathrm{E}\left[Y_{1i} - Y_{0i} \mid D_i = 1\right]}_{\text{ATET}}$$

※2　完全な独立性（8.4）自体は条件付独立性（9.1）を意味しないことに注意してください。ただし，ランダム化実験の場合さらに $\{Y_1, Y_0, X_1, X_2\} \perp\!\!\!\perp T$ という条件も満たされるため，結局，条件付独立性（9.1）が成立します。

$$\mathrm{E}\left\{\mathrm{E}\left[Y_i \mid D_i = 1, X_{1i}, X_{2i}\right] \mid D_i = 1\right\} = \mathrm{E}\left[Y_i \mid D_i = 1\right]$$

なので，式（9.3）の全体を「$D_i = 1$」を条件として期待値をとれば，

$$\begin{aligned}\mathrm{ATET} &= \mathrm{E}\left\{\mathrm{E}\left[Y_{1i} - Y_{0i} \mid D_i = 1, X_{1i}, X_{2i}\right] \mid D_i = 1\right\} \\ &= \mathrm{E}\left\{\mathrm{E}\left[Y_i \mid D_i = 1, X_{1i}, X_{2i}\right] - \mathrm{E}\left[Y_i \mid D_i = 0, X_{1i}, X_{2i}\right] \mid D_i = 1\right\} \\ &= \mathrm{E}[Y_i \mid D_i = 1] - \mathrm{E}\left\{\mathrm{E}\left[Y_i \mid D_i = 0, X_{1i}, X_{2i}\right] \mid D_i = 1\right\}\end{aligned} \tag{9.4}$$

と表すことができます。すなわち，条件付独立性（9.1）のもとで，式（9.4）最後の $\mathrm{E}[Y_i \mid D_i = 1] - \mathrm{E}\left\{\mathrm{E}\left[Y_i \mid D_i = 0, X_{1i}, X_{2i}\right] \mid D_i = 1\right\}$ を計算することで，ATET が推定できるということです。

まず，1 項目の $\mathrm{E}[Y_i \mid D_i = 1]$ は単純に研修参加者の平均賃金から推定できます。次に，2 項目の $\mathrm{E}\left\{\mathrm{E}\left[Y_i \mid D_i = 0, X_{1i}, X_{2i}\right] \mid D_i = 1\right\}$ は，

「$\underline{D = 0}, X_1, X_2$ を条件とした賃金の期待値」の $\underline{D = 1}$ を条件とした期待値

です。したがって，$D_i = 1$ が真であった場合には，$\mathrm{E}\left[Y_i \mid D_i = 0, X_{1i}, X_{2i}\right]$ は「観測できない仮想的な賃金 Y_{0i} の条件付期待値」となります。この $\mathrm{E}\left[Y_i \mid D_i = 0, X_{1i}, X_{2i}\right]$ をいかにして求めるかが，ATET 推定の主な課題となります。

この課題に対して，**マッチング法**（matching）の基本的発想は，「コントロールグループの中から，$X_{1i} = X_{1j}, X_{2i} = X_{2j}$ を満たす個人 j を探し（i と j のマッチング），個人 j の賃金 Y_j を $\mathrm{E}\left[Y_i \mid D_i = 0, X_{1i}, X_{2i}\right]$ の代わりに用いる」というものです。

9.1.2　条件付独立性の妥当性

以上のとおり，ATET をマッチング法により推定するためには，条件付独立性の仮定（9.1）が必要となります。ここで問題となるのが，この仮定の妥当性です。まず注意していただきたいことは，この仮定がトリートメントを受けたときの成果 Y_{1i} と，受けなかったときの成果 Y_{0i} の両方に課されていることです。各個人 i について，観測できるのは常に Y_{1i}，Y_{0i} のどちらか一方のみですから，条件付独立性が満たされているか否か，データから直接検証することは不可能です。したがって，ケースバイケースで分析者が仮定の妥当性を判断する必要があります。

研修プログラムの参加と賃金の例において，もし経験年数と研修以前の賃金以

外に，研修の参加と賃金に同時に影響を与えるような要因が存在するならば，式(9.1) の条件付独立性は満たされません。たとえば，その要因が学歴で，なおかつ各社員の学歴が観察可能だとします。この場合，社員 i の学歴を X_{3i} と書くこととし，改めて X_{1i}, X_{2i}, X_{3i} を条件とした条件付独立性

$$\{Y_{1i}, Y_{0i}\} \perp\!\!\!\perp D_i \mid X_{1i}, X_{2i}, X_{3i}$$

が満たされれば，以上と同様の議論から ATET が推定可能です。この他にも研修の参加と賃金に同時に影響を与えるような要因が存在する場合は，X_{4i}，X_{5i}，... として条件となる共変量を追加していく必要があります。ただし，条件付けに用いられる共変量はすべて観測可能であることが前提です。トリートメントと潜在的な成果に同時に影響を与える観測できない要因が存在する場合，マッチング法によって ATET を推定することはできません[※3]。

第 8 章で見た出席率と成績の例では，出席率と成績に同時に影響を与える要因として，学生の学習意欲を考えました。しかし，学習意欲は具体的数値で表すことが困難で，分析者が通常，正確に観測できる変数ではないと考えられます。そのため，学習意欲を説明する観測可能な代理変数が存在しない場合，条件付独立性の仮定は満たされず，マッチング法によって出席率が成績にもたらす因果的効果を調べることはできません。

9.1.3 オーバーラップ条件

マッチング法を用いるためには，条件付独立性の他にもう 1 つ重要な条件が満たされている必要があります。それが**オーバーラップ条件**（overlap condition）です。オーバーラップ条件とは，図 9.1 でいえば，「当たりくじと外れくじがどの抽選器にも必ず 1 本以上入っている」ということを意味します。式では次のように表されます。

$$0 < \mathrm{P}(D_i = 1 \mid X_{1i}, X_{2i}) < 1 \tag{9.5}$$

特に，共変量 X_{1i}, X_{2i} を条件とした $D_i = 1$ の確率 $\mathrm{P}(D_i = 1 \mid X_{1i}, X_{2i})$ を**傾向**

※3　ランダム化実験では，観測の可否に関わらずすべての要因と独立にランダムにトリートメントが割り当てられるため，このような問題は生じません。観測できない要因がトリートメントと潜在的な成果に影響を与えている場合でも，第 11 章で解説する操作変数法を用いれば，ランダム化実験を実施せずとも，因果的効果を推定することが可能です。ただし，操作変数と呼ばれる特殊な性質を満たす変数が存在することが前提となります。

スコア（propensity score）といいます。「トリートメントを受けること（$D=1$）に対する傾向」という意味です (Rosenbaum and Rubin, 1983 [4])。

オーバーラップ条件が満たされないケースとしては，たとえば，「経験年数が 5 年未満の社員は全員研修プログラムに参加する」といった状況が考えられます。この場合，経験年数が 5 年未満で（$X_1 < 5$）かつコントロールグループ（$D=0$）に属するデータが存在しないため，そのような X_1 について，ATET の計算に必要な $\mathrm{E}[Y_i \mid D_i = 0, X_{1i}, X_{2i}]$ を推定することができません。

9.2 マッチング法による ATET の推定

9.2.1 厳密なマッチング

以降では，条件付独立性（9.1）とオーバーラップ条件（9.5）が満たされていると仮定し，ATET の具体的な計算方法について解説をします。説明の簡単化のため，条件付けに用いる共変量は X_1, X_2 の 2 つのみとします。3 つ以上の共変量を条件に課す場合も，同様の手順で分析を行います。

式（9.4）を再掲します。

$$\mathrm{ATET} = \mathrm{E}[Y_i \mid D_i = 1] - \mathrm{E}\{\mathrm{E}[Y_i \mid D_i = 0, X_{1i}, X_{2i}] \mid D_i = 1\}$$

ここで，データとして $\{(Y_i, D_i, X_{1i}, X_{2i}) : i = 1, \ldots, n\}$ が観測されているとします。このとき，上式の右辺に含まれる $\mathrm{E}[Y_i \mid D_i = 0, X_{1i}, X_{2i}]$ は，$D_i = 0$ ならば，単純に個人 i の成果 Y_i を用いて近似できるでしょう。一方，$D_i = 1$ であった場合は仮想的な成果 Y_{0i} が観測できません。そこで，$D_j = 0$ かつ $X_{1j} = X_{1i}, X_{2j} = X_{2i}$ となるような個人 j を探し，個人 j の成果 Y_j を $\mathrm{E}[Y_i \mid D_i = 0, X_{1i}, X_{2i}]$ の代わりに用います。すなわち，$\mathrm{E}[Y_i \mid D_i = 0, X_{1i}, X_{2i}]$ の近似値として，$\widehat{Y}_{0i}$ を次のように定義します ※4。

$$\widehat{Y}_{0i} = \begin{cases} Y_i & \text{if } D_i = 0 \\ Y_j & \text{if } D_i = 1,\ D_j = 0,\ X_{1j} = X_{1i},\ X_{2j} = X_{2i} \end{cases} \tag{9.6}$$

さらに，$\mathrm{E}[Y_i \mid D_i = 0, X_{1i}, X_{2i}]$ に $\widehat{Y}_{0i}$ を代入することで，ATET は，

※4　ここでは説明の便宜上，X_1, X_2 が離散確率変数であることを暗黙に想定しています。

$$\mathrm{ATET} \approx \mathrm{E}\left[Y_i - \widehat{Y}_{0i} \mid D_i = 1\right]$$

と近似できるので，結局，ATET の推定量は，

$$\widehat{\mathrm{ATET}} = \frac{\sum_{i=1}^{n} D_i(Y_i - \widehat{Y}_{0i})}{\sum_{i=1}^{n} D_i} \tag{9.7}$$

として得られます。**図 9.2** は $\widehat{Y}_{0i}$ の計算方法を表したもので，個人 1 のマッチングの相手として個人 9 が，個人 4 の相手として個人 7 が選ばれています。

$D=1$（研修参加）

ID	研修以後の賃金	経験年数	研修以前の賃金
1	240,000	5	220,000
2	360,000	14	350,000
3	250,000	7	230,000
4	200,000	1	180,000
5	220,000	2	200,000
6	350,000	11	350,000

$D=0$（研修不参加）

ID	研修以後の賃金	経験年数	研修以前の賃金
7	190,000	1	180,000
8	240,000	6	240,000
9	220,000	5	220,000
10	320,000	12	310,000
11	230,000	5	230,000
12	310,000	9	300,000

$$\widehat{Y}_{01} = 220{,}000$$
$$\widehat{Y}_{04} = 190{,}000$$

図 9.2　厳密なマッチング

個人 i のマッチングの相手として，$D_j = 0$ かつ $X_{1j} = X_{1i}, X_{2j} = X_{2i}$ となるような個人 j が複数存在する場合もありえます。たとえば，個人 l についても同様に，$D_l = 0$ かつ $X_{1l} = X_{1i}, X_{2l} = X_{2i}$ が満たされているとしましょう。この場合，$\widehat{Y}_{0i}$ の定義として 2 つの方法が考えられます。1 つは Y_j と Y_l のどちらか一方をランダムに選ぶ方法です。もう 1 つは，Y_j と Y_l の平均値 $(Y_j + Y_l)/2$ を $\widehat{Y}_{0i}$ として用いる方法です。このどちらの方法を用いても ATET の推定が可能です。コントロールグループに X_{1i}, X_{2i} と等しい値をもった個人が 3 人以上存在する場合も同様です。

ところで，式 (9.7) の推定量 $\widehat{\mathrm{ATET}}$ を用いて ATET を推定するには，「X_{1i}, X_{2i} と等しい値をもったマッチングの相手が，コントロールグループに存在すること」が前提となります。オーバーラップ条件式 (9.5) が満たされているとき，確率 $\mathrm{P}(D_i = 1 \mid X_{1i}, X_{2i})$ と $\mathrm{P}(D_i = 0 \mid X_{1i}, X_{2i})$ はともに 0 より大きいので，デー

タの数を十分大きくすることで相応しいマッチングの相手が見つかると期待されます。

しかし，現実的な大きさの標本のもとでは，この前提が成立するとは限らず，そのような場合，式 (9.6) に基づいて $\widehat{Y}_{0i}$ を計算することができません。マッチングの成立したデータのみを用いて ATET を推定することも可能ですが，正確な推定のためには，コントロールグループの標本の大きさがトリートメントグループに比べて大きなデータを準備する必要があります。しかし，条件とする共変量を X_1，X_2 だけでなく X_3，X_4，... と追加していくと，それらの値がすべて一致するようなマッチングの相手を見つけることはますます困難になります。また，たとえば X_1 が連続確率変数である場合，ある X_{1i} と厳密に等しい X_1 の値をもっている個人 j が存在する確率は，そもそも理論上 0 です（3.3.2 項参照）。

そこで，以下では，より一般的な状況の下で ATET が推定できるよう，厳密なマッチングに基づいた $\widehat{Y}_{0i}$ の定義式 (9.6) を修正し，X_1, X_2 の値が最も近い個人同士でマッチングする方法を考えます。そのようなマッチングの方法を**最近傍マッチング**（nearest-neighbor matching）といいます。

9.2.2　最近傍マッチング

最近傍マッチングを実施するには，まず，個人間の「近さ」の定義をする必要があります。たとえば，絶対値距離やユークリッド距離

$$\text{絶対値距離} \quad d(i,j) = |X_{1i} - X_{1j}| + |X_{2i} - X_{2j}|$$

$$\text{ユークリッド距離} \quad d(i,j) = \sqrt{(X_{1i} - X_{1j})^2 + (X_{2i} - X_{2j})^2}$$

が十分に小さければ，個人 i と j は似た者同士と見なせるでしょうか。上の例では，X_1 として経験年数を，X_2 として研修以前の賃金を考えました。この場合，絶対値距離やユークリッド距離で近さを測ると，「経験年数 10 年の差」と「賃金 10 円の差」は同等なものとして評価されてしまいます。このように，絶対値距離やユークリッド距離は各変数の単位に大きく依存するため，個人間の近さを測る適切な距離尺度とはいえません。

そこで，それぞれの変数を標準化し，単位に依存せずに個人間の近さを測る方法を考えます。その代表的な距離が，次の**標準化ユークリッド距離**（standardized Euclidean distance）と**マハラノビス距離**（Mahalanobis distance）です。

標準化ユークリッド距離 $d(i,j) = \sqrt{\Delta_{1ij}^2 + \Delta_{2ij}^2}$

マハラノビス距離 $d(i,j) = \sqrt{\dfrac{1}{1-\rho^2}\left[\Delta_{1ij}^2+\Delta_{2ij}^2-2\rho\Delta_{1ij}\Delta_{2ij}\right]}$

ただし,

$$\Delta_{1ij} = \frac{X_{1i} - X_{1j}}{\sigma_1}, \qquad \Delta_{2ij} = \frac{X_{2i} - X_{2j}}{\sigma_2}$$

σ_1 と σ_2 はそれぞれ X_1 と X_2 の標準偏差を表し，ρ は X_1, X_2 の相関係数です。標準化ユークリッド距離は，各変数を標準偏差で割って分散が 1 になるように標準化し，標準化した変数に基づいてユークリッド距離を求めたものです。マハラノビス距離は標準化ユークリッド距離をさらに一般化したもので，変数間の類似性（相関）も考慮した距離です。X_1, X_2 の相関が 0 ならば，両者は一致します。

図 9.3 は標準化ユークリッド距離とマハラノビス距離の違いを説明したものです。X_1 を身長，X_2 を体重を表す変数だとし，それらの相関係数を 0.6 だとします。このとき，図の個人 A と B のペアと個人 C と D のペアを比較したとき，感覚的には前者のほうがより似ているペアだと言いたくなります。これは身長と体重の間に正の相関が存在するからです。しかし，標準化ユークリッド距離を用いると，どちらのペアの距離も 1.414 で等しくなってしまいます。一方で，マハラノビス距離を用いれば，前者のペアのほうがより距離が小さくなっており，標準

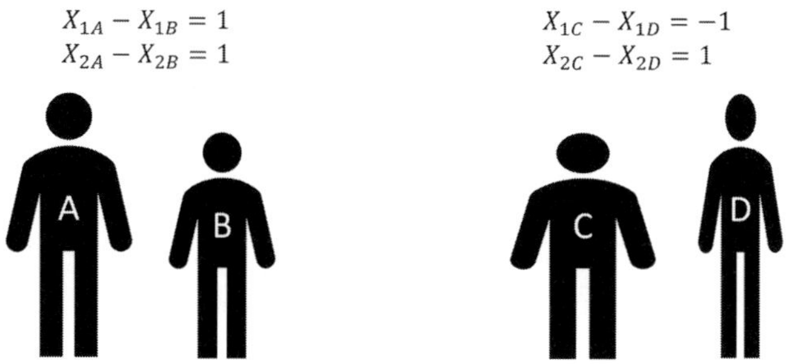

	$d(A,B)$	$d(C,D)$
標準化ユークリッド距離	1.414	1.414
マハラノビス距離	1.118	2.236

＊各変数の標準偏差は 1，相関係数は0.6として計算

図 9.3 標準化ユークリッド距離とマハラノビス距離

化ユークリッド距離より直感に合った結果が得られます。

変数の数が 3 つ以上のときも同様にして，マハラノビス距離を定義することが可能です。以降では，$d(i,j)$ として標準化ユークリッド距離かマハラノビス距離のどちらかを表すものとします。

最近傍マッチングでは，コントロールグループの中で $d(i,j)$ の値が j に関して最も小さい個人を j^* として，個人 i のマッチング相手に選びます。そして，$\mathrm{E}[Y_i \mid D_i = 0, X_{1i}, X_{2i}]$ の近似値 $\widehat{Y}_{0i}$ として Y_{j^*} を用います。また $D_i = 0$ ならば $d(i,i) = 0$ なので，この場合は $\widehat{Y}_{0i} = Y_i$ とします。

$$\widehat{Y}_{0i} = \begin{cases} Y_i & \text{if } D_i = 0 \\ Y_{j^*} & \text{if } D_i = 1 \end{cases}$$

こうして各 i について $\widehat{Y}_{0i}$ を計算し，式（9.7）に従って ATET が推定できます。

厳密なマッチングは，$d(i,j) = 0$ となる個人 j のみをマッチングの相手とする，最近傍マッチングの特殊ケースと見なせます。また，$d(i,j)$ を最小とする個人 j がコントロールグループに複数存在する場合は，厳密なマッチングのときと同様にして対応します。

9.2.3　傾向スコアマッチング

条件付独立性の仮定（9.1）は，条件付けに用いられる共変量の数が多いほど制約の緩い，より現実的な仮定となります。そこで，ここでは k 個の共変量 $X_1, \ldots, X_k$ について，

$$\{Y_{1i}, Y_{0i}\} \perp\!\!\!\perp D_i \mid X_{1i}, \ldots, X_{ki} \tag{9.8}$$

が満たされるとしましょう。しかし共変量の数 k が多いと，厳密なマッチングに基づいてマッチングの相手を見つけることは非常に困難となってしまいます。また，最近傍マッチングにおいても $d(i,j)$ を十分に小さくすることができません。

そこで，k 個の共変量 $X_1, \ldots, X_k$ を何らかの 1 次元の指標 $b(X_1, \ldots, X_k)$ に集約し，$X_1, \ldots, X_k$ の代わりに $b(X_1, \ldots, X_k)$ を用いても式（9.8）と同様の条件付独立性が満たされるならば，$b(X_1, \ldots, X_k)$ の値のみに基づいてマッチングを実施することが可能です。

問題は，はたしてそのような都合のよい指標 $b(X_1, \ldots, X_k)$ が存在するのかと

いうことですが，実は傾向スコア $\mathrm{P}(D_i = 1 \mid X_{1i}, \ldots, X_{ki})$ を $b(X_1, \ldots, X_k)$ として用いることができます。

$$\text{式 (9.8)} \Longrightarrow \{Y_{1i}, Y_{0i}\} \perp\!\!\!\perp D_i \mid \mathrm{P}(D_i = 1 \mid X_{1i}, \ldots, X_{ki})$$

この結果は，**傾向スコア定理**（Rosenbaum and Rubin, 1983）として知られています。傾向スコア定理の証明は本章末の補足を参照してください。

したがって，$d(i, j)$ を個人 i，j 間の傾向スコアの距離として，最近傍マッチングから $\widehat{Y}_{0i}$ を計算することができます（共変量に連続な変数が含まれる場合傾向スコアも連続なので，厳密なマッチングは使用できません）。また，傾向スコアは 1 次元の変数なので，変数の標準化や変数間の相関などを考慮する必要もありません。このようなマッチングの方法を**傾向スコアマッチング**（propensity score matching）といいます。

ただし，一般的に傾向スコア $\mathrm{P}(D_i = 1 \mid X_{1i}, \ldots, X_{ki})$ は未知ですので，傾向スコアマッチングを実施するには，まず傾向スコアを推定する必要があります。傾向スコアの推定には，通常，ロジットモデルやプロビットモデルといった確率モデルが用いられます（付録 B 参照）。たとえばロジットモデルの場合，

$$\widehat{P}_i = \frac{\exp(\hat{\beta}_0 + \hat{\beta}_1 X_{1i} + \cdots + \hat{\beta}_k X_{ki})}{1 + \exp(\hat{\beta}_0 + \hat{\beta}_1 X_{1i} + \cdots + \hat{\beta}_k X_{ki})}$$

として各 i の傾向スコアを求めることができます。ここで，$(\hat{\beta}_0, \hat{\beta}_1, \ldots, \hat{\beta}_k)$ は最尤法によって推定された回帰係数です。

9.2.4 その他のマッチング

厳密なマッチングや最近傍マッチング以外にも，マッチングの方法にはさまざまな種類があります。以下では，実証分析で多く用いられる代表的な方法を 2 つ紹介します。

■ **K-最近傍マッチング**　最近傍マッチングを一般化したものが，**K-最近傍マッチング**（K-nearest neighbor matching）です。K-最近傍マッチングでは，コントロールグループの中で $d(i, j)$ の値が最も小さい個人だけでなく，K 番目に近い個人まで含めて $\widehat{Y}_{0i}$ の計算を行います。すなわち，上で説明した最近傍マッチングは，K-最近傍マッチングの $K = 1$ のケースに相当します。

具体的には，コントロールグループの中で $d(i, j)$ の値が j に関して m 番目

に小さい個人を $j(m)$ とするとき（すなわち，$j(1) = j^*$），$\widehat{Y}_{0i}$ は，

$$\widehat{Y}_{0i} = \begin{cases} Y_i & \text{if } D_i = 0 \\ \dfrac{1}{K}\sum_{m=1}^{K} Y_{j(m)} & \text{if } D_i = 1 \end{cases}$$

として定義します。

実証分析において，どのような K を選ぶかは大きな問題です。一般論として，「より大きな（小さな）K を用いれば推定の分散は小さく（大きく），バイアスは大きく（小さく）なる」というトレードオフが存在します。実際のデータにおいて，さまざまな値の K について ATET を推定し，推定結果がどのように変化するかを観察しながら総合的な判断が求められます。

■ **カリパーマッチング**　K-最近傍マッチングのようにマッチングの相手の数を限定せずに，ある正の値 h について，コントロールグループの中で $d(i,j) < h$ を満たすすべての個人 j を個人 i のマッチング相手とする方法もあります。このようなマッチングの方法を**カリパーマッチング**（caliper matching）といいます※5。カリパーマッチングでは，$\widehat{Y}_{0i}$ は，

$$\widehat{Y}_{0i} = \begin{cases} Y_i & \text{if } D_i = 0 \\ \dfrac{\sum_{j=1}^{n} \mathbf{1}(D_j = 0, d(i,j) < h) \cdot Y_j}{\sum_{j=1}^{n} \mathbf{1}(D_j = 0, d(i,j) < h)} & \text{if } D_i = 1 \end{cases}$$

として計算します。ここで，$\mathbf{1}(\cdot)$ は括弧内が正しければ 1，誤りならば 0 をとる関数です。h の選択については，K-最近傍マッチングの K の選択と同様のことがいえます。

9.3　絶滅危惧種保護法（ESA）の評価

■ **背景**　マッチング法を用いた実証分析の例として，アメリカの絶滅危惧種保護法の効果を分析した Ferraro et al. (2007) の研究を紹介しましょう。

生物多様性の保全は，単に今ある生態系を守るということだけでなく，「私たちの食料や燃料，医薬品のもととなる自然資源を保全する」という観点からも非

※5　文献によっては，**半径マッチング**（radius matching）と呼ばれることも多くあります。

常に重要です。とりわけ，絶滅のおそれのある野生生物の保護は，生物多様性の保全における基本的な課題となります。日本における取り組みとしては，環境省が主体となって国内に生息する野生生物の絶滅の危険度を評価し，その結果をまとめたものをいわゆる「レッドリスト」として公表しています。第4次レッドリスト（2014年）によると，国内の絶滅のおそれのある種の数は3597種にも上ります。また，「絶滅のおそれのある野生動植物の種の保存に関する法律（種の保存法）」において，絶滅危惧種の捕獲・譲渡，生息地の開発行為への罰則などが定められています。

海外における絶滅危惧種の保護への取組みとして代表的なものに，1973年に制定されたアメリカの絶滅危惧種保護法（Endangered Species Act: ESA）があります。ESAは，種の保存法と同様，絶滅危惧種として指定された種の捕獲や，生息地における土地開発に対する規制や罰則を定めた法律です。しかし，ESAの有効性については，これまでさまざまな問題点が指摘されてきました。その中には，「ESAがむしろ絶滅危惧種の生息地の開発を促進している」という主張があります。重要な点は，「絶滅危惧種の多くが私有地に生息している」という点です。ESAは絶滅危惧種の生息地の開発を規制する一方，土地所有者に対しては土地利用の制限に関して十分な補償がなされません。そのため，所有する土地がESAの規制対象に入ることを事前に予測できる場合，規制が実行される前に前倒しで開発行為を行うことが考えられるのです※6。このような背景から，ESAの効果が実際にはどの程度であるか，厳密な定量的評価が求められます。

■ データ・分析方法　Ferraro et al. (2007) はマッチング法を用いてESAの因果的効果を推定しました。アメリカ国内における絶滅のおそれのある各野生生物 i について，結果変数 Y_i としてNPO団体NatureServeの公開する絶滅危険度指数（2004年時点）を，トリートメント変数 D_i として次の3つを考えます※7。

（1）絶滅危惧種として指定

※6 たとえば，Lueck and Michael (2003)[3] によると，絶滅のおそれのあるホオジロシマアカゲラ（red-cockaded woodpecker）の多く生息するマツ材の生産地において，ESAの規制を逃れるために森林伐採がむしろ加速した，という調査結果が報告されています。

※7 助成金の額が，受給対象の種の中で上位25%以内である場合に「高額」，そうでない場合に「少額」と定義します。

(2) 絶滅危惧種として指定＋個体数回復事業に対する助成金（高額）あり
(3) 絶滅危惧種として指定＋個体数回復事業に対する助成金（少額）あり

絶滅危険度指数は，各野生生物の絶滅の危険性を 0（絶滅）から 5（絶滅の危険性なし）の数値で評価した指数です。また，コントロールグループは「ESA の絶滅危惧種として未指定」とします。このとき，もし潜在的な絶滅危険度と各トリートメントの割り当てが完全にランダムであれば，単純に各トリートメントグループとコントロールグループの絶滅危険度の平均値を比較することで，ESA の因果的効果が推定可能です。しかし，トリートメント変数の定義から明らかに，そのような仮定は現実的とはいえないでしょう。

そこで，Ferraro et al. (2007) では，各野生生物 i について，1993 年時点での絶滅危険度指数，政治的・学術的関心度，生物分類などの変数を条件として条件付独立性を仮定し，マッチング法を用いて各トリートメント (1)〜(3) の ATET を推定しました。

■ **結果・考察**　ATET の推定結果をまとめたものが**表 9.1** です。論文では最近傍マッチングと傾向スコアマッチングの両方を実施していますが，ここでは最近傍マッチングの結果だけ紹介します。標準化ユークリッド距離に基づいた最近傍マッチングの結果によると，トリートメント (1) と (3) の ATET は負で，トリートメント (2) の ATET は有意に正となっています。ただし，トリートメント (1) の効果は統計的に有意ではありません。また，マハラノビス距離を用いた場合も同様の結果が得られています。

表 9.1　ATET 推定結果

	ATET		
トリートメント T	(1)	(2)	(3)
最近傍マッチング：標準化ユークリッド距離	−0.0191 (0.839)	0.4537 (0.001)	−0.2128 (0.027)
最近傍マッチング：マハラノビス距離	−0.0189 (0.823)	0.4091 (0.001)	−0.1806 (0.047)
観測データ数	430	329	396

（括弧内は標準誤差の値）(Ferraro et al. (2007) Table 3 より抜粋)

これらの結果は，「絶滅危惧種としての指定のみ，あるいは，指定されても金銭的補助が少額である場合は，絶滅危険度はむしろ悪化してしまう」という可能性を示しています。その一方で，絶滅危惧種として指定され，さらに高額の助成金が与えられる場合には，絶滅危険度は顕著に改善します。

以上の Ferraro et al. (2007) の研究は，「絶滅危惧種の保全のためには，開発規制に対する補償などを含めた十分な助成金の拠出が重要」ということを示唆しています。「より多くの種を保護するために，絶滅危惧種のリストを拡大すべき」といった議論はあまり本質的ではないのです。

補足：傾向スコア定理の証明

ここでは説明の簡単化のため，共変量は2次元で ($k = 2$)，さらにどちらも離散確率変数だとしましょう。このとき，傾向スコアを $p(X_1, X_2) = \mathrm{P}(D = 1 \mid X_1, X_2)$ と定義します。また，条件付独立性

$$\{Y_1, Y_0\} \perp\!\!\!\perp D \mid X_1, X_2$$

が成立しているものと仮定しましょう。

証明は2段階で進めます。まず，トリートメント D と共変量 (X_1, X_2) が傾向スコア $p(X_1, X_2)$ を条件として独立になること

$$D \perp\!\!\!\perp \{X_1, X_2\} \mid p(X_1, X_2) \tag{9.9}$$

を示します。傾向スコアに限らず，$D \perp\!\!\!\perp \{X_1, X_2\} \mid b(X_1, X_2)$ となる性質をもつ統計量 $b(X_1, X_2)$ のことを，一般的に**バランシングスコア**（balancing score）といいます（Imbens and Rubin (2015)[2] 12.3 など参照）。

式（9.9）は次のように言い換えることができます。$D = 0, 1$ と (X_1, X_2) がとり得るすべての値 (x_1, x_2) について，

$$\begin{aligned}
&\mathrm{P}(D = d, (X_1, X_2) = (x_1, x_2) \mid p(X_1, X_2)) \\
&\quad = \mathrm{P}(D = d \mid p(X_1, X_2)) \cdot \mathrm{P}((X_1, X_2) = (x_1, x_2) \mid p(X_1, X_2)).
\end{aligned}$$

さらに両辺を $\mathrm{P}((X_1, X_2) = (x_1, x_2) \mid p(X_1, X_2))$ で割ることで，

$$\mathrm{P}(D = d \mid X_1, X_2, p(X_1, X_2)) = \mathrm{P}(D = d \mid p(X_1, X_2)) \tag{9.10}$$

が得られます。ここで，傾向スコア p は (X_1, X_2) の関数ですから，(X_1, X_2) の値が条件付けされているならば，傾向スコアによる条件は無視することができます。したがって，式（9.10）の左辺は，

$$
\begin{aligned}
\mathrm{P}(D = d \mid X_1, X_2, p(X_1, X_2)) &= \mathrm{P}(D = d \mid X_1, X_2) \\
&= \begin{cases} p(X_1, X_2) & d = 1 \\ 1 - p(X_1, X_2) & d = 0 \end{cases}
\end{aligned}
$$

となります。一方，$\mathrm{P}(D = 1 \mid p(X_1, X_2)) = \mathrm{E}[D \mid p(X_1, X_2)]$ ですから，繰り返し期待値の法則から，

$$
\begin{aligned}
\mathrm{P}(D = 1 \mid p(X_1, X_2)) &= \mathrm{E}[D \mid p(X_1, X_2)] \\
&= \mathrm{E}\{\mathrm{E}[D \mid X_1, X_2, p(X_1, X_2)] \mid p(X_1, X_2)\} \\
&= \mathrm{E}\{p(X_1, X_2) \mid p(X_1, X_2)\} = p(X_1, X_2)
\end{aligned}
$$

同様の計算から，$\mathrm{P}(D = 0 \mid p(X_1, X_2)) = 1 - p(X_1, X_2)$ もわかります。したがって，式（9.10）が成立するので，式（9.9）も同時に満たされます。

この結果を用いて，$D \perp\!\!\!\perp \{Y_1, Y_0\} \mid p(X_1, X_2)$ を証明しましょう。上と同様の議論から，

$$
\begin{aligned}
\mathrm{P}(D = d \mid Y_0, Y_1, p(X_1, X_2)) &= \mathrm{P}(D = d \mid p(X_1, X_2)) \\
&= \begin{cases} p(X_1, X_2) & d = 1 \\ 1 - p(X_1, X_2) & d = 0 \end{cases}
\end{aligned}
$$

を示せば十分です。繰り返し期待値の法則から，

$$
\begin{aligned}
\mathrm{P}(D = 1 \mid Y_0, Y_1, p(X_1, X_2)) &= \mathrm{E}[D \mid Y_0, Y_1, p(X_1, X_2)] \\
&= \mathrm{E}\{\mathrm{E}[D \mid Y_0, Y_1, X_1, X_2, p(X_1, X_2)] \mid Y_0, Y_1, p(X_1, X_2)\} \\
&\overset{(1)}{=} \mathrm{E}\{\mathrm{E}[D \mid X_1, X_2, p(X_1, X_2)] \mid Y_0, Y_1, p(X_1, X_2)\} \\
&\overset{(2)}{=} \mathrm{E}\{\mathrm{E}[D \mid p(X_1, X_2)] \mid Y_0, Y_1, p(X_1, X_2)\} \\
&= \mathrm{E}\{p(X_1, X_2) \mid Y_0, Y_1, p(X_1, X_2)\} = p(X_1, X_2).
\end{aligned}
$$

ここで，等号（1）は条件付独立性の仮定から，等号（2）は式（9.9）から成立します。同様の計算から，$\mathrm{P}(D=0 \mid Y_0, Y_1, p(X_1, X_2)) = 1 - p(X_1, X_2)$ も示されますので，傾向スコア定理が証明できました。

第 9 章のまとめ

- マッチング法は，トリートメントの状態が異なり，かつ観測される共変量の値が等しい（近い）個人同士をマッチングし，自身の仮想的な成果としてマッチング相手の成果を代用する方法。
- トリートメントと潜在的な成果が，観測される共変量の組を条件として独立ならば，マッチング法によって ATET が推定可能。
- マッチングの方法には，厳密なマッチングや最近傍マッチングがある。
- 共変量の数が多い場合や連続確率変数が含まれる場合，厳密なマッチングは使用できない。そのような場合でも，最近傍マッチングや傾向スコアマッチングは使用できる。

R によるデータ演習

R を使って実際にマッチング法から因果分析を行ってみましょう。まず，この演習で用いるデータの CSV ファイル `wage_training.csv` をオーム社 Web サイトの本書サポートページからダウンロードしてください。また，R でマッチング法を実施するには，`MatchIt` パッケージを使用するのが便利です。付録 A.3.4「パッケージのインストール・読み込み」を参考にし，`MatchIt` パッケージをインストールしておきましょう。

ある企業において，社員の能力向上のための研修プログラムが実施されました。研修への参加は任意であるとし，研修に参加することがもたらす賃金への因果的効果 ATET を調べましょう。`wage_training.csv` には，この企業の社員 800 人に関するデータが含まれており，本演習では簡単のため以下の 4 つの変数に注目します※8。

`wagea`	研修期間後（after）の賃金（単位：万円）
`D`	研修参加の有無（参加 = 1，不参加 = 0）
`years`	経験年数
`wageb`	研修以前（before）の賃金（単位：万円）

※8　演習用の仮想的なデータです。現実のデータではありませんので，注意してください。

まずは CSV ファイルを読み込みます。データ名は wagedata として，データの構成を確認しましょう：

```
library(dplyr)
wagedata <- readr::read_csv("wage_training.csv")
wagedata %>% print(n = 4)
# A tibble: 800 × 6
  wagea     D years wageb  educ female
  <dbl> <dbl> <dbl> <dbl> <dbl>  <dbl>
1    19     1     4    18    17      1
2    27     0    22    27    13      0
3    20     1     2    18    15      1
4    36     1    14    34    14      1
# … with 796 more rows
# i Use `print(n = ...)` to see more rows
```

マッチング法を実施する前に，トリートメントグループとコントロールグループの単純な平均賃金の差を確認します。また，研修参加と経験年数，研修以前の賃金の相関係数も併せて計算してみましょう。

```
wagedata %>% # トリートメントグループとコントロールグループの平均値の差
  summarise(mean_treated    = mean(wagea[D == 1]),
            mean_controlled = mean(wagea[D == 0]),
            mean_diff       = mean_treated - mean_controlled)

# A tibble: 1 × 3
  mean_treated mean_controlled mean_diff
         <dbl>           <dbl>     <dbl>
1         25.7            26.8     -1.13

wagedata %>% # 相関係数
  summarise(cor_years = cor(D, years),
            cor_wageb = cor(D, wageb))

# A tibble: 1 × 2
  cor_years cor_wageb
      <dbl>     <dbl>
1    -0.191    -0.184
```

この結果によると，トリートメントグループとコントロールグループの単純な平均賃金の差は約 −1.13（万円）となっています。すなわち，研修への参加と賃金の間には負の相関が存在します。しかし，繰り返し述べているように，負の相関関係が存在したからといって，研修参加の因果的効果が負とは限りません。もし，研修への参加と潜在的な賃金が完全にランダムに決定されているならば，この約 −1.13（万円）という差を因果的効果として解釈できます。一方，研修参加と経験年数，研修以前の賃金の相関係数は負の値となっています。このことは，より経験年数が浅く，賃金が低い社員ほど，より積極的に研修に参加していることを示します。当然，これら 2 つの要因は研修期間後の賃金を説明する重要な変数でもあります。したがって，「研修への参加と潜在的な賃金が完全にランダム」という仮定は満たされておらず，−1.13 という数字は因果的効果として過小評価であることが予想されます。

それではここからマッチング法の具体的な実施方法を解説します。MatchIt パッケージはさまざまな種類のマッチングやその評価を実施できるパッケージです。その中に含まれている，matchit() 関数を用いることで，マッチングを実施することができます。matchit() 関数の基本的な使用方法は次のとおりです。

```
m.out <- matchit(treat ~ x1 + x2 + x3,
                 data     = mydata,
                 method   = "nearest",
                 distance = "glm",
                 replace  = FALSE)
```

(1) 1 行目では，トリートメントとなる変数とマッチングに用いる共変量とを指定します。lm() 関数のようにチルダ（~）を用いて，左辺にトリートメント，右辺に共変量の変数名を入力します。共変量がトリートメントを説明する，というイメージです。
(2) 2 行目の data という引数では，マッチングの対象となるデータフレームを指定します。1 行目で指定したトリートメントと共変量はこの中からとられます。
(3) 3 行目の method という引数では，マッチングの方法を指定します。ここではデフォルトの最近傍法（"nearest"）を指定しています。厳密なマッチングを実施したい場合は，"exact"と指定しましょう。
(4) 4 行目の distance という引数では，距離尺度を指定しています。ここではデフォルトの"glm"を指定をしていますが，これは 1 行目で指定した式に対応するロジットモデルを推定して得られた傾向スコアを距離尺度として用います。標準化ユークリッド距離やマハラノビス距離を使いたいときには，それぞれ"scaled_euclidean"，"mahalanobis"と指定します。他に，標準化をしないユークリッド距離（"euclidean"）などもあります。
(5) 5 行目の replace という引数では，復元抽出の可否を指定しています。最近傍法などの場合，マッチングを行う際にすでにマッチングに利用した個人を再びマッチングに用いるかどうかでマッチングの結果が変わります。再び用いることを許容する場合は復元によるマッチング，そうでない場合は非復元によるマッチングとなります。ここではデフォルトの replace = FALSE としており，非復元のマッチングを指定しています。

matchit() 関数を実行すると，マッチングを行った後のデータやバランスの評価に関する情報を含んだオブジェクトが出力されます。それを m.out などの適当な名前に格納しています。それでは，実際にマッチングを行います。今回は，ユークリッド距離を用いて復元ありの最近傍法によりマッチングを行ってみましょう。

```
library(MatchIt)
m.out <- matchit(D ~ years + wageb,
                 data     = wagedata,
                 method   = "nearest",
                 distance = "scaled_euclidean",
                 replace  = TRUE)
```

これでマッチングの結果が m.out に格納されました。m.out を実行すると，コンソール画面には以下のような結果が出力されるでしょう。

```
A matchit object
 - method: 1:1 nearest neighbor matching with replacement
 - distance: Scaled Euclidean
 - number of obs.: 800 (original), 361 (matched)
 - target estimand: ATT
 - covariates: years, wageb
```

この出力結果の method というところを見るとどのようなマッチングが行われたのか，distance を見るとどの距離尺度が使われたのかがわかります。number of obs. を見ると，もともとのサンプルサイズとマッチング後に残ったサンプルのサイズがわかります。今回の場合は，もともとのサンプルサイズが 800 で，マッチング後のサンプルサイズが 361 であることがわかります。target estimand は推定対象が ATET（ATT）に設定されていることを示しています。matchit() 関数では，ATE や ATC を推定対象としてマッチングを行うこともできます。covariates にはマッチングに用いられた共変量がリストされています。

次に，マッチングによってどれくらい共変量のバランスが改善したかを確認しましょう。m.out に summary() 関数を適用することで，マッチングによる改善を確認することができます。

```
m.out %>% summary()

Call:
matchit(formula = D ~ years + wageb, data = wagedata, method = "nearest",
    distance = "scaled_euclidean", replace = TRUE)
Summary of Balance for All Data:
      Means Treated Means Control Std. Mean Diff. Var. Ratio eCDF Mean eCDF Max
years        8.2311       10.9377         -0.4970     0.6556    0.1044   0.1722
wageb       24.4874       26.6637         -0.4734     0.6734    0.0989   0.2094
Summary of Balance for Matched Data:
      Means Treated Means Control Std. Mean Diff. Var. Ratio eCDF Mean eCDF Max
years        8.2311        8.2269          0.0008     1.0049    0.0047   0.0210
wageb       24.4874       24.4874          0.0000     0.9924    0.0008   0.0084
      Std. Pair Dist.
               0.0239
               0.0168
Sample Sizes:
              Control Treated
All            562.       238
Matched (ESS)   87.68     238
Matched        123.       238
Unmatched      439.         0
Discarded        0.         0
```

出力結果の主要な内容を説明していきましょう。まず，Summary of Balance for All Data というヘッダーの下にあるのが，マッチングを行う前のトリートメントグループとコントロールグループの共変量の分布の違いに関する情報です。たとえば，years の行を見てみると，Means Treated という列の値がトリートメントグループにおける years の平均値で，Means Control という列の値がコントロールグループにおける平均値を表しています。その隣の Std. Mean Diff. というのはトリートメントグループとコントロールグループの平均値の差をトリートメントグループの標準偏差で割って標準化したものです。標準化する理由は単位が異なる他の共変量との比較を容易にするためです。絶対的な基準はありませんが，この値の絶対値が 0.1 を下回れば共変量がバランスしているとみなすことが多いです。

Summary of Balance for Matched Data のほうはマッチングを行った後のトリートメントグループとコントロールグループの違いの要約で，同様な項目が記載されています。また，Sample Sizes というところには，マッチング前後のトリートメントグループとコントロールグループのサンプルサイズが記載さており，マッチング後にはトリートメントグループとコントロールグループがそれぞれ 238 人，123 人になったことがわかります。

マッチング前では標準化された平均の差が years は -0.4970，wageb は -0.4734 で 0.1 を上回るため，共変量がバランスしているとはいえなさそうです。このまま両グループにおける結果変数の平均の差を求めても，正しい比較になるとは思い難いですね。対して，マッチング後にはそれぞれ 0.0008 と -0.0000 とかなり小さくなりバランスが改善したといえそうです。これで両グループは，トリートメントを受けたかどうか以外は平均的に同じようなグループであると考えられます。

共変量が 2 つなら summary(m.out) の出力結果からマッチングの結果を評価するのも大変ではありませんが，共変量がたくさんある場合には少し大変です。そのようなときには，plot(summary(m.out)) とすれば，各共変量のマッチング前後の標準化された平均差を視覚的に確認することができます。仮に，wage_training.csv に含まれるすべての共変量でマッチングを行った場合には，**図 9.4** のような**ラブプロット**（love plot）を作成してみるとよいでしょう。次のコードを実行してみましょう。

```
m.out_full <- matchit(D ~ years + wageb + educ + female,
                      data     = wagedata,
                      method   = "nearest",
                      distance = "scaled_euclidean",
                      replace  = TRUE)
m.out_full %>%
  summary() %>%
  plot(xlim = c(0, 1.5))
```

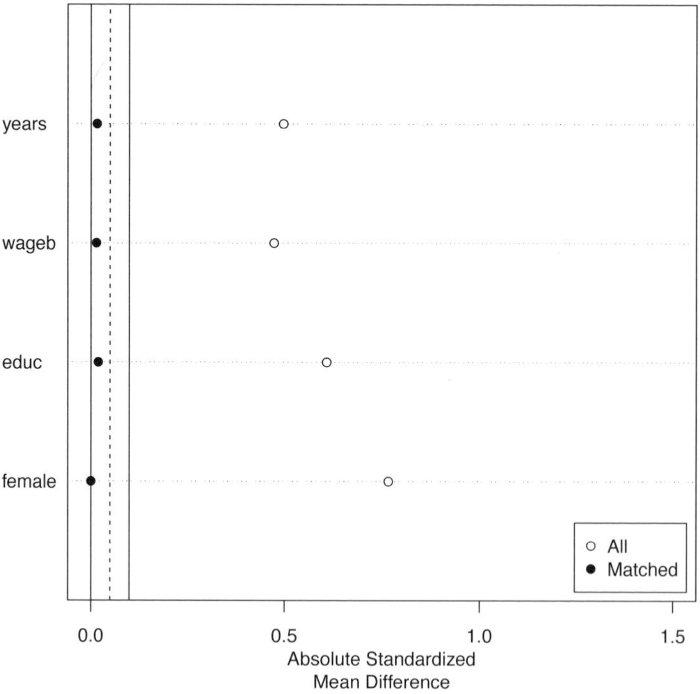

図 9.4　ラブプロット

ラブプロットは，マッチング前後の標準化された平均の差の絶対値をプロットする図で，一目ですべての共変量のバランスの改善を評価することができます。**図 9.4** のように，白い点がマッチング前のすべてのデータ，黒い点がマッチング後のデータについての標準化された平均の差が表示されます。2 つの垂直な実線のうち右側のものが 0.1 を示しており，マッチング前にはいずれの共変量もこれを超えていますが，マッチング後にはすべてこれを下回っており，マッチングがうまくいっていることがわかります。このようにラブプロットは共変量が多い場合にマッチングの評価をするのに便利です。

さて，マッチングがうまくいっていることが確認できれば，次はいよいよ ATET の推定です。まず，MatchIt パッケージの match.data() 関数を m.out に適用して，マッチング後のデータフレームを出力します。

```
match.data(m.out)

# A tibble: 361 × 7
   wagea     D years wageb  educ female weights
   <dbl> <dbl> <dbl> <dbl> <dbl>  <dbl>   <dbl>
 1    19     1     4    18    17      1 1
 2    27     0    22    27    13      0 1.03
 3    20     1     2    18    15      1 1
 4    36     1    14    34    14      1 1
 5    18     0     4    18    11      1 2.58
 6    29     0    19    29    15      0 1.03
 7    21     1     3    20    18      1 1
 8    31     0    13    31    15      1 1.03
 9    26     0    13    26    14      0 3.10
10    35     0    19    34    15      1 0.517
# … with 351 more rows
# i Use `print(n = ...)` to see more rows
```

新しく weights という項目が追加されていることがわかります。これはマッチングの際に復元を許容したため，コントロールグループの同じ人を複数回トリートメントグループの人にマッチさせたことを考慮するための重みです。

あとは，ATET を推定するために，このデータフレームを用いて，lm() 関数で回帰を行えばよいだけです。トリートメントの変数がダミー変数のとき，結果変数をそれに回帰して得られる係数は平均の差に等しいことを思い出してください（8.2.2 項参照）。早速，ATET を推定してみましょう。

```
library(broom)
match.data(m.out) %>%
   lm(wagea ~ D, data = ., weights = weights) %>%
   tidy()
# A tibble: 2 × 5
  term        estimate std.error statistic   p.value
  <chr>          <dbl>     <dbl>     <dbl>     <dbl>
1 (Intercept)    24.6      0.413     59.7  2.11e-188
2 D               1.09     0.508      2.15 3.23e-  2
```

結果の読み方はこれまでと同じです。ただし，weights = weights という引数で重みを指定する必要があることに注意してください。D の係数の推定値が ATET に相当し，1.09 であることがわかります。つまり，この研修を受けるとトリートメントグループにおいて平均的に賃金が 1.09 万円増加する効果が認められるということです。この結果では，t 値も p 値もどちらも十分に有意な値となりました。以上の結果から，「研修プログラムへの参加がもたらす賃金への因果的効果 ATET は，およそ 1 万円である」という結論が得られました。

最後に，傾向スコアによるマッチングを実施してみましょう。matchit() を使えば傾向スコアの計算も自動化できます。以下のコードを実行し，ATET を計算してみましょう。

```
m.out <- matchit(D ~ years + wageb,
                 data     = wagedata,
                 method   = "nearest",
                 distance = "glm"
                 replace  = TRUE)
m.out %>%
  match.data() %>%
  lm(wagea ~ D, data = ., weights = weights) %>%
  tidy()

# A tibble: 2 × 5
  term        estimate std.error statistic   p.value
  <chr>          <dbl>     <dbl>     <dbl>     <dbl>
1 (Intercept)   25.1       0.429     58.4  3.39e-184
2 D              0.639     0.526      1.21 2.25e-  1
```

この場合，ATET が 0.639 であるという結果になり，標準化ユークリッド距離によるマッチングよりも，ATET が小さくなりました。`summary(m.out)` とすればわかりますが，傾向スコアによるマッチングではマッチング後の標準化平均差が若干大きくなっています。つまり，標準化ユークリッド距離を用いた場合よりもマッチングの質が落ちたといえます。

このように，どのようなマッチングを行うかによって，マッチングの質が変わり，その結果として得られる ATET の値も変わります。どのマッチング法もうまくいくかどうかケースバイケースなので，実際の分析の際には最もよい共変量のバランスが得られるまでいくつかのマッチングを試すとよいでしょう。

`matchit` 関数では最近傍マッチングや厳密なマッチングの他にも，カリパーマッチングや K-最近傍マッチング，その他さまざまなマッチングが実施できます。多様なオプションの設定や機能が備わっていますので，`help(Match)` として `matchit` 関数の詳しい使用方法を確認してみてください。また，`MatchIt` パッケージの開発者らが用意してある解説 Web サイト（図 9.5 参照）もぜひ参考にしてみてください（https://kosukeimai.github.io/MatchIt/index.html）。

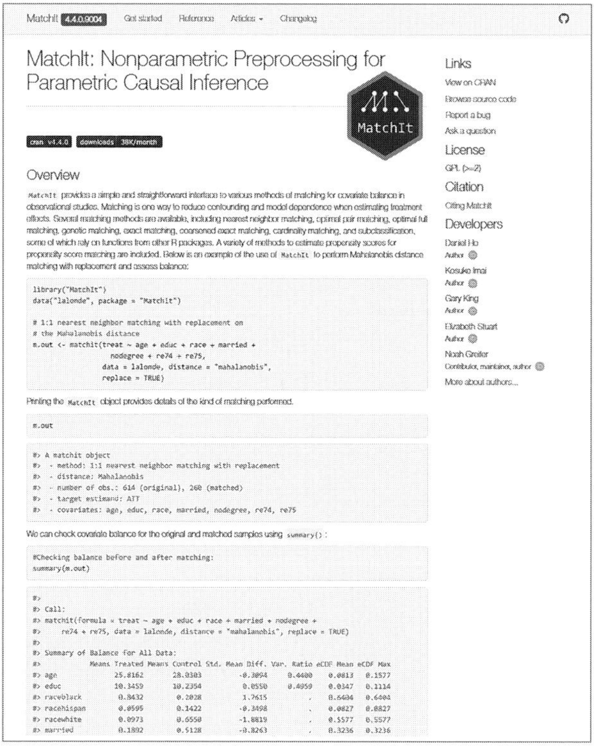

図 9.5　MatchIt 解説サイト

第 10 章
不連続回帰デザイン

第 10 章では，**不連続回帰デザイン**（regression discontinuity design: RDD）と呼ばれる準実験法について解説します。不連続回帰デザインは具体的な推定方法というより，特定のデータのデザイン（データの発生メカニズム）に注目した手法です。具体的には，ある個人がトリートメントグループ/コントロールグループのどちらに属するかが，「観測可能なある変数の値が閾値を上回るか否か」によって決まっている，という状況において，不連続回帰デザインによる分析が可能です。このように，不連続回帰デザインが適用できるデータは限定的ですが，そのようなデータにおいては，現実的な仮定のもとでトリートメントの因果的効果を推定することができます。本章では，まず，ある大学の講義における補講授業の学習効果を調べる問題を題材として，不連続回帰デザインの仕組みと分析の目標を説明します。次に，具体的な分析手順を解説し，最後に不連続回帰デザインを用いた実証分析の例として，地方政治における政党の影響を分析した Ferreira and Gyourko (2009) [1] の研究を紹介します。

10.1　不連続回帰デザインの背景

10.1.1　補講授業の効果を調べる

ある大学における講義は前期と後期に分かれており，それぞれの学期において 100 点満点の試験を実施しています。特に，前期試験で c 点未満であった学生は，前期の学習内容に関する補講授業に参加することが義務付けられており，c 点以上であった学生は補講授業に参加しないものとします。データとして各学生の前期試験，後期試験の点数が得られているとし，補講授業の学習効果を調べる問題を考えてみましょう。

ある学生 i について，補講授業に参加している場合 $D_i = 1$，不参加の場合 $D_i = 0$ とし，後期試験の点数を Y_i で表します。また，ルービンの因果モデルに従って，学生 i が補講に参加したときに得られる後期試験の点数を Y_{1i}，参加しなかったときに得られる点数を Y_{0i} と書きます。さらに，学生 i の前期試験の点数を表す変数を Z_i とすれば，トリートメント（補講参加）の割り当ては，

$$D_i = \begin{cases} 1 & \text{if } Z_i < c \\ 0 & \text{if } Z_i \geq c \end{cases} \tag{10.1}$$

のように表すことができます。もちろん，$Z_i' = -Z_i$，$c' = -c$ と置き換えて，

$$D_i = \begin{cases} 1 & \text{if } Z_i' > c' \\ 0 & \text{if } Z_i' \leq c' \end{cases}$$

のように定式化することもできますので，式（10.1）の不等号の向きは分析に応じて自由に変えることができます。ただし，c の値は既知とします。重要な点は，「Z_i の値さえわかれば，i がトリートメントグループ/コントロールグループのどちらに属するかが確実に判別できる」ということです。このように，トリートメントの状態を決定する変数 Z_i（前期試験の点数）を**強制変数**（forcing variable）や running variable あるいは assignment variable といいます。強制変数は必ず連続変数とし，したがって，Z_i の値がちょうど c と等しく $Z_i = c$ となるような i は存在しないものとします。

ここで，データとして 200 人の学生について $\{(Y_i, Z_i) : i = 1, \ldots, 200\}$ が得られたとします。このシミュレーションデータの CSV ファイル `exam_rdd.csv` はオーム社 Web サイトの本書サポートページからダウンロードできます。また，このデータにおいて c の値は 60 となっています。得られたデータを散布図にプロットすると**図 10.1** のようになります。図中の点線がちょうど $Z = 60$ となる境界を示しています。全体的に，前期試験の点数が高いほど後期試験の点数も高い，という右上がりの傾向が確認できます。

一方で，前期試験の点数が $Z = 60$ 付近の集団に限定して成績を比較してみると，トリートメントグループ（補講参加）の後期試験における点数のほうが，コントロールグループ（補講不参加）のそれと比べて若干高い傾向があります。この結果は，「補講授業に参加することがもたらす学力への因果的効果が正である」ということを意味するでしょう。なぜなら，

「前期試験がかろうじて 60 点を上回り，補講に参加しなかった学生」

と，

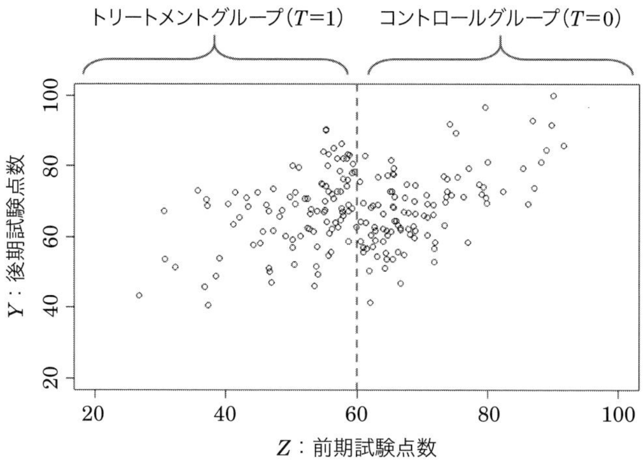

図 10.1　散布図：後期試験点数 vs. 前期試験点数

「前期試験がギリギリ 60 点に足りず，補講に参加した学生」

とでは，もともとの学力の差はほとんどないはずです。したがって，この両者を比較したとき，後期試験の点数における差は，補講参加の有無のみによって生じたと考えられるからです。

10.1.2　トリートメント効果の識別：連続性条件

さて，いま私たちが調べたい値は「補講授業への参加が学力に与える因果的効果」です。ある学生 i について，この効果は $Y_{1i} - Y_{0i}$ と表されますが，これまでの議論と同様，観測できるのは Y_{1i} と Y_{0i} のどちらか一方のみです。したがって，個々の i に対する因果的効果でなく，一定のグループにおける平均的な因果的効果の推定を考えましょう。

第 8 章で見たとおり，もし補講授業への参加 D_i が潜在的な点数 (Y_{1i}, Y_{0i}) と完全に独立ならば，単純にトリートメントグループ/コントロールグループの Y の平均値の差から平均トリートメント効果（ATE）が推定できます。しかし，前期試験の点数 Z_i は明らかに D_i と (Y_{1i}, Y_{0i}) に共通して影響を与える要因であるため，D_i と (Y_{1i}, Y_{0i}) が無条件で独立であるという仮定は満たされません。

また，第 9 章では，完全な独立性よりも現実的な「条件付独立性」と「オーバーラップ条件」を仮定し，マッチング法を用いてトリートメントグループにおける平均トリートメント効果（ATET）を推定しました。ここで，不連続回帰デザインにおいても，条件付独立性と同様に，Z_i を条件とすれば D_i と Y_{1i}, Y_{0i} が独立になることに注意しましょう。

$$\{Y_{1i}, Y_{0i}\} \perp\!\!\!\perp D_i \mid Z_i \tag{10.2}$$

なぜなら，ひとたび Z_i の値が決まれば，式（10.1）に基づき，Z_i の値が c 未満（以上）であれば，潜在的な点数 Y_{1i}, Y_{0i} と無関係に $D_i = 1$（$D_i = 0$）と定まるからです。ただし，オーバーラップ条件は満たされないため，マッチング法を用いることはできません。なぜなら，$\mathrm{P}(D_i = 1 \mid Z_i)$ の値は必ず 0 か 1 のどちらか一方であるため，すなわち，

$$\mathrm{P}(D_i = 1 \mid Z_i) = 1 \text{ if } Z_i < c$$
$$\mathrm{P}(D_i = 1 \mid Z_i) = 0 \text{ if } Z_i \geq c$$

なので，前期試験の点数 Z_i が c 点未満（以上）で，かつコントロールグループ（トリートメントグループ）に属するといったデータが存在しないのです。結局，データから推定が可能なのは，「$Z_i < c$ の領域における $\mathrm{E}[Y_{1i} \mid Z_i]$」と「$Z_i \geq c$ の領域における $\mathrm{E}[Y_{0i} \mid Z_i]$」の 2 つです。以上の議論をまとめると，**図 10.2** のようになります。図 10.2 の 2 つのグラフについて，実線部分はデータから推定可能ですが，点線部分は推定できません。

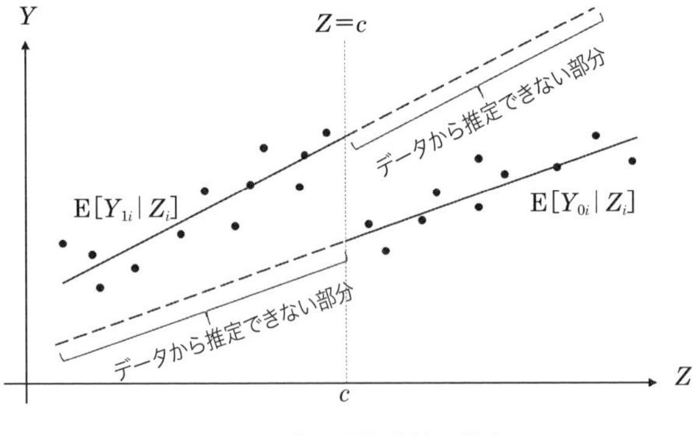

図 10.2　条件付期待値の推定

このように，何らかの追加的な仮定なしでは，不連続回帰デザインにおいてトリートメントの因果的効果を推定することはできません。そこで，トリートメン

トグループ，コントロールグループにそれぞれ属する個人について，「Z の値が極めて c に近い個人同士は比較可能である」と仮定しましょう。数学的には，次の**連続性条件**を導入します。

$$\text{連続性：}\quad \mathrm{E}[Y_{1i} \mid Z_i], \mathrm{E}[Y_{0i} \mid Z_i] \text{ は } Z_i = c \text{ において連続である} \tag{10.3}$$

この条件は，直感的には「補講授業への参加以外には，$Z_i = c$ において，後期試験の点数 Y_i が不連続になる要因がない」ということを意味しており，比較的弱い（現実的）仮定といえるでしょう。

また，推定の目標となるトリートメントの因果的効果として，$Z_i = c$ を条件とした条件付平均トリートメント効果

$$\tau = \mathrm{E}[Y_{1i} \mid Z_i = c] - \mathrm{E}[Y_{0i} \mid Z_i = c] \tag{10.4}$$

を考えます。条件付平均トリートメント効果 τ は，「境界 $Z_i = c$ における条件付期待値 $\mathrm{E}[Y_{1i} \mid Z_i]$ と $\mathrm{E}[Y_{0i} \mid Z_i]$ のジャンプの高さ」に等しい値です。

連続性条件（10.3）は次の結果を意味します。

$$\mathrm{E}[Y_{1i} \mid Z_i = c] = \lim_{z \uparrow c} \mathrm{E}[Y_{1i} \mid Z_i = z] = \lim_{z \uparrow c} \mathrm{E}[Y_i \mid Z_i = z] \tag{10.5}$$

$$\mathrm{E}[Y_{0i} \mid Z_i = c] = \lim_{z \downarrow c} \mathrm{E}[Y_{0i} \mid Z_i = z] = \lim_{z \downarrow c} \mathrm{E}[Y_i \mid Z_i = z] \tag{10.6}$$

ただし，$\lim_{z \uparrow c}$ と $\lim_{z \downarrow c}$ は，z を左側から c に近づけたときの極限（左極限）と右側から近づけたときの極限（右極限）をそれぞれ表しています。式（10.5）の最初の等号は，$\mathrm{E}[Y_{1i} \mid Z_i]$ の $Z_i = c$ における連続性から従い，次の等号は Z_i が c の左側に存在する場合は $Y_i = Y_{1i}$ が成立することから従います。式（10.6）についても同様です。したがって，

$$\begin{aligned} \tau &= \mathrm{E}[Y_{1i} \mid Z_i = c] - \mathrm{E}[Y_{0i} \mid Z_i = c] \\ &= \lim_{z \uparrow c} \mathrm{E}[Y_i \mid Z_i = z] - \lim_{z \downarrow c} \mathrm{E}[Y_i \mid Z_i = z] \end{aligned} \tag{10.7}$$

を得ます。ここで，式（10.7）最後の式に含まれる $\lim_{z \uparrow c} \mathrm{E}[Y_i \mid Z_i = z]$ と $\lim_{z \downarrow c} \mathrm{E}[Y_i \mid Z_i = z]$ は，実際に観測された後期試験の点数 Y_i に基づいた値

であることに注意してください。以上の結果はすなわち，連続性条件（10.3）のもとで，(Y, Z) の観測データから条件付平均トリートメント効果 τ が推定できることを意味しています（**図 10.3** 参照）。

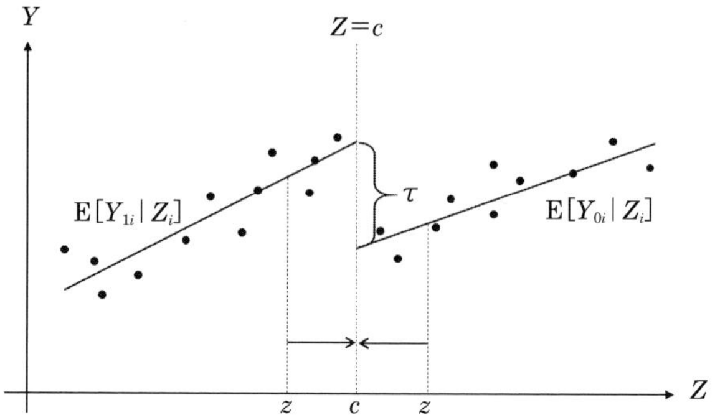

図 10.3　条件付平均トリートメント効果 τ

10.2　条件付平均トリートメント効果 τ の推定

以下では，連続性条件（10.3）が満たされていると仮定し，具体的にトリートメント効果 τ を推定する方法について解説します。

10.2.1　条件付期待値が線形の場合

まずはじめに，条件付期待値 $\mathrm{E}[Y_{1i} \mid Z_i]$，$\mathrm{E}[Y_{0i} \mid Z_i]$ がともに Z_i に関して線形関数である場合から見ていきましょう。すなわち，これらの条件付期待値は未知のパラメータ（$\alpha_1, \beta_1, \alpha_0, \beta_0$）を用いて，それぞれ，

$$\begin{aligned} \mathrm{E}[Y_{1i} \mid Z_i] &= \alpha_1 + \beta_1 \cdot Z_i \\ \mathrm{E}[Y_{0i} \mid Z_i] &= \alpha_0 + \beta_0 \cdot Z_i \end{aligned} \tag{10.8}$$

と表すことができると仮定します。ここで，$\tilde{\alpha}_1 = \alpha_1 + \beta_1 \cdot c$，$\tilde{\alpha}_0 = \alpha_0 + \beta_0 \cdot c$ と定義すれば，式（10.8）は，

$$\begin{aligned} \mathrm{E}[Y_{1i} \mid Z_i] &= \tilde{\alpha}_1 + \beta_1 \cdot (Z_i - c) \\ \mathrm{E}[Y_{0i} \mid Z_i] &= \tilde{\alpha}_0 + \beta_0 \cdot (Z_i - c) \end{aligned} \tag{10.9}$$

と変形できます。したがって，$Z_i = c$ を条件とした条件付平均トリートメント効果 τ は，

$$
\begin{aligned}
\tau &= \mathrm{E}[Y_{1i} \mid Z_i = c] - \mathrm{E}[Y_{0i} \mid Z_i = c] \\
&= \tilde{\alpha}_1 - \tilde{\alpha}_0
\end{aligned}
$$

なので，式（10.9）をさらに 1 つの式にまとめて，

$$
\begin{aligned}
&\mathrm{E}[Y_i \mid Z_i, D_i] \\
&= \mathrm{E}[D_i Y_{1i} + (1 - D_i) Y_{0i} \mid Z_i, D_i] \\
&= \tilde{\alpha}_1 \cdot D_i + \beta_1 \cdot D_i\,(Z_i - c) + \tilde{\alpha}_0 \cdot (1 - D_i) + \beta_0 \cdot (1 - D_i)\,(Z_i - c) \\
&- \tilde{\alpha}_0 + \tau \cdot D_i + \beta_1 \cdot D_i\,(Z_i - c) + \beta_0 \cdot (1 - D_i)\,(Z_i - c) \\
&= \tilde{\alpha}_0 + \tau \cdot D_i + \beta_0 \cdot (Z_i - c) + (\beta_1 - \beta_0) \cdot D_i\,(Z_i - c)
\end{aligned}
\tag{10.10}
$$

と書くことができます。式（10.10）は，被説明変数を Y_i，説明変数を定数項，トリートメント D_i, 強制変数と閾値の差 $(Z_i - c)$, それらの交差項 $D_i\,(Z_i - c)$ とする線形回帰モデル

$$
Y_i = \tilde{\alpha}_0 + \tau \cdot D_i + \beta_0 \cdot (Z_i - c) + \beta_2 \cdot D_i\,(Z_i - c) + \varepsilon_i \tag{10.11}
$$

を推定することで，未知パラメータ（$\tilde{\alpha}_0, \tau, \beta_0, \beta_2$）の推定値が得られることを意味しています。ただし，ここで $\beta_2 = \beta_1 - \beta_0$ と置き換えており，また $\varepsilon_i = Y_i - \mathrm{E}[Y_i \mid Z_i, D_i]$ です。

前節で用いた試験の点数に関するデータを使って，実際に式（10.11）を推定してみましょう。まず，CSV ファイル exam_rdd.csv を作業フォルダに置いて読み込みましょう。

```
library(dplyr)
examdata <- readr::read_csv("exam_rdd.csv")
examdata %>% print(n = 4)

# A tibble: 200 × 2
      Y     Z
```

```
  <dbl> <dbl>
1  72.7  57.0
2  76.9  75.3
3  51.0  64.3
4  77.2  73.3
# … with 196 more rows
# i Use `print(n = ...)` to see more rows
```

改めて説明すると，Y が後期試験の点数，Z 前期試験の点数に相当します。前期試験の点数が 60 を下回ると補習授業に参加することになるので，次のようなコードで変数 D をデータフレームに追加しましょう。

```
examdata <- examdata %>%
  mutate(D = ifelse(Z < 60, 1, 0))
```

ここで，ifelse(a, b, c) は，条件式 a が満たされるときは b の値を返し，そうでないときには c の値を返す，という命令です。

早速，式 (10.11) を推定してみましょう。交差項はコロン : を使って次のようなコードを書くと，モデルに含めることができます。

```
library(broom)
examdata %>%
  mutate(Zc = Z - 60) %>%
  lm(Y ~ D + Zc + D:Zc, data = .) %>%
  tidy()

# A tibble: 4 × 5
  term        estimate std.error statistic  p.value
  <chr>          <dbl>     <dbl>     <dbl>    <dbl>
1 (Intercept)   60.1       1.46      41.3  1.34e-98
2 D             13.0       2.03       6.41 1.05e- 9
3 Zc             0.826     0.115      7.15 1.65e-11
4 D:Zc          -0.165     0.167     -0.985 3.26e- 1
```

τ の推定値は上から 2 つ目にある D の係数に相当するので，「前期試験の点数が

$Z=60$」という条件の下で，（条件付期待値が線形関数ならば）補講授業への参加が学力に与える因果的効果は，後期試験の点数でおよそ 13.0 点ということになります。また，t 値も十分大きく，補講授業の効果は統計的に有意といえます。

以上のとおり，条件付期待値 $\mathrm{E}[Y_{1i} \mid Z_i]$，$\mathrm{E}[Y_{0i} \mid Z_i]$ が線形関数とあらかじめわかっている場合には，単純な回帰分析から因果的効果を推定することができます。特に標本が十分に大きい場合，(Y, Z) の散布図を描いてみることで，条件付期待値が線形関数か否かおおよその判断ができるでしょう。

10.2.2　条件付期待値が非線形の場合

まず，次の**図 10.4** を見てみましょう。図 10.4 では真の条件付期待値は，点線の非線形関数で表されています。このデータでは，$Z=c$ において条件付期待値のジャンプがないので，トリートメント効果 τ はゼロとなります。しかしながら，このデータに対して「条件付期待値が線形である」という誤った関数形に基づいてトリートメント効果を推定した場合，推定値は明らかにゼロと異なる値になるでしょう。

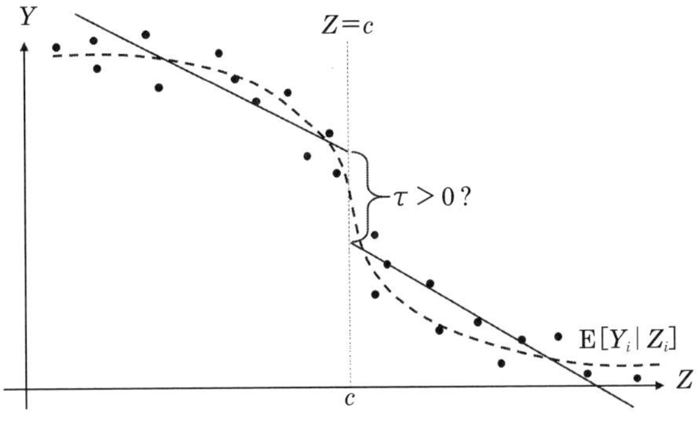

図 10.4　関数形の誤り

このように，条件付期待値の関数形を誤ってトリートメント効果の推定を行うことで，誤った結論を導いてしまうことがあります。それでは，条件付期待値が一般的な非線形関数である場合，どのようにトリートメント効果を推定すればよいでしょうか。

この問題に対する 1 つの解決策は，単純な線形回帰モデル（10.11）に $(Z_i - c)$ の 2 乗，3 乗，$\cdots$ と $(Z_i - c)$ のべき乗項を説明変数に加えた**多項式回帰モデル**

(polynomial regression）を推定する方法です。たとえば 3 次の多項式回帰モデルは，

$$
\begin{aligned}
Y_i = \tilde{\alpha}_0 + \tau \cdot D_i + \beta_{01} \cdot (Z_i - c) &+ \beta_{21} \cdot D_i (Z_i - c) \\
+ \beta_{02} \cdot (Z_i - c)^2 &+ \beta_{22} \cdot D_i (Z_i - c)^2 \\
+ \beta_{03} \cdot (Z_i - c)^3 &+ \beta_{23} \cdot D_i (Z_i - c)^3 + \varepsilon_i
\end{aligned}
\tag{10.12}
$$

と表すことができます。

また，以下で詳しく解説する局所（線形）回帰法も，条件付期待値の非線形性に対する代表的な対応策です。特に近年の不連続回帰デザインを用いた実証分析においては，局所線形回帰法が標準的な分析手法となっています。

■ 局所回帰　条件付期待値 $\mathrm{E}[Y_{1i} \mid Z_i]$，$\mathrm{E}[Y_{0i} \mid Z_i]$ は一般的な関数 m_1，m_0 を用いてそれぞれ，

$$
\begin{aligned}
\mathrm{E}[Y_{1i} \mid Z_i] &= m_1(Z_i) \\
\mathrm{E}[Y_{0i} \mid Z_i] &= m_0(Z_i)
\end{aligned}
$$

と表すことができます。また，$Z_i = c$ を条件とした条件付平均トリートメント効果 τ は，

$$
\begin{aligned}
\tau &= \mathrm{E}[Y_{1i} \mid Z_i = c] - \mathrm{E}[Y_{0i} \mid Z_i = c] \\
&= m_1(c) - m_0(c)
\end{aligned}
$$

と書けます。Z_i は連続変数でしたので，Z_i の値がちょうど c と等しくなるデータは存在しないことに注意してください。したがって，$m_1(c)$，$m_0(c)$ そのものをデータから直接推定することはできません。

ここで，m_1 と m_0 は c において連続ですから，h を十分小さな正の数とするとき，$c - h \leq Z_i \leq c + h$ を満たすような「c の h-近傍の Z_i」について，関数 $m_1(Z_i)$，$m_0(Z_i)$ を，

$$
m_1(Z_i) \approx a_1,\ c - h \leq Z_i \leq c + h \tag{10.13}
$$

$$
m_0(Z_i) \approx a_0,\ c - h \leq Z_i \leq c + h \tag{10.14}
$$

として定数 a_1，a_0 でそれぞれ近似することが可能です。このことは，トリート

メント効果 τ が $\tilde{\tau} = a_1 - a_0$ と近似できることを意味します（**図 10.5** 参照）。

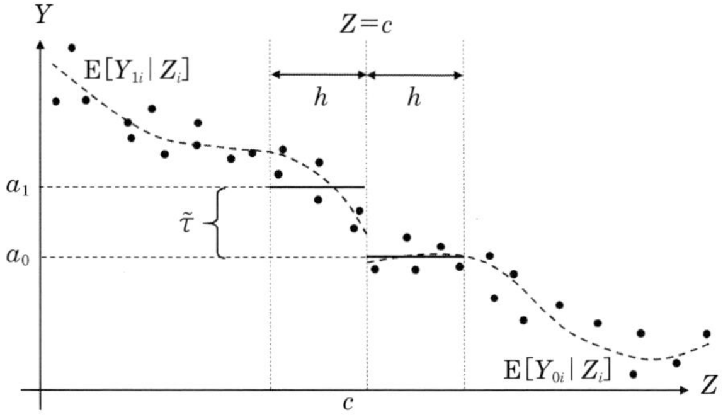

図 10.5　条件付期待値の定数近似

さらに，式（10.10）と同様に，式（10.13），（10.14）から，

$$\mathrm{E}[Y_i \mid Z_i, D_i] \approx a_0 + \tilde{\tau} \cdot D_i, \qquad c - h \leq Z_i \leq c + h \tag{10.15}$$

と書くことができます。式（10.15）は，条件「$c - h \leq Z_i \leq c + h$」を満たすデータのみを用いて，被説明変数を Y_i，説明変数を（定数項，D_i）とする局所的な線形回帰モデル

$$Y_i = a_0 + \tilde{\tau} \cdot D_i + \varepsilon_i, \qquad c - h \leq Z_i \leq c + h \tag{10.16}$$

を推定することで，τ の近似値 $\tilde{\tau}$ を含む未知パラメータ $(a_0, \tilde{\tau})$ の推定値が得られることを意味します。このように，Z_i が c の h-近傍に値をとるようなデータのみを用いた回帰分析の方法を，**局所回帰**（local regression）といいます。また，h を**バンド幅**（bandwidth）といいます。バンド幅のことを window width などと呼ぶこともあります。

以下は前節の試験の点数に関するデータに対して，バンド幅 h を 5 としたときの局所回帰モデルを適用した結果です。

```
h <- 5
examdata %>%
  mutate(Zc = Z - 60) %>%
  filter(abs(Zc) <= h) %>% # Z - cが-h未満またはhを超えるものを除外
  lm(Y ~ D, data = .) %>%
```

```
  tidy()

# A tibble: 2 × 5
  term        estimate std.error statistic  p.value
  <chr>          <dbl>     <dbl>     <dbl>    <dbl>
1 (Intercept)     62.1      1.61     38.5  8.72e-50
2 D               10.7      2.11      5.04 3.34e- 6
```

ここでは，dplyr の filter() 関数を用いて，examdata の行のうち Zc の項目の値の絶対値が h 以下のものだけを取り出しています。

この結果，前期試験の点数が $Z = 60$ の条件の下で，補講授業への参加が学力に与える因果的効果は，後期試験の点数で 10.7 点となります。したがって，条件付期待値が線形関数と仮定した場合は，補講授業の効果を若干過大に推定していたことがわかります。実際，このデータでは τ の真の値は 10 と設定されています。

■ **局所線形回帰**　局所回帰法は，条件付期待値が一般的な非線形関数のときでも常に使用することができます。ただし，条件付期待値の c 付近における「傾き」が大きいときには，τ の近似の精度が低くなる傾向があります。

図 10.5 をもう一度見てみましょう。コントロールグループ（$Z_i \geq c$）における条件付期待値関数 $m_0(Z_i)$（$= \mathrm{E}[Y_{0i} \mid Z_i]$）は c 付近で平坦で，傾きはほとんどゼロです。そのため，式（10.14）の近似式 $m_0(Z_i) \approx a_0$ は $c-h \leq Z_i \leq c+h$ においてほぼ等号で成立しています。一方，トリートメントグループ（$Z_i < c$）では，条件付期待値関数 $m_1(Z_i)$（$= \mathrm{E}[Y_{1i} \mid Z_i]$）の c 付近における傾きが大きく，式（10.13）の近似式 $m_1(Z_i) \approx a_1$ は十分な精度といえません[※1]。この問題は，$c-h \leq Z_i \leq c+h$ を満たす c の h-近傍の Z_i について，$m_1(Z_i)$ を単純に定数 a_1 で近似しようと試みたことに起因します。

以上を踏まえ，$m_1(Z_i)$，$m_0(Z_i)$ の傾きの大きさも考慮に入れ，式（10.13），（10.14）を次のように修正します。

※1　バンド幅 h をさらに小さくとることで近似の精度を高めることは可能です。しかしその場合，区間 $[c-h, c+h]$ に入る Z_i のデータ数が少なくなるため，局所回帰での推定値の分散が大きくなってしまい，正確な推定ができません。

$$m_1(Z_i) \approx a_{11} + a_{12} \cdot (Z_i - c), \qquad c - h \leq Z_i \leq c + h \tag{10.17}$$

$$m_0(Z_i) \approx a_{01} + a_{02} \cdot (Z_i - c), \qquad c - h \leq Z_i \leq c + h \tag{10.18}$$

式（10.17），（10.18）では，式（10.13），（10.14）と異なり，$m_1(Z_i)$，$m_0(Z_i)$ を単なる定数でなく（$Z_i - c$）に関する線形関数として近似しています。a_{12}，a_{02} がそれぞれ $m_1(Z_i)$，$m_0(Z_i)$ の傾き（の近似値）に相当し，また，トリートメント効果 τ は $\bar{\tau} = a_{11} - a_{01}$ として近似できます（**図 10.6** 参照）。図 10.6 と図 10.5 を見比べてみると，前者において明らかに τ の近似の精度が改善されていることが確認できます。

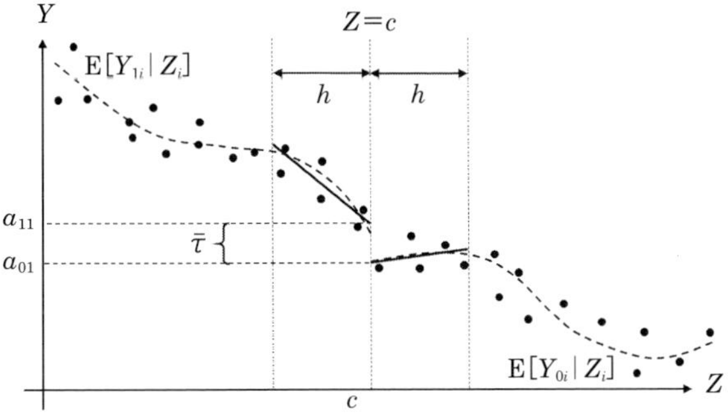

図 10.6 条件付期待値の線形近似

さらに，式（10.10）と同様に，式（10.17），（10.18）から，

$$\mathrm{E}[Y_i \mid Z_i, D_i] \approx a_{01} + \bar{\tau} \cdot D_i + a_{12} \cdot D_i\,(Z_i - c) + a_{02} \cdot (1 - D_i)\,(Z_i - c)$$
$$c - h \leq Z_i \leq c + h$$

となるので，条件「$c - h \leq Z_i \leq c + h$」を満たすデータのみを用いて，被説明変数を Y_i，説明変数を定数項，$D_i, (Z_i - c), D_i\,(Z_i - c)$ とする局所的な線形回帰モデル

$$Y_i = a_{01} + \bar{\tau} \cdot D_i + a_{02} \cdot (Z_i - c) + a_{22} \cdot D_i\,(Z_i - c) + \varepsilon_i \qquad c - h \leq Z_i \leq c + h \tag{10.19}$$

を推定することで，未知パラメータ $(a_{01}, \bar{\tau}, a_{02}, a_{22})$ の推定値が得られます。ただし，ここで $a_{22} = a_{12} - a_{02}$ としています。このような回帰分析の方法を，

局所線形回帰（local linear regression）といいます。この局所線形回帰モデル (10.19) は，「Z_i が c の h-近傍に値をとるようなデータに限定して，式 (10.11) の線形回帰モデルを適用したもの」に他なりません。

前節の試験の点数に関するデータに対して，バンド幅 h を 5 としたときの局所線形回帰モデルを適用した結果は以下のとおりです。

```
h <- 5
examdata %>%
  mutate(Zc = Z - 60) %>%
  filter(abs(Zc) <= h) %>%
  lm(Y ~ D * Zc, data = .) %>%
  tidy()

# A tibble: 4 × 5
  term        estimate std.error statistic  p.value
  <chr>          <dbl>     <dbl>     <dbl>    <dbl>
1 (Intercept)   63.7        3.59    17.7    1.37e-27
2 D             10.3        4.69     2.20   3.15e- 2
3 Zc            -0.609      1.21    -0.502  6.17e- 1
4 D:Zc           1.06       1.55     0.682  4.97e- 1
```

`lm()` の回帰式の中で `D * Zc` としていますが，このように `lm()` の中でアスタリスクを使うと `D + Zc + D:Zc` と同じ意味になります。

さて，τ の推定値は上から 2 つ目の係数に相当するので，前期試験の点数が $Z = 60$ の条件のもとで，補講授業への参加が学力に与える因果的効果は後期試験の点数でおよそ 10.3 点となり，局所回帰の結果とほぼ同じ値となりました。実際，条件付期待値関数の傾きの推定値は，それぞれおよそ 0.451 (= 1.06−0.609)，−0.609 と比較的小さな値になっています。

10.2.3　不連続回帰デザインの注意点

不連続回帰デザインを用いて実証分析を行う際には，いくつかの注意すべき点がありますので以下にまとめておきます。

■ 強制変数の操作可能性

不連続回帰デザインにおける実証分析で，最も注意すべきは強制変数の操作可能性です。強制変数の値が個人によって完全に操作可能である場合，不連続回帰デザインを用いた分析は有効ではありません。

上の例では強制変数 Z として，前期試験の点数を考えました。試験の点数は通常，個人が取りたいと思った点数を確実に取ることはできない操作不可能なものです。したがって，もともとの学力が前期試験の点数において 60 点付近の学生にとっては，結果として補講授業に参加するか否かは一定程度，偶然性によるものと考えられます。この偶然性こそが，不連続回帰デザインを有効な因果分析の手法とする主な要因となっています※2。

もし，強制変数の値が完全に操作可能であったらどうでしょうか。たとえば，何らかの方法によって前期試験の試験問題が事前にわかっているとしましょう。このとき，学生は試験の準備時間と意欲さえ十分にあれば，ねらった点数を確実に取ることができます。はじめから学習意欲の低い学生は補講授業を免れないかもしれませんが，もともとの学力が前期試験の点数において 60 点付近の学生は，補講を確実に回避しようと入念に準備するでしょう。結果として，「ギリギリ 60 点を下回る学生」が存在しなくなり，不連続回帰デザインの大前提である連続性条件（10.3）が成立しません。

強制変数の操作可能性は通常は事前に調べればわかりますが，統計的に検定する方法としては McCrary (2008) [4] の考案した密度テストなどがあります。

■ 結果の解釈　強制変数の操作可能性もなく，通常の線形回帰や局所（線形）回帰を用いてトリートメント効果 τ を推定できたとしましょう。このとき，得られた τ の推定結果から，一般的な意味での平均トリートメント効果を議論することはできません。τ はあくまで「$Z_i = c$」を条件としたうえでのトリートメントの評価にすぎないのです。$Z_i = 60$ の学生 i にとっては補講授業の効果は正かもしれませんが，「学生 i と比べ学力が非常に高い $Z_j = 100$ の学生 j にとっては，補講に参加する効果はほとんどゼロ」ということも考えられます。τ の推定結果の解釈には十分注意を払いましょう。

※2　不連続回帰デザインは，「$Z = c$ の境界上で擬似的にランダム化実験を実施したもの」と解釈できるでしょう。

■ **バンド幅の選択**　局所（線形）回帰を実施する際には，バンド幅 h の大きさを決めなくてはなりません。これまでさまざまな論文の中で，不連続回帰デザインにおけるバンド幅の選択に関する議論がなされてきました。たとえば，R で不連続回帰デザインを実施するパッケージ `rdd` には，Imbens and Kalyanaraman (2012)[2] の方法が実装されています。ただし，これらの方法はいずれも完璧ではなく次善の方法です。したがって，一定の範囲内でバンド幅を調節しながら推定結果の変化を確認し，結果の判断は総合的に行いましょう。

■ **トリートメントの選択可能性**　以上の議論では，トリートメントの割り当てが式（10.1）によって完全に定まることを想定していました。しかし，現実的にはトリートメント（たとえば，補講授業への参加）は強制でなく，選択可能である場合も多くあります。このような場合でも，トリートメントの割り当ての確率 $\mathrm{P}(D_i = 1 \mid Z_i)$ が $Z_i = c$ において不連続であれば，Fuzzy RDD と呼ばれる方法でトリートメント効果が推定可能です（この章で説明している分析手法は，“Fuzzy” RDD に対して，“Sharp” RDD と呼ばれる方法に相当します）。Fuzzy RDD については本書の範囲外とします。

10.3　地方政治における政党の影響

■ **背景**　不連続回帰デザインを用いた実証分析の例として，地方政治における政党の影響を分析した Ferreira and Gyourko (2009) の研究を紹介します。

現在アメリカの政治は，主に民主党と共和党の二大政党によって行われています。民主党はいわゆる「大きな政府」を目指し，共和党は「小さな政府」を目指す傾向があります。そのため，どちらの政党が政権をとるかによって，国の目指す方向が異なり，実行される政策の内容や規模が変わってきます。このように，政党の違いは国の政策に大きな影響を与えますが，国政と比べてスケールの小さい地方政治においても，同様に，政党の違いによる政策の差が観察できるのでしょうか。

まず注意していただきたいことは，すべての地方自治体における政権与党と政策をまとめて単純比較したところで，因果的に意味のある結果は得られません。なぜなら，一般的に，民主党の支持率が高い地域は移民や低所得者層が多いといわれており，また一方で共和党は白人の富裕層からの支持が多い傾向があります。したがって，ある地域において「要望される政策」と「どちらの党が政権をとるか」は明らかに独立ではないので，そのような単純比較では，政党による政策の差を因果関係として過大評価してしまいます。

この問題に対して，Ferreira and Gyourko (2009) は，地方選挙で「民主党がかろうじて共和党に勝利した地域」と，「民主党がわずかに及ばず共和党が勝利した地域」の政策を比較することで，地方政治における政党の影響を検証しました。選挙の得票率は当然，意図的に操作することのできない一定程度，偶然性による変数です。したがって，ある地域において民主党と共和党の支持率がほぼ同じである場合，どちらの党が政権をとるかはほぼランダムといえます。すなわち，そのような地域に限定したうえで政権与党が実行した政策を比較すれば，その差は因果関係として解釈可能です。

■ データ・分析方法　分析に使用されたデータは，アメリカ国内における1950 年から 2005 年の間に実施された市長選データです。二大政党以外の党が勝利あるいは 2 位であった選挙や，同一の党によって 1 位，2 位が占められている場合などを除き，最終的に 1886 の選挙データが使用されました。

ここで，Y_i をある市長選 i の後，政権与党によって実施された政策の結果（成果変数），D_i を市長選 i において民主党が勝利した場合 1 とするダミー変数（トリートメント変数），Z_i を民主党の得票率から共和党の得票率を引いた得票率の差（強制変数）とします。二大政党以外の党が 1 位あるいは 2 位であった選挙は考慮しないので，閾値の値は $c = 0$ となります。また，トリートメント効果 τ は，「民主党が政権をとることによる市政への因果的影響」として定義されます。これらの変数を用いて，Ferreira and Gyourko (2009) では式（10.12）と同様の多項式回帰モデルを推定し，トリートメント効果の推定を行いました。

■ 結果・考察　論文ではさまざまな成果変数について，トリートメント効果の推定を行っていますが，ここでは市政の規模を表す変数として，市の歳入，税収，支出，雇用者数，また，給与・賃金，警察，消防，公園・レクリエーション施設への支出が占める全体での割合，以上の計 8 変数についての結果を紹介します。推定結果は**表 10.1** のとおりです。この表には，式（10.11）と同様の線形回帰モデルによる推定結果も併せて示しています。これらの推定結果による

表 10.1　τ 推定結果

	τ：民主党/共和党による市政の違い（%）	
推定モデル	多項式回帰モデル：式（10.12）	線形回帰モデル：式（10.11）
成果変数：市政の規模		
歳入（1 人あたり）	−0.016 (0.022)	−0.014 (0.013)
税収（1 人あたり）	−0.013 (0.021)	0.008 (0.012)
支出（1 人あたり）	−0.009 (0.021)	−0.015 (0.013)
雇用者数（1000 人あたり）	0.017 (0.016)	0.014 (0.011)
成果変数：支出割合		
給与・賃金	0.020 (0.014)	0.007 (0.008)
警察	−0.001 (0.007)	0.003 (0.004)
消防	0.006 (0.005)	0.006 (0.003)
公園・レクリエーション施設	0.011 (0.014)	0.009 (0.009)

（括弧内は標準誤差の値）　(Ferreira and Gyourko (2009) Table II より抜粋)

と，いずれの成果変数においても，民主党が政権をとることによる市政への影響は統計的に有意に観測されませんでした。またこの結果は，線形回帰モデルと多項式回帰モデルどちらのモデルでも同様に確認されます。したがって，少なくともここで注目した 8 つの成果変数については「民主党と共和党の得票率が拮抗している地域において，どちらの党が政権をとるかは市政に顕著な影響をもたらさない」と結論することができます。

以上の結果の理由として，著者らは地方自治体間の競争（いわゆるティボー競争）を有力な仮説としてあげています。すなわち，地域間の移動費用が十分低い場合，市民は自分の望む政策を実施する地域へ容易に移り住むことができます。そのため，各自治体は近隣の他地域に住民が移動してしまわないように，住民の期待により応えた政策を提供しようとします。このように自治体間の競争が激しくなるほど，政党色の濃い極端な政策は実行しにくくなり，結果として，地方政治における政党の影響は小さなものになると考えられます。

第 10 章のまとめ

- トリートメントの状態が，観測可能なある変数（強制変数 Z）の値が閾値 c を上回るか否かによって決定される場合，不連続回帰デザインによる分析が可能。
- 強制変数の閾値における連続性のもとで，不連続回帰デザインによって，$Z = c$ を条件とした条件付平均トリートメント効果が推定される。
- トリートメント効果の推定には，通常の線形回帰モデルや多項式回帰モデル，局所（線形）回帰モデルが用いられる。
- 強制変数の値が完全に操作可能である場合，不連続回帰デザインは使用できない。

R によるデータ演習

R を使って実際に不連続回帰デザインによる因果分析を実施してみましょう。まず，この演習で用いるデータの CSV ファイル `incumbency.csv` をオーム社 Web サイトの本書サポートページからダウンロードしてください。また，R で不連続回帰デザインを実施するには，`rdd` パッケージを使用すると便利です。付録 A.3.4「パッケージのインストール・読み込み」を参考にし，パッケージをインストールしておきましょう。

この演習では，Lee (2008) [3] のデータを用いて，選挙における現職プレミアムを分析します。彼は，1946 年から 1998 年までの米国における下院選挙のデータを利用して，候補者が現職の議員であることが得票率に与える因果的効果を不連続回帰デザインを用いて推定しました。

現職であれば，その選挙区の議員として活動している間に自然と社会的な露出が増え，また選挙においても直近の議員活動の実績をアピールできるので，選挙に有利になることは直観的にも予想されます。しかし，そのような現職効果をデータから推定することは一般に困難です。なぜなら，現職である候補者とそうでない候補者との間にはそもそもの違いが大きいと考えられるためです。

Lee (2008) は，米国下院では各選挙区で 1 票でも多く得票した候補が当選することを利用して，「その選挙区で最も得票した対抗候補者の得票率からの差」を強制変数として不連続回帰デザインを用いました。つまり，各選挙区においてギリギリで当選した候補とギリギリで落選した候補者の当落はほとんどランダムに決まっているという発想です。

`incumbency.csv` には，各年度各選挙区レベルの民主党候補者の得票率とその選挙区における前回の民主党候補者の得票率の当落線からの差が含まれています [※3]。

※3　このデータは，説明の都合上，実際のデータを簡略化したものです。

voteshare　今回の得票率
margin　前回の得票率の当落線からの差

ファイルを読み込んで，データの構成を確認しましょう。

```
library(dplyr)
electdata <- readr::read_csv("incumbency.csv")
electdata %>% print(n = 4)

# A tibble: 6,559 × 2
  voteshare  margin
      <dbl>   <dbl>
1     0.581  0.105
2     0.461  0.139
3     0.543 -0.0736
4     0.585  0.0868
# … with 6,555 more rows
# i Use `print(n = ...)` to see more rows
```

早速，トリートメントの変数をデータフレームに追加しましょう。margin が正ならその候補者は当選，負なら落選したということに注意して，次のようなコードを実行してみましょう。

```
electdata <- electdata %>%
  mutate(D = 1 * (margin >= 0))
```

不連続回帰デザインの最初のステップは，散布図を描くことです。次のコードを実行してください。

```
library(ggplot2)
electdata %>%
  ggplot(aes(x = margin, y = voteshare)) +
  geom_point() +
  geom_vline(xintercept = 0,
             linetype   = "dashed") +
  xlab("前回の得票率 - 当落線") +
  ylab("得票率")
```

ここでは，geom_vline() 関数を使って，閾値をわかりやすくしています。

さて，**図 10.7** から，全体的に，前回の得票率が高いほど今回の得票率も高い，とい

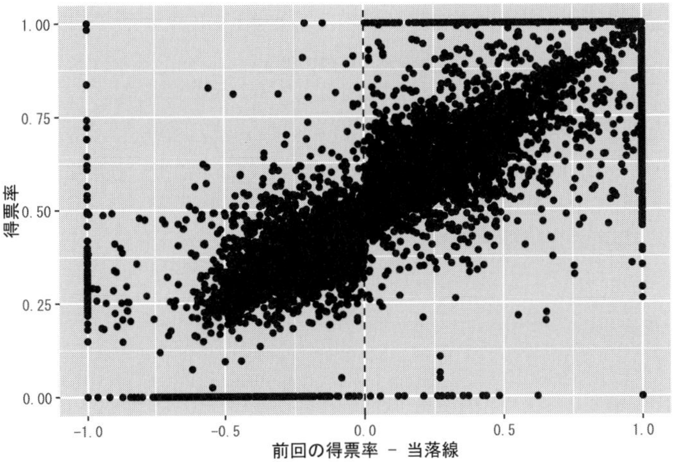

図 10.7　散布図：得票率 vs. 前回の得票率 - 当落選

う緩やかな上昇傾向が確認できます。また，当落線付近（$Z=0$）の集団に限定して今回の得票率を比較してみると，トリートメントグループ（現職の候補者）の得票率のほうが，コントロールグループ（非現職の候補者）のそれと比べて平均的に高くなっていることが見て取れます。このことから，「現職の議員であることが選挙における得票率に与える因果的効果は正である」といえそうです。

10.2.3 項で説明したとおり，強制変数が完全に操作可能である場合は，不連続回帰デザインを適用することができません。そこで，`rdd` パッケージに含まれる `DCdensity()` 関数を用いて McCrary (2008) の密度テストを実施し，強制変数の操作可能性をテストしておきましょう。`DCdensity()` を実行することで，帰無仮説「強制変数の密度関数は $Z=c$ において連続」（すなわち，強制変数は操作可能でない）に対する p 値を計算することができます。`DCdensity()` 関数の基本的な使用方法は次のとおりです。

DCdensity(強制変数, cutpoint = 閾値, plot = TRUE/FALSE)
（(1) = cutpoint = 閾値，(2) = plot = TRUE/FALSE）

(1) $Z>c$ であればトリートメントグループとなるような閾値 c を入力します（デフォルトは $c=0$）。
(2) 強制変数の密度関数の推定結果を図に出力する場合は `TRUE`（デフォルト），出力しない場合は `FALSE` とします。

実際に計算した結果は次のとおりです。

```
library(rdd)
electdata %>%
```

```
  pull(margin) %>%
  DCdensity(cutpoint = 0, plot = FALSE)

[1] 0.1792064
```

この結果から，p 値は十分大きく帰無仮説は棄却されないので，強制変数の操作可能性はないものとして分析を進めましょう。

それでは，局所線形回帰を行いましょう。さしあたり，$h = 0.25$ として分析してみましょう。

```
library(broom)
h <- 0.25
electdata %>%
  lm(voteshare ~ D + margin + D:margin,
     data = .,
     subset = abs(margin) <= h) %>%
  tidy()

# A tibble: 4 × 5
  term        estimate std.error statistic  p.value
  <chr>          <dbl>     <dbl>     <dbl>    <dbl>
1 (Intercept)   0.451    0.00607     74.3  0
2 D             0.0817   0.00844      9.67 8.86e-22
3 margin        0.367    0.0432       8.48 3.56e-17
4 D:margin      0.0849   0.0607       1.40 1.62e- 1
```

ここでは filter() 関数ではなく，lm() 関数の引数 subset を利用してバンド幅の外にあるデータを除外しています。D の係数の推定値は 0.0817 となり，統計的にも有意であることがわかります。つまり，前回の選挙で当落線上だった候補者は，現職であることによって得票数が約 8 パーセントポイント増加するということになります。続いて，バンド幅を $h = 0.05$ と設定して分析してみましょう。次のコードを実行してみましょう。

```
h <- 0.05
electdata %>%
  lm(voteshare ~ D + margin + D:margin,
     data = .,
     subset = abs(margin) <= h) %>%
  tidy()
```

```
# A tibble: 4 × 5
  term        estimate std.error statistic   p.value
  <chr>          <dbl>     <dbl>     <dbl>     <dbl>
1 (Intercept)   0.469     0.0139    33.7    2.84e-141
2 D             0.0454    0.0189     2.40   1.66e-  2
3 margin        0.903     0.481      1.88   6.10e-  2
4 D:margin      0.110     0.645      0.171  8.65e-  1
```

効果の推定値は依然として統計的に有意ですが，数値的には 0.0454 となり先ほどから半分近く減少しました。このように，バンド幅の設定によって推定される効果の大きさも変わることがあります。今回は統計的有意性に大きな変化はありませんでしたが，バンド幅の設定によって統計的な有意性も変化することがあります。したがって，分析結果の頑健性を確認するためにも，やはり異なるバンド幅を試しておくことが重要といえるでしょう。

複数のバンド幅を試してみる場合には，得られた効果の推定値とその標準誤差をプロットすると視覚的にわかりやすいでしょう。purrr パッケージの map() と tidyr パッケージの unnest() を使って，次のようなコードを実行すれば，複数のバンド幅での局所線形回帰を一度に行うことができます。

```
library(purrr)
library(tidyr)
results <- tibble(h  = seq(0.01, 0.25, 0.01))
results <- result %>%
  group_by(h) %>%
  mutate(
    reg = map(h, ~ lm(voteshare ~ D * margin,
                      data = electdata,
                      subset = (abs(margin) <= h))),
    tidied = map(reg, tidy, conf.int = TRUE)
  ) %>%
  unnest(tidied) %>%
  filter(term == "D")
```

上のコードを説明します。はじめに seq() 関数で複数のバンド幅のベクトルをつくり，それを項目として持つデータフレームをを読み込むと使えるようになる tibble() を用いて作成しています。次に，group_by() 関数で h についてグループ化した上で，map() 関数を使って回帰分析を繰り返し実行し，同時にそれを tidy() で整然化しています。最後に，入れ子構造を unnest() で解除し，filter() によって関心のある変数 D だけにデータを限定しています。results をコンソールに入力すれば確認できますが，各バンド幅における D の推定値とそれに関する標準誤差などを含むデータフレームになっています。

後は，このデータフレームと ggplot2 を組み合わせて，作図するだけです。

```
results %>%
  ggplot(aes(x = h, y = estimate, ymin = conf.low,
                                  ymax = conf.high)) +
  geom_point() +
  geom_pointrange() +
  geom_hline(yintercept = 0, linetype = "dashed") +
  xlab("バンド幅") +
  ylab("トリートメント効果の推定値")
```

上のコードを実行した結果が**図 10.8** です。各点が推定値で，その上下に伸びるひげのような線が 95%信頼区間を表しています。各バンド幅において，信頼区間がゼロを含んでいないため，統計的に有意に正であることが示唆されます。また，推定値は $h = 0.05$ 付近で小さくなっていますが，全体的には 0.07 前後に位置していることが見て取れ，分析結果はバンド幅を変えてみてもある程度安定しているといえるでしょう。ちなみに，左に行くほど信頼区間が大きくなっていますが，これは左に行くほどバンド幅が狭まってサンプルサイズが小さくなるため，推定の不確実性が高まることを反映しています。

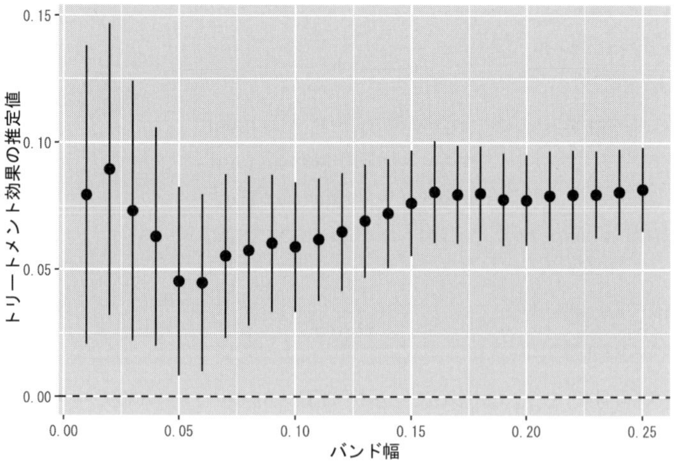

図 10.8　各バンド幅における効果の推定値

次に，rdd パッケージの RDestimate() 関数による推定を行ってみましょう。RDestimate() 関数は，局所線形回帰を用いて，$Z = c$ における条件付平均トリートメント効果 τ の推定値を計算するコマンドです。RDestimate() 関数の基本的な使用方法は次のとおりです。

$$\texttt{RDestimate(結果変数\textasciitilde 強制変数, data = データフレーム, cutpoint = 閾値,}\ \underbrace{\texttt{kernel = "rectangular"/"triangular"/,...}}_{(1)}\texttt{)}$$

(1) 本書で紹介した τ の推定方法では，「$c - h \leq Z_i \leq c + h$」を満たすデータをすべて対等に用いて推定を行いました。しかし，c により近いデータをより重要視し，データに加重をかけて τ を推定することも可能です。この加重のかけ方を決める関数を kernel 関数といいます。本書の方法は rectangular kernel に相当します。実証分析では，rectangular kernel の他に，triangular kernel も頻繁に用いられます。

局所線形回帰を実施するにはバンド幅 h を決める必要がありますが，RDestimate() 関数は Imbens and Kalyanaraman (2012) の方法を用いて，データから自動的に最適なバンド幅を計算してくれます。したがって，こちらからバンド幅を指定する必要はありません。もし特定のバンド幅を指定したい場合は，「bw = バンド幅の値」と加えて RDestimate() 関数を実行します。

RDestimate() 関数を実行すると，τ の推定値，バンド幅を半分にしたときの τ の推定値，バンド幅を 2 倍したときの τ の推定値，の 3 つの数値が得られます。より詳細な推定結果を出力するには，RDestimate() 関数の結果を適当なオブジェクトに格納し，そのうえで summary() 関数を適用しましょう。それでは，次のコードを実行しましょう。

```
result_ik <- RDestimate(voteshare ~ margin,
                        data     = electdata,
                        cutpoint = 0,
                        kernel   = "rectangular")
summary(result_ik)
```

すると，次のような結果が得られます。

```
Call:
RDestimate(formula = voteshare ~ margin, data = electdata,
    cutpoint = 0, kernel = "rectangular")

Type:
sharp

Estimates:
```

```
            Bandwidth  Observations  Estimate  Std. Error  z value
LATE        0.3768     3986          0.08837   0.007018    12.592
Half-BW     0.1884     2156          0.07934   0.009435     8.409
Double-BW   0.7535     5654          0.06903   0.005764    11.976
            Pr(>|z|)
            2.335e-36  ***
            4.150e-17  ***
            4.759e-33  ***
---
Signif. codes:  0 '***' 0.001 '**' 0.01 '*' 0.05 '.' 0.1 ' ' 1

F-statistics:
            F       Num. DoF  Denom. DoF  p
LATE        1242.0  3         3982        0
Half-BW      396.4  3         2152        0
Double-BW   3296.0  3         5650        0
```

結果の読み方ですが，まず推定結果 `Estimates` の `LATE` の行を確認しましょう。`Estimate`が推定されたτの値を表し，0.08837 となっています。推定の際に用いられたバンド幅は `Bandwidth` に，そのバンド幅に基づいたcの近傍データの数は `Observations` に，それぞれ報告されています。さらに，`Std. Error` はτの推定値の標準誤差を表し，`z value` と `Pr(>|z|)` は，τがゼロか否かを検定する検定等計量（t 値に相当する値）とp値をそれぞれ表しています。これらの結果は，現職の効果が統計的に十分に有意であることを示しています。また，`Half-BW` と `Double-BW` の行は，それぞれバンド幅を半分にしたときと 2 倍したときのτの推定結果です。`Estimate` の値に多少の増減はあるものの，いずれの場合も現職の効果は，統計的に有意に正となりました。

以上の結果から，「前回の選挙での得票数が当落線上であった候補者にとって，現職の議員であることは今回の選挙での得票数をおよそ 7 パーセントポイントないし 9 パーセントポイント程度上昇させる」と結論できるでしょう。

第 11 章 操作変数法

第 11 章では，**操作変数法**（instrumental variable method）と呼ばれる手法について解説します。操作変数法は，計量経済学の分野では何十年も前から使用されてきた古典的な手法です。以前は，操作変数法は「回帰分析における内生変数の問題の対処方法」として単に認識されていましたが，1990 年代頃からその因果分析としての解釈が広まりました。本章では，まず，説明変数の内生性を考慮せずに回帰分析を実施すると，どのような問題が生じるのかを解説します。次に，操作変数法を用いることで，内生性の問題を回避し，回帰モデルが正しく推定可能であることを示すとともに，具体的な分析手順について解説します。さらに，操作変数法によって回帰モデルを推定することの因果分析としての意味を，ルービンの因果モデルを用いて解説します。最後に，操作変数法を用いた実証分析の例として，警察の増強が犯罪抑制にどの程度寄与しているかを分析した Levitt (1997) [3] の研究を紹介します。

11.1 操作変数法：内生変数バイアスへの対処

11.1.1 内生性を考慮せずに回帰分析を実施すると・・・

次の単純な回帰モデルを考えてみましょう。

$$Y_i = \beta_0 + X_i\beta_1 + \varepsilon_i, \quad i = 1, \ldots, n \tag{11.1}$$

説明変数は X_i のみで，また，$\mathrm{E}[\varepsilon_i] = 0$ とします。第 7 章で説明したとおり，(β_0, β_1) を正しく推定するためには，説明変数の外生性が重要な条件となります。まずは X_i を外生変数として，単回帰分析の復習をしましょう。X_i が外生変数であるとき，$\mathrm{E}[X_i\varepsilon_i] = \mathrm{Cov}(X_i, \varepsilon_i) = 0$ が成立するので，

$$\beta_1 = \frac{\mathrm{Cov}(X_i, Y_i)}{\mathrm{Var}(X_i)} \tag{11.2}$$

として β_1 を求めることができます（式（7.3）～（7.5）参照）。さらに，式（11.2）の $\mathrm{Var}(X_i)$，$\mathrm{Cov}(X_i, Y_i)$ を標本分散，標本共分散に置き換えることで，実際のデータから β_1 の値を推定することができます（式（4.2）参照）。

それではここで，X_i が外生変数ではなく内生変数であり，$\mathrm{E}[X_i\varepsilon_i] = \mathrm{Cov}(X_i, \varepsilon_i) \neq 0$ となっているとします。このとき，以上の方法と同様に β_1 を求めるとどうなるでしょうか。$\mathrm{Cov}(X_i, Y_i) = \mathrm{Var}(X_i) \cdot \beta_1 + \mathrm{Cov}(X_i, \varepsilon_i)$ なので，これを式（11.2）の右辺に代入してみると，

$$\text{式（11.2）の右辺} = \beta_1 + \underbrace{\frac{\mathrm{Cov}(X_i, \varepsilon_i)}{\mathrm{Var}(X_i)}}_{\text{内生変数バイアス}} \neq \beta_1$$

となり，β_1 に一致しません。特に，$\mathrm{Cov}(X_i, \varepsilon_i)/\mathrm{Var}(X_i)$ は X_i が内生変数であるときに生じるバイアス，すなわち**内生変数バイアス**と呼ばれます。第 7 章のシミュレーション演習で確認したとおり，内生変数バイアスが 0 でない限り，式（11.2）に基づく回帰分析による推定値には誤差が含まれます。

内生変数バイアスの符号は，（$\mathrm{Var}(X_i)$ が必ず正なので）共分散 $\mathrm{Cov}(X_i, \varepsilon_i)$ の符号に依存します。たとえば，Y_i として学生 i の成績，X_i として授業の出席率を考えてみましょう。8.1 節で見たように，授業の出席率 X は内生変数であると考えられます。なぜなら，授業の出席率以外の成績の決定要因はすべて誤差項 ε に含まれていますが，その中には学習意欲などの要因もあります。明らかに学習意欲と出席率の間には正の相関があると考えられるので，$\mathrm{Cov}(X_i, \varepsilon_i) > 0$ が成立するでしょう。したがって，出席率の内生性を考慮せずに回帰分析を実施し β_1 を推定すると，$\mathrm{Cov}(X_i, \varepsilon_i)/\mathrm{Var}(X_i) > 0$ に相当する正の内生変数バイアスが伴い，授業出席の効果を過大に評価してしまうでしょう。

11.1.2　操作変数

操作変数（instrumental variable）とは，一言でいうと「内生変数の決定要因でありながら，回帰モデルの誤差項とは相関しない変数」のことを指します。ここでは，操作変数を Z_i と書くことにしましょう。すなわち，式で表すと，

$$\begin{aligned} X_i &= \gamma_0 + Z_i\gamma_1 + u_i \\ \mathrm{E}[Z_i\varepsilon_i] &= \mathrm{Cov}(Z_i, \varepsilon_i) = 0 \end{aligned} \qquad (11.3)$$

を満たします。式（11.3）のように，X_i の値は Z_i の線形関数として定まってお

り，また，u_i はその誤差項で，$\mathrm{E}[u_i]=0$，$\mathrm{E}[Z_i u_i]=0$ であるとします[※1]。式 (11.3) の 2 つ目の条件 $\mathrm{Cov}(Z_i,\varepsilon_i)=0$ は**除外制約**（exclusion restriction）と呼ばれます。単回帰モデル（11.1）において，Y_i の X_i 以外の決定要因はすべて ε_i に集約されているわけですが，それと Z_i が相関しないということは，Z_i が Y_i の決定要因から除外されていることを意味しています。

内生変数の問題は，直感的には「X が Y に与える影響を調べる際に，X の変化に伴って ε の値も連動して変化してしまい，純粋な X の効果を識別できない」という問題です。もし X が外生変数であれば，X の値の変化は ε の値と相関しないため，平均的には ε の変化による Y への影響は打ち消され，純粋に X の効果だけを取り出すことができるのです。

ここで，式 (11.3) を満たすような操作変数 Z が存在したとしましょう。Z は内生変数 X の決定要因なので，Z の値を変化させることで，X の値を γ_1 の大きさに応じて一定の方向に動かすことができます。一方で，仮定により Z と ε は相関していないので，Z の変化に伴う ε の変化は平均的に無視できます。したがって，「『Z に起因する X の値の変化』による Y への影響」を調べることで，間接的に X が Y に与える影響を調べることができます。これが操作変数法の仕組みです。

図 11.1 は操作変数法の仕組みを模式図で表したものです。X が Y に与える影響を直接回帰分析から調べると，図中の 2 本の斜線の矢印のように，X からの直接の影響（β_1）と，ε を通じての影響（内生変数バイアス）が混在してしまいます。操作変数法を用いることで，このような影響の混在を回避することができるのです。

もう少し具体的に式を用いて説明しましょう。式 (11.1) の X_i を，「Z_i によって説明できる X_i の値」すなわち $\gamma_0+Z_i\gamma_1$ に置き換えてみます。

$$Y_i=\beta_0+(\gamma_0+Z_i\gamma_1)\cdot\beta_1+e_i \tag{11.4}$$

ただし，e_i は X_i を $\gamma_0+Z_i\gamma_1$ に置き換えたことによる誤差と，はじめから存在する誤差を合わせたものです。したがって，式 (11.3) から，

※1　厳密には内生変数が操作変数の線形関数である必要はありませんが，ここでは説明の簡単化のため線形性を仮定しています。

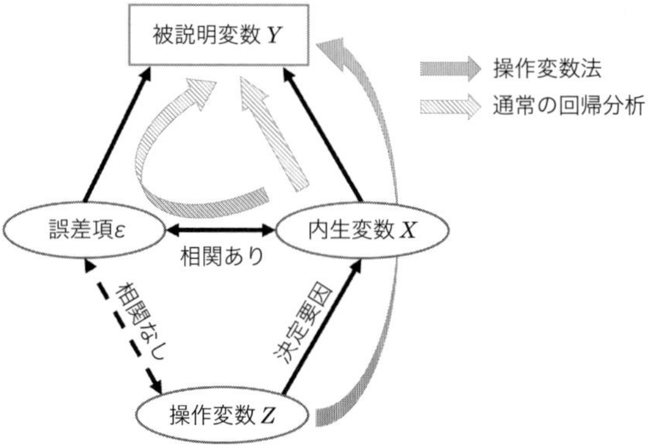

図 11.1　操作変数法のイメージ

$$
\begin{aligned}
e_i &= [X_i - \gamma_0 - Z_i\gamma_1] \cdot \beta_1 + \varepsilon_i \\
&= u_i\beta_1 + \varepsilon_i
\end{aligned}
$$

となり，仮定から $\mathrm{E}\left[e_i\right] = 0$ が成立します。

式 (11.4) において，回帰分析によって β_1 を正しく推定するには，説明変数に相当する $\gamma_0 + Z_i\gamma_1$ と誤差項 e_i が無相関である必要があります。実際，仮定により，

$$
\begin{aligned}
\mathrm{E}\left[\left(\gamma_0 + Z_i\gamma_1\right) e_i\right] &= \gamma_0 \mathrm{E}\left[e_i\right] + \mathrm{E}\left[\left(Z_i\gamma_1\right)\left(u_i\beta_1 + \varepsilon_i\right)\right] \\
&= \gamma_1\beta_1 \mathrm{E}\left[Z_i u_i\right] + \gamma_1 \mathrm{E}\left[Z_i\varepsilon_i\right] \\
&= 0
\end{aligned}
$$

が成立しています。したがって，説明変数 X_i が内生変数であっても，適切な操作変数 Z_i が存在すれば，X_i を $\gamma_0 + Z_i\gamma_1$ に置き換えて回帰分析を実行することで，内生変数バイアスを回避して β_1 を求めることができるのです。すなわち，

$$
\beta_1 = \frac{\mathrm{Cov}\left(\gamma_0 + Z_i\gamma_1, Y_i\right)}{\mathrm{Var}\left(\gamma_0 + Z_i\gamma_1\right)} = \frac{\mathrm{Cov}\left(Z_i, Y_i\right)}{\mathrm{Var}\left(Z_i\right)\gamma_1} \tag{11.5}
$$

です。

11.1.3　操作変数の具体例

操作変数を用いた詳しい分析手順を解説する前に，具体的な分析テーマの中でどのような変数が操作変数として使用できるのか，例をいくつか紹介しましょう。

■ 学歴が賃金に与える影響　学歴（教育年数）が賃金に与える影響を調べることは，教育や労働経済学の分野で重要な研究テーマとなっています。各個人にとって，学歴は個人の能力や将来的に得られるであろう賃金を反映して選択されるものなので，通常は内生変数であるとみなされます。学歴の操作変数としてよく用いられるのは，「地元の大学の授業料」や「子供のころに大学の近くに住んでいたか」などです。たとえば家の近くの大学の授業料が比較的低い場合，経済的な理由から進学をあきらめずに済む人もいるでしょう。あるいは，子供のころに大学の近くに住んでいた経験があると，大学に進学することを早い段階で意識するかもしれません。また，これらの変数は将来の賃金水準と直接的な関係はなさそうです。したがって，これらの変数は操作変数として有効であると考えられます。

■ 出席率が成績に与える影響　授業への出席率が成績に与える影響を調べる問題を考えてみましょう。ここでは話の簡単化のため，自宅通学者に限定して議論します。これまでたびたび説明しているように，出席率は内生変数と考えるのが自然です。そこで，出席率の操作変数として，たとえば「自宅から学校までの通学時間」を考えてみます。明らかに，通学時間は出席率の決定要因となりえますが，学習への意欲とは直接関係ありません。したがって，この変数は出席率の操作変数として有効でしょう。自宅通学者に限定した理由は，1 人暮らしの場合に生じる居住地の選択を除外するためです。

■ 母親の喫煙が子供の出生時体重に与える影響　妊娠時における母親の喫煙行動が，胎児にとって悪影響を及ぼすことは医学的に明らかです。しかし，数値的に因果関係として，どの程度の影響があるのかは明らかではありません。喫煙の習慣がある人は，一般的に，その他の健康リスクの高い行動も嗜好する傾向があるでしょう。また，それらの行動も同様に胎児に悪影響を与える可能性があります。したがって，たとえば被説明変数を子供の出世時体重とするとき，単に「出世時体重」を「母親の喫煙の有無」に回帰すると，内生性の問題が生じてしまいます。そこで，純粋に喫煙の影響だけを取り出すため，Evans and Ringel (1999)[2] では，アメリカのデータを用いて「各州のタバコ税率」を母親の喫煙に対する操作変数として用いました。

11.2　操作変数法の実施：2 段階最小二乗法

11.2.1　2 段階最小二乗法

前節では，被説明変数 Y_i，内生変数 X_i に関して，シンプルな単回帰モデルを想定していましたが，以下では，より一般的な重回帰モデルを考えましょう。

$$\begin{aligned} Y_i &= \beta_0 + X_{1i}\beta_1 + X_{2i}\beta_2 + \varepsilon_i \\ X_{1i} &= \gamma_0 + Z_i\gamma_1 + X_{2i}\gamma_2 + u_i \end{aligned} \tag{11.6}$$

ここで，X_{1i} は内生変数 $(\mathrm{E}\left[X_{1i}\varepsilon_i\right] \neq 0)$，$X_{2i}$ は外生変数であるとし $(\mathrm{E}\left[X_{2i}\varepsilon_i\right] = 0)$，$X_{1i}$ について操作変数 Z_i が存在すると仮定します $(\mathrm{E}\left[Z_i\varepsilon_i\right] = 0)$。$X_{1i}$ の式には，操作変数 Z_i だけでなく，外生変数 X_{2i} も説明変数として加えられている点に注意してください※2。以下の議論は，外生変数，内生変数，操作変数の数が 2 つ以上の場合でも同様です。ただし，操作変数の数は必ず内生変数と同じかそれより多い必要があります。

前節と同様の議論から，仮に $(\gamma_0, \gamma_1, \gamma_2)$ の値がわかっているならば，X_{1i} を $\gamma_0 + Z_i\gamma_1 + X_{2i}\gamma_2$ に置き換えて，Y_i を 定数項, $\gamma_0 + Z_i\gamma_1 + X_{2i}\gamma_2$ と X_{2i} に回帰すれば，$(\beta_0, \beta_1, \beta_2)$ を求めることができるでしょう。しかし，実際には $(\gamma_0, \gamma_1, \gamma_2)$ の値は未知ですので，それらを推定する必要があります。そこで，今データとして $\{(Y_i, X_{1i}, X_{2i}, Z_i) : i = 1, \ldots, n\}$ が得られているとします。このデータを用いて，$(\beta_0, \beta_1, \beta_2)$ を以下の手順で推定します。

Step 1.　内生変数 X_{1i} を (定数項, Z_i, X_{2i}) に回帰し，$(\gamma_0, \gamma_1, \gamma_2)$ の推定値 $(\hat{\gamma}_0, \hat{\gamma}_1, \hat{\gamma}_2)$ を最小二乗法によって得る。

Step 2.　各 i について，$\hat{X}_{1i} = \hat{\gamma}_0 + Z_i\hat{\gamma}_1 + X_{2i}\hat{\gamma}_2$ を計算する。

Step 3.　Y_i を (定数項, $\hat{X}_{1i}, X_{2i}$) に回帰し，$(\beta_0, \beta_1, \beta_2)$ の推定値 $(\hat{\beta}_0, \hat{\beta}_1, \hat{\beta}_2)$ を最小二乗法によって得る。

このように最小二乗法を 2 段階で実施する推定方法を，**2 段階最小二乗法**（two-stage least squares）といいます。

※2　このように定式化することで，下で説明する 1 段階目の X_{1i} に関する推定誤差が，X_{2i} と相関することを防いでいます。

それでは，シミュレーションで作成したデータを用いて，R で実際に 2 段階最小二乗法を実施してみましょう。本章のデータ演習の節にもあるように，R には 2 段階最小二乗法を実施するためのパッケージが用意されています。しかし，ここでは推定方法の仕組みを理解することを目的として，あえてそのようなパッケージは使わずに説明したいと思います。

CSV ファイル cigarette.csv をオーム社 Web サイトの本書サポートページからダウンロードしてください。この CSV ファイルには，架空の 1000 人の新生児と母親に関する以下のデータが含まれています。

bw	新生児の出生体重（単位：グラム）	（被説明変数 Y）
cigpacks	母親のタバコ消費量（単位：箱/週）	（説明変数 X）
price	居住地でのタバコ税込み価格（単位：ドル）	（操作変数 Z）

このデータにおいて，母親のタバコ消費量 1 箱の増加が新生児の体重に与える影響は，50 グラムの減少であることがあらかじめわかっています。前節の例で述べたとおり，通常，喫煙を含む母親の健康行動は新生児の体重に関して内生変数と考えられますが，まずは，母親のタバコ消費量が外生変数であると仮定して通常の回帰分析を実施してみましょう。次のコードを実行します。

```
library(dplyr)
library(broom)
cigdata <- readr::read_csv("cigarette.csv")
cigdata %>% # 通常の最小二乗法
  lm(bw ~ cigpacks, data = .) %>%
  tidy()

# A tibble: 2 × 5
  term        estimate std.error statistic   p.value
  <chr>          <dbl>     <dbl>     <dbl>     <dbl>
1 (Intercept)   3423.      17.0      201.    0
2 cigpacks       -62.4      1.54     -40.4   2.94e-212
```

この結果では，タバコ消費量 X の係数 β_1 はおよそ -62.4 と推定されています。ここで，β_1 の真の値は -50 でしたから，以上の結果は，β_1 の推定値について内生変数バイアスが存在していることを示唆しており，母親の喫煙の効果を誤って

（絶対値で）過大評価しているようです。

それでは，次に母親の喫煙の内生性を考慮して，2 段階最小二乗法によって推定してみましょう。まず，「母親の喫煙量」X_1 を操作変数「タバコの税込み価格」Z に回帰し，回帰係数の推定値を得ます。得られた推定値から，教育年数の外生変数と操作変数によって説明される部分 $\hat{X}$ を，各 i について計算します。最後に，X を $\hat{X}$ に置き換え，賃金に関する回帰分析を実行します。

broom パッケージの augment() を使えば，回帰結果から被説明変数の予測値を取り出せました。ただし，単に augment() と記述するだけだと，第 1 段階で使わなかった被説明変数がデータフレームに含まれておらず不便です。もとのデータに予測値が追加されたものが出力するためには，augment() の引数で data = cigdata と指定する必要があります。

```
cigdata %>%
  lm(cigpacks ~ price, data = .) %>%     # 第 1 段階
  augment(data = cigdata)

# A tibble: 1,000 × 5
     bw cigpacks price .fitted  .resid
  <dbl>    <dbl> <dbl>   <dbl>   <dbl>
1 2086.       17     5   17.0  -0.0347
2 2917.        5     7    7.02 -2.02
3 2846.       14     5   17.0  -3.03
4 3074.        9     6   12.0  -3.03
# … with 996 more rows
```

あとはこのデータを使って被説明変数 bw を第 1 段階で得られた内生変数の予測値 .fitted に回帰するだけです。

```
# 2 段階最小二乗法
cigdata %>%
  lm(cigpacks ~ price, data = .) %>%     # 第 1 段階
  augment(newdata = cigdata) %>%
  lm(bw ~ .fitted, data = .) %>%         # 第 2 段階
```

```
  tidy()

# A tibble: 2 × 5
  term        estimate std.error statistic   p.value
  <chr>          <dbl>     <dbl>     <dbl>     <dbl>
1 (Intercept)   3332.      22.2      150.    0
2 .fitted        -53.3      2.03     -26.2  1.63e-115
```

このように，2 段階最小二乗法によって得られた β_1 の推定値はおよそ -53.3 で，真の値である -50 により近い値となりました。

11.2.2　操作変数の強弱

操作変数法を用いる際に常に問題となるのが，操作変数の「強さ」です。再び 11.1 節の単回帰モデルに戻って考えてみましょう。式（11.5）の $\mathrm{Var}\,(Z_i)$，$\mathrm{Cov}\,(Z_i, Y_i)$ を標本分散，標本共分散に置き換え，さらに式（11.4）に基づいて Y_i について展開すると，β_1 の推定量である $\hat{\beta}_1$ は，

$$
\begin{aligned}
\hat{\beta}_1 &= \frac{\frac{1}{n}\sum_{i=1}^{n}\left(Z_i - \overline{Z}_n\right)Y_i}{\frac{1}{n}\sum_{i=1}^{n}\left(Z_i - \overline{Z}_n\right)^2\gamma_1} \\
&= \frac{\frac{1}{n}\sum_{i=1}^{n}\left(Z_i - \overline{Z}_n\right)\left[\beta_0 + \left(\gamma_0 + Z_i\gamma_1\right)\cdot\beta_1 + e_i\right]}{\frac{1}{n}\sum_{i=1}^{n}\left(Z_i - \overline{Z}_n\right)^2\gamma_1} \\
&= \underbrace{\frac{\frac{1}{n}\sum_{i=1}^{n}\left(Z_i - \overline{Z}_n\right)\left[\beta_0 + \gamma_0\beta_1\right]}{\frac{1}{n}\sum_{i=1}^{n}\left(Z_i - \overline{Z}_n\right)^2\gamma_1}}_{=0} + \underbrace{\frac{\frac{1}{n}\sum_{i=1}^{n}\left(Z_i - \overline{Z}_n\right)Z_i\cdot\beta_1}{\frac{1}{n}\sum_{i=1}^{n}\left(Z_i - \overline{Z}_n\right)^2}}_{=\beta_1} \\
&\quad + \underbrace{\frac{\frac{1}{n}\sum_{i=1}^{n}\left(Z_i - \overline{Z}_n\right)e_i}{\frac{1}{n}\sum_{i=1}^{n}\left(Z_i - \overline{Z}_n\right)^2}\times\frac{1}{\gamma_1}}_{=V(\gamma_1)} \\
&= \beta_1 + V(\gamma_1)
\end{aligned}
\tag{11.7}
$$

と表すことができます。ただし，$\overline{Z}_n = \frac{1}{n}\sum_{i=1}^{n} Z_i$ です。また，式（11.7）の $\hat{\beta}_1$ は未知の γ_1 に基づいた推定量ですので，実際には実行できない点に注意してください。

式（11.7）は，「$V(\gamma_1)$ の値がゼロに近いほど，$\hat{\beta}_1$ は真の値 β_1 により近い値を

とる」ということを意味しています。また，$V(\gamma_1)$ は γ_1 の逆数に比例した値となっています。したがって，操作変数 Z が内生変数 X の決定要因でない場合，$\gamma_1 = 0$ なので，$V(\gamma_1)$ は無限に大きくなり，$\hat{\beta}_1$ は β_1 の推定量として意味のある値をとりません。$\gamma_1 = 0$ でないにせよ，Z の X の決定要因としての役割が非常に弱い場合にも，同様の問題が生じます。逆に，γ_1 がゼロと乖離しており，操作変数が十分強い場合には，このような問題は生じません。

このように，操作変数の強弱は操作変数法の有効性を左右する重要な問題です。操作変数の強弱を判定する簡単な方法は，γ_1 の推定値が有意にゼロと異なるかを t 検定で調べる方法です。上で用いた母親の喫煙と新生児の体重に関する分析では，タバコ消費量 X に関する 1 段階目の推定において，タバコの税込み価格 (Z) の回帰係数の推定値が有意にゼロと異なれば，弱い操作変数の問題は生じていないといえるでしょう ※3。実際，

```
cigdata %>%
  lm(bw ~ cigpacks, data = .) %>%
  tidy()

# A tibble: 2 × 5
  term        estimate std.error statistic  p.value
  <chr>          <dbl>     <dbl>     <dbl>    <dbl>
1 (Intercept)   3423.      17.0      201.   0
2 cigpacks       -62.4      1.54     -40.4  2.94e-21
```

となっており，1 段階目の推定において，タバコの税込み価格の係数は有意にゼロから離れています。したがって，これらの操作変数は十分に強いとみなせます。もし使用している操作変数が弱い場合には，問題の根本的な解決策は「他の操作変数を探す」以外ありません。

※3　操作変数が複数ある場合には，個々の係数の有意性を調べるのではなく，「(Z_1, Z_2) の係数がすべて 0」という帰無仮説に対して F 検定を実施する方法も考えられます。

11.3 因果分析としての解釈

11.3.1 モデル設定

前節までは明示的に解説してきませんでしたが，実は操作変数法は因果分析と密接な関連があります。ここで，トリートメント変数 D_i を 1 もしくは 0 の値をとる 2 値の内生変数とします。また，これまで同様，ルービンの因果モデルに従って，$D_i = 1$ のときに得られる成果を Y_{1i}，$D_i = 0$ のときに得られる成果を Y_{0i} と書きます。観測できる成果 Y_i は $Y_i = D_i Y_{1i} + (1 - D_i) Y_{0i}$ と表されます。さらに，内生変数 D_i について操作変数 Z_i が存在し，Z_i もまた 1 もしくは 0 の値をとるダミー変数であるとします。

たとえば，Y_i を個人 i の賃金，D_i は個人 i の最終学歴が大学以上ならば 1 を，未満ならば 0 をとる変数，Z_i は個人 i が子供のころに大学の近くに住んでいれば 1 を，そうでないならば 0 をとる変数，といった状況がこの設定にあてはまるでしょう。

すると，D と Z の組合せから，各個人 i は次の 4 つのいずれかのカテゴリーに分類できます。

Always-Taker	Z が (0,1) どちらの値であっても，必ず $D = 1$ を選択
Never-Taker	Z が (0,1) どちらの値であっても，必ず $D = 0$ を選択
Complier	$Z = 1$ ならば $D = 1$ を選択し, $Z = 0$ ならば $D = 0$ を選択
Defier	$Z = 0$ ならば $D = 1$ を選択し, $Z = 1$ ならば $D = 0$ を選択

上の例に沿っていえば，Always-Taker は「子供のころに大学の近くに住んでいようといまいと，大学に進学する」人たち，Never-Taker は「子供のころに大学の近くに住んでいようといまいと，大学に進学しない」人たち，Complier は「子供のころに大学の近くに住んでいれば大学に進学し，そうでないならば進学しない」人たち，最後に Defier は「子供のころに大学の近くに住んでいれば大学に進学せず，そうでないならば進学する」人たち，となります。

ここで,「Defier に属するひねくれた人たちはいない」と仮定しましょう。すると自動的に，$(Z_i = 1, D_i = 0)$ ならば個人 i は Never-Taker，$(Z_i = 0, D_i = 1)$ ならば Always-Taker になります。また，$(Z_i = 1, D_i = 1)$ ならば個人 i は Complier か Always-Taker のどちらか，$(Z_i = 0, D_i = 0)$ ならば Complier か Never-Taker

のどちらか，ということになります。これらを表にまとめると以下のようになります。

		Z_i	
		0	1
D_i	0	Complier or Never-Taker	Never-Taker
	1	Always-Taker	Complier or Always-Taker

11.3.2　Local Average Treatment Effect

ここで，11.1 節同様に，次のような単回帰モデルを考えます。

$$
\begin{aligned}
Y_i &= \beta_0 + D_i\beta_1 + \varepsilon_i \\
D_i &= \gamma_0 + Z_i\gamma_1 + u_i
\end{aligned}
$$

すると，β_1 は式 (11.5) から $\beta_1 = \mathrm{Cov}\left(Z_i, Y_i\right) / \left[\mathrm{Var}\left(Z_i\right)\gamma_1\right]$ として求めることができますが，実は Z_i が (0,1) の 2 値変数である場合には，

$$
\begin{aligned}
\beta_1 &= \frac{\mathrm{Cov}\left(Z_i, Y_i\right)}{\mathrm{Var}\left(Z_i\right)\gamma_1} \\
&= \frac{\mathrm{E}\left[Y_i \mid Z_i = 1\right] - \mathrm{E}\left[Y_i \mid Z_i = 0\right]}{\mathrm{E}\left[D_i \mid Z_i = 1\right] - \mathrm{E}\left[D_i \mid Z_i = 0\right]} \qquad (11.8)
\end{aligned}
$$

と表すことができます。式 (11.8) の導出は，章末の補足を参照してください。さらに，「Z_i と個人 i が Always-Taker/Never-Taker/Complier のいずれであるかは独立である」と仮定しましょう。したがって，

$$
\begin{aligned}
&\mathrm{P}(i\text{ が Always-Taker} \mid Z_i = 1) = \mathrm{P}(i\text{ が Always-Taker} \mid Z_i = 0) = p_{AT} \\
&\mathrm{P}(i\text{ が Never-Taker} \mid Z_i = 1) = \mathrm{P}(i\text{ が Never-Taker} \mid Z_i = 0) = p_{NT} \\
&\mathrm{P}(i\text{ が Complier} \mid Z_i = 1) = \mathrm{P}(i\text{ が Complier} \mid Z_i = 0) = p_{C}
\end{aligned}
$$

のように書くことができます。すると，繰り返し期待値の法則から，

$$
\mathrm{E}\left[Y_i \mid Z_i = 1\right]
$$

$$
\begin{aligned}
&= \mathrm{E}\left[Y_i \mid Z_i = 1, i \text{ が Always-Taker}\right] \cdot \mathrm{P}(i \text{ が Always-Taker} \mid Z_i = 1) \\
&\quad + \mathrm{E}\left[Y_i \mid Z_i = 1, i \text{ が Never-Taker}\right] \cdot \mathrm{P}(i \text{ が Never-Taker} \mid Z_i = 1) \\
&\quad + \mathrm{E}\left[Y_i \mid Z_i = 1, i \text{ が Complier}\right] \cdot \mathrm{P}(i \text{ が Complier} \mid Z_i = 1) \\
&= \mathrm{E}\left[Y_{1i} \mid i \text{ が Always-Taker}\right] \cdot p_{AT} \\
&\quad + \mathrm{E}\left[Y_{0i} \mid i \text{ が Never-Taker}\right] \cdot p_{NT} \\
&\quad + \mathrm{E}\left[Y_{1i} \mid i \text{ が Complier}\right] \cdot p_{C}
\end{aligned}
$$

を得ます。また，同様に，

$$
\begin{aligned}
\mathrm{E}\left[Y_i \mid Z_i = 0\right] = \mathrm{E}\left[Y_{1i} \mid i \text{ が Always-Taker}\right] \cdot p_{AT} \\
+ \mathrm{E}\left[Y_{0i} \mid i \text{ が Never-Taker}\right] \cdot p_{NT} \\
+ \mathrm{E}\left[Y_{0i} \mid i \text{ が Complier}\right] \cdot p_{C}
\end{aligned}
$$

となります。したがって，式（11.8）の分子について，

$$
\begin{aligned}
&\mathrm{E}\left[Y_i \mid Z_i = 1\right] - \mathrm{E}\left[Y_i \mid Z_i = 0\right] \\
&\quad = \left\{\mathrm{E}\left[Y_{1i} \mid i \text{ が Complier}\right] - \mathrm{E}\left[Y_{0i} \mid i \text{ が Complier}\right]\right\} \cdot p_{C} \qquad (11.9)
\end{aligned}
$$

と表すことができます。また，先の表にあるように，

$$
\begin{aligned}
&\mathrm{E}\left[D_i \mid Z_i = 1\right] = p_{AT} + p_{C} \\
&\mathrm{E}\left[D_i \mid Z_i = 0\right] = p_{AT}
\end{aligned}
$$

です。したがって，式（11.8）の分母について，

$$
\mathrm{E}\left[D_i \mid Z_i = 1\right] - \mathrm{E}\left[D_i \mid Z_i = 0\right] = p_{C} \qquad (11.10)
$$

となります。結果として，式（11.9），（11.10）を式（11.8）に代入することで，

$$
\beta_1 = \mathrm{E}\left[Y_{1i} - Y_{0i} \mid i \text{ が Complier}\right] \qquad (11.11)
$$

が得られます。式（11.11）から，操作変数法における β_1 の値は，Complier に対する平均的なトリートメントの因果的効果に相当することがわかります。この「Complier に対する平均トリートメント効果」を，英語で local average treatment effect といい，しばしば簡略化して **LATE** と表記されます。

このような背景から，操作変数法もマッチング法や不連続回帰デザイン同様に，因果分析における準実験法の一種と見なすことができます。

11.4　警察の増強は犯罪を減らすか

■ **背景**　一般論として，警察の増強は犯罪件数の減少に寄与すると考えられます。しかし，実際にデータをとってみると，犯罪の件数と警察の規模の関係は無相関であったり，むしろ正の相関が観察されることが多くあります。**図 11.2** は，都道府県別人口 1000 人あたりの刑法犯認知件数と警察官数を散布図にプロットしたものです（図 6.4 の再掲）。相関係数はおよそ 0.13 であり，弱い正の相関が確認できます。しかし，これまで繰り返し述べてきたように，正の相関は正の因果関係を意味しないので，「警察を増やしても犯罪は減らない」という主張を図 11.2 から導くことはできません。

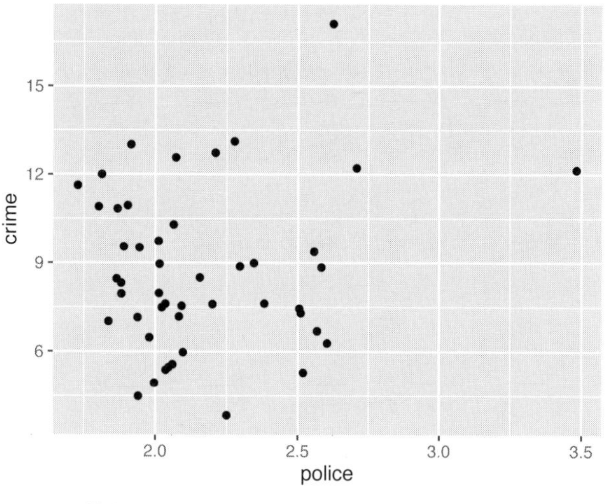

図 11.2　散布図：刑法犯認知件数 vs. 警察官数（図 6.4 の再掲）

第 6 章で説明したように，このような散布図が得られた理由として，警察と犯罪の「同時性」が考えられます。犯罪件数が増えれば，それを抑制するために警察の規模も大きくなりますが，逆に犯罪件数が少なければ，警察を増強する必要もありません。このことは，第 7 章で説明したように，「警察官数 X_1 は犯罪件数 Y に対して内生変数である」ということに他なりません。なぜなら，X_1 自身が Y の値によって決まるため（X_1 は Y の関数），必然的に X_1 と Y に含まれる誤差項 ε が相関してしまうのです。したがって，犯罪抑制に関する警察の効果を調べる際に，通常の相関分析や回帰分析を用いると，警察の効果を誤って過小評価してしまう可能性があります。

■ データ・分析方法　Levitt (1997) は操作変数法を用いることで内生性の問題を回避し，警察の増強が犯罪件数に与える因果的な効果を導出しました。分析に使用されたデータは，1970 年から 1992 年におけるアメリカの 59 の大都市のデータです。特にこれらの都市では，人口が多いだけでなく，市長が選挙によって選ばれている点が重要です。Levitt は，「市長選のタイミングと都市の警察規模には関係がある」と考えました。なぜなら，犯罪抑制は大都市における重要な政治課題ですから，市長選が近づくにつれ，現職市長は警察を増強し「政策的な業績」をアピールする動機が生じるのです。

実際，ある年における「人口あたり警察官の増員（%）」の都市ごとの平均値を，その年の「市長選・知事選の有無」に応じて整理してみると**表 11.1** のようになります。この結果から，「選挙のある年には人口あたり警察官数がおよそ 2%増加し，選挙のない年には変化しない」ということが読み取れます。また，明らかに選挙のタイミングは事前に決まっている外生変数で，犯罪件数とは直接関係しません。したがって，「市長選・知事選の有無」は警察規模に対する有効な操作変数として要件を満たします。よって，この変数を操作変数として 2 段階最小二乗法を適用することで，犯罪抑制に関する警察の増強の因果的効果を推定することが可能です。

表 11.1　警察官増員のタイミング

	市長選の実施年	知事選の実施年	選挙の実施されない年
人口あたり警察官の増員（%）	0.020 (0.007)	0.021 (0.006)	0.000 (0.006)

（括弧内は標準偏差の値）（Levitt (1997) p.275 より抜粋）

■ 結果・考察　回帰分析は 2 つの被説明変数について実施されました。1 つは各都市の各年における殺人や強盗など「凶悪犯罪件数の変化（%）」，またもう 1 つは「窃盗犯罪件数の変化（%）」です。どちらの分析においても，興味のある説明変数（内生変数）は，「人口あたり警察官の増員（%）」です。推定される回帰係数は「警察官数が 1%増加したときに，犯罪件数が何%増加するか」（すなわち弾力性）を表しています。**表 11.2** は，操作変数を使わない通常の回帰分析と，2 段階最小二乗法をそれぞれ適用したときの推定結果です。推定に

11

表 11.2　推定結果

被説明変数	警察官の増員効果 通常の回帰分析	 2 段階最小二乗法
凶悪犯罪件数	−0.27 (0.06)	−1.39 (0.55)
窃盗犯罪件数	−0.23 (0.09)	−0.38 (0.83)

（他の説明変数に関する結果は省略。括弧内は標準誤差の値）
（Levitt (1997) Table 3，Table 4 より抜粋）

は警察官の数以外に他の変数も説明変数（外生変数）として含まれていますが，ここではそれらの推定結果は省略します。

この結果によると，操作変数を使わない通常の回帰分析の場合，「凶悪犯罪，窃盗犯罪について，警察官数 1%の増加はおよそ 0.2〜0.3%犯罪を減らす」ということが示唆されます。しかし，警察官数と犯罪件数の同時性から，この結果は因果関係として過小評価となっている可能性があります。実際，2 段階最小二乗法によって操作変数を用いて推定してみると，凶悪犯罪については約 5 倍（警察官数 1%の増加で 1.39%の犯罪減少），窃盗犯罪については約 1.5 倍（警察官数 1%の増加で 0.38%の犯罪減少）係数の大きさが変化しています。ただし，窃盗犯罪における警察官の増員効果は統計的に有意ではありませんでした。以上の分析から，「警察の増強は，特に凶悪犯罪の抑制において有効である」という結論が得られます。

補足：式（11.8）の導出

まず式（11.8）の分子からみていきましょう。繰り返し期待値の法則から，

$$
\begin{aligned}
&\mathrm{Cov}\left(Z_i, Y_i\right)\\
&\quad = \mathrm{E}\left[Z_i Y_i\right] - \mathrm{E}\left[Z_i\right]\mathrm{E}\left[Y_i\right]\\
&\quad = \mathrm{E}\left[Z_i Y_i \mid Z_i = 1\right]\mathrm{P}\left(Z_i = 1\right) + \mathrm{E}\left[Z_i Y_i \mid Z_i = 0\right]\mathrm{P}\left(Z_i = 0\right)\\
&\qquad - \mathrm{E}\left[Y_i\right]\mathrm{P}\left(Z_i = 1\right)\\
&\quad = \mathrm{E}\left[Y_i \mid Z_i = 1\right]\mathrm{P}\left(Z_i = 1\right) - \mathrm{E}\left[Y_i\right]\mathrm{P}\left(Z_i = 1\right)\\
&\quad = \mathrm{E}\left[Y_i \mid Z_i = 1\right]\mathrm{P}\left(Z_i = 1\right) - \mathrm{E}\left[Y_i \mid Z_i = 1\right]\mathrm{P}\left(Z_i = 1\right)\cdot\underbrace{\mathrm{P}\left(Z_i = 1\right)}_{=1-\mathrm{P}(Z_i=0)}
\end{aligned}
$$

$$
\begin{aligned}
&- \mathrm{E}\left[Y_i \mid Z_i = 0\right] \mathrm{P}\left(Z_i = 1\right) \mathrm{P}\left(Z_i = 0\right) \\
&= \left\{\mathrm{E}\left[Y_i \mid Z_i = 1\right] - \mathrm{E}\left[Y_i \mid Z_i = 0\right]\right\} \mathrm{P}\left(Z_i = 1\right) \mathrm{P}\left(Z_i = 0\right) \quad (11.12)
\end{aligned}
$$

を得ます。同様に分母についても，$Z_i\gamma_1 = D_i - \gamma_0 - u_i$ を用いて，

$$
\begin{aligned}
\mathrm{Var}\left(Z_i\right)\gamma_1 &= \mathrm{E}\left[Z_i\left(Z_i\gamma_1\right)\right] - \mathrm{E}\left[Z_i\right]\mathrm{E}\left[Z_i\gamma_1\right] \\
&= \mathrm{E}\left[Z_i\left(D_i - \gamma_0 - u_i\right)\right] - \mathrm{E}\left[Z_i\right]\mathrm{E}\left[D_i - \gamma_0 - u_i\right] \\
&= \mathrm{E}\left[Z_i D_i\right] - \mathrm{E}\left[Z_i\right]\mathrm{E}\left[D_i\right] - \mathrm{E}\left[Z_i u_i\right] + \mathrm{E}\left[Z_i\right]\mathrm{E}\left[u_i\right] \\
&= \mathrm{E}\left[Z_i D_i\right] - \mathrm{E}\left[Z_i\right]\mathrm{E}\left[D_i\right] \\
&= \left\{\mathrm{E}\left[D_i \mid Z_i = 1\right] - \mathrm{E}\left[D_i \mid Z_i = 0\right]\right\} \mathrm{Pr}\left(Z_i = 1\right) \mathrm{Pr}\left(Z_i = 0\right) \\
&\qquad (11.13)
\end{aligned}
$$

となります。ここで，最後の等号は式（11.12）と同様の方法で導かれます。したがって，式（11.12）と式（11.13）を組み合わせて，

$$
\begin{aligned}
\beta_1 &= \frac{\mathrm{Cov}\left(Z_i, Y_i\right)}{\mathrm{Var}\left(Z_i\right)\gamma_1} \\
&= \frac{\left\{\mathrm{E}\left[Y_i \mid Z_i = 1\right] - \mathrm{E}\left[Y_i \mid Z_i = 0\right]\right\} \mathrm{Pr}\left(Z_i = 1\right) \mathrm{Pr}\left(Z_i = 0\right)}{\left\{\mathrm{E}\left[D_i \mid Z_i = 1\right] - \mathrm{E}\left[D_i \mid Z_i = 0\right]\right\} \mathrm{Pr}\left(Z_i = 1\right) \mathrm{Pr}\left(Z_i = 0\right)} \\
&= \frac{\mathrm{E}\left[Y_i \mid Z_i = 1\right] - \mathrm{E}\left[Y_i \mid Z_i = 0\right]}{\mathrm{E}\left[D_i \mid Z_i = 1\right] - \mathrm{E}\left[D_i \mid Z_i = 0\right]}
\end{aligned}
$$

となり，式（11.8）が確認できました。

第 11 章のまとめ

- 操作変数とは，「内生変数の決定要因でありながら，回帰モデルの誤差項とは相関しない変数」のこと。
- 説明変数が内生変数である場合，操作変数を用いて 2 段階最小二乗法を実施することで，内生変数バイアスが回避できる。
- 操作変数が弱い場合には操作変数法による推定結果は信頼できない。操作変数の強弱は，2 段階最小二乗法の 1 段階目の推定結果から判断できる。
- 内生変数が 2 値のトリートメント変数で，操作変数も (0,1) の 2 値変数である場合には，操作変数法による推定結果は因果的効果（LATE）として解釈できる。

R によるデータ演習

R で 2 段階最小二乗法を実施するパッケージはいくつかありますが，ここでは操作性の観点から fixest パッケージによる実施を解説します。付録 A.3.4 を参考にし，fixest パッケージをインストールしてください。演習用のデータとして，教育の賃金への効果を 2 段階最小二乗法で推定した Card (1995) [1] のデータ proximity.csv を用いましょう。このデータは米国の NLS サーベイという名前の公的統計から作られたもので，24 歳から 34 歳の男性をサンプルとして含んでおり，次の項目が含まれています。

lwage	対数時間賃金	（被説明変数 Y）
educ	教育年数	（内生変数 X_1）
exper	職業の経験年数	（説明変数 X_2）
black	黒人を表すダミー	（説明変数 X_2）
south	南部在住を表すダミー	（説明変数 X_3）
smsa	大都市地区在住ダミー	（説明変数 X_4）
nearc4	大学の近くで育ったかどうかのダミー変数	（操作変数 Z）

fixest パッケージには，2 段階最小二乗法を実施することができる関数 feols() が含まれています。これは本来は第 12 章で取り上げる固定効果推定を高速に行うことが主眼にある関数ですが，2 段階最小二乗法も実施できるうえに，他にも便利な機能が多いのが特徴です。feols() 関数の基本的な使用方法は次のとおりです。

```
feols(y ~ x2 + x3 | x1 ~ z1 + z2, data = mydata)
```

ここで，y が被説明変数，x2，x3 は外生変数，x1 が内生変数，z が操作変数で，mydata が分析対象のデータフレームです。

feols() は，はじめから推定結果をまとめたものを出力してくれるので，lm() のようにわざわざ summary() 関数を使う必要はありません。また，broom パッケージにも対応していますが，ここでは用いません。それでは，次のデータを読み込んでみましょう。

```
library(dplyr)
proxdata <- readr::read_csv("proximity.csv")
proxdata %>% print(n = 4)

# A tibble: 3,010 × 7
  lwage  educ exper black south  smsa nearc4
  <dbl> <dbl> <dbl> <dbl> <dbl> <dbl>  <dbl>
1  6.31     7    16     1     0     1      0
```

```
2  6.18     12      9     0     0     1     0
3  6.58     12     16     0     0     1     0
4  5.52     11     10     0     0     1     1
# … with 3,006 more rows
# i Use `print(n = ...)` to see more rows
```

まず，単純に最小二乗法で推定してみましょう。feols() は単純な最小二乗法の場合は lm() と同じように推定できます。

```
library(fixest)
OLS <- proxdata %>% # 最小二乗法
  feols(lwage ~ educ + exper + black + south + smsa)

OLS

OLS estimation, Dep. Var.: lwage
Observations: 3,010
Standard-errors: IID
             Estimate Std. Error   t value  Pr(>|t|)
(Intercept)  4.913331   0.063121  77.83968 < 2.2e-16 ***
educ         0.073807   0.003534  20.88707 < 2.2e-16 ***
exper        0.039313   0.002196  17.90611 < 2.2e-16 ***
black       -0.188223   0.017768 -10.59349 < 2.2e-16 ***
south       -0.129053   0.015229  -8.47442 < 2.2e-16 ***
smsa         0.164741   0.015692  10.49851 < 2.2e-16 ***
---
Signif. codes:  0 '***' 0.001 '**' 0.01 '*' 0.05 '.' 0.1 ' ' 1
RMSE: 0.376836   Adj. R2: 0.277561
```

feols() の場合はパイプ演算子を使う際に lm() のように data = . とわざわざ指定する必要がないというメリットもあります。feols() の出力結果はあらかじめわかりやすくまとまっており，最初の行では実施した推定手法と従属変数が表示されています。2 行目にはサンプルサイズが表示され，その下にはどの標準誤差を用いているかが表示されています。

さて，通常の最小二乗法では，教育年数の賃金への効果は 7.38 パーセントで，統計的に有意であるという結果になりました。次に，2 段階最小二乗法で推定してみましょう。

```
TSLS <- proxdata %>% # 2 段階最小二乗法
  feols(lwage ~ exper + black + south + smsa | educ ~ nearc4)
```

11

```
TSLS
```

```
TSLS estimation, Dep. Var.: lwage, Endo.: educ, Instr.: nearc4
Second stage: Dep. Var.: lwage
Observations: 3,010
Standard-errors: IID
             Estimate Std. Error  t value   Pr(>|t|)
(Intercept)  3.939822   0.831763  4.73671 2.2729e-06 ***
fit_educ     0.131850   0.049573  2.65970 7.8625e-03 **
exper        0.062270   0.019686  3.16313 1.5764e-03 **
black       -0.129601   0.053262 -2.43326 1.5022e-02 *
south       -0.109252   0.023176 -4.71394 2.5403e-06 ***
smsa         0.134826   0.030291  4.45105 8.8561e-06 ***
---
Signif. codes:  0 '***' 0.001 '**' 0.01 '*' 0.05 '.' 0.1 ' ' 1
RMSE: 0.393395   Adj. R2: 0.212674
F-test (1st stage), educ: stat = 16.7, p = 4.43e-5, on 1 and 3,004 DoF.
Wu-Hausman: stat = 1.50259, p = 0.220369, on 1 and 3,003 DoF.
```

最初の行に，2 段階最小二乗法であるとしっかりと表示されていますね。また，被説明変数に加えて，内生変数と操作変数もリストアップされています。下から 2 行目には第 1 段階における nearc4 の係数が 0 であるという帰無仮説の検定の結果が表示されており，統計的に有意なので十分に関連性があるといえそうです。第 2 段階で使われたのは educ 自体ではなく第 1 段階に基づいて計算された educ の予測値なので，fit_educ に変わっています。なお，第 1 段階の詳細な回帰結果を確認したい場合には，TSLS$iv_first_stage と実行してみてください。

2 段階最小二乗法によると，教育年数の賃金への効果は 13.18 パーセントで，統計的に有意であるという結果になりました。通常の最小二乗法と 2 段階最小二乗法の結果を比較しやすいように，分析結果を並べて表示させましょう。fixest パッケージには etable() というものがあり，fixest パッケージの関数を用いて推定した結果を簡単に見やすく表示してくれます。

```
etable(OLS, TSLS)
```

```
                              OLS                 TSLS
Dependent Var.:             lwage                lwage
(Intercept)      4.913*** (0.0631)   3.940*** (0.8318)
educ            0.0738*** (0.0035)   0.1318** (0.0496)
```

```
exper            0.0393*** (0.0022)   0.0623** (0.0197)
black           -0.1882*** (0.0178)  -0.1296* (0.0533)
south           -0.1291*** (0.0152) -0.1093*** (0.0232)
smsa             0.1647*** (0.0157)  0.1348*** (0.0303)
-------------- -------------------  -------------------
S.E. type                       IID                 IID
Observations                  3,010               3,010
R2                          0.27876             0.21398
Adj. R2                     0.27756             0.21267
---
Signif. codes: 0 '***' 0.001 '**' 0.01 '*' 0.05 '.' 0.1 ' ' 1
```

2 段階最小二乗法の結果が正しいとすると，通常の最小二乗法による推定値は下方バイアスがかかっていたということになります。Card (1995) は考えられる理由として，(1) 教育年数にサーベイの際に発生した測定誤差が含まれているために減衰バイアスが生じた，(2) 大学が近くにあることが大学進学への重要な要因である人たち（たとえば経済的理由から移住が困難な人たち）にとって教育の効果が高い，の 2 つを論じています。

第 12 章
パネルデータ分析

第 12 章では，同一の個人を複数期間に渡って観測して得られたデータ，いわゆる**パネルデータを用いた分析手法**について解説します。ある特定の 1 時点でのみ観測されたデータに比べて，パネルデータは情報量が多く，因果分析を実施するうえでさまざまな有効な手法が考えられます。本章では，まず，パネルデータの基本的な特徴について説明します。次に，パネルデータを用いた回帰分析の枠組みである固定効果モデルについて，内生性への対処という観点から解説します。最後に，パネルデータを用いた因果分析手法として，差の差分析（difference-in-differences: DID）と呼ばれる手法について，ルービンの因果モデルに基づいて解説します。特に，差の差分析を行うための仮定の妥当性についても詳細に議論します。

12.1 パネルデータ

第 7 章で紹介した Boes and Nüesch (2011) の研究を思い出してみましょう。彼らの研究では，航空騒音がマンションの家賃に与える因果的影響を調べるために，航空経路の変更以前・以後の複数期間を通じて同じ物件の家賃の「変化」を追跡することで，内生性の問題を回避したのでした。このように，同一の個体を複数の時点で観察し収集したデータのことを**パネルデータ**（panel data）と呼びます。それに対して，各個体について，ある（同一の）1 時点での情報のみ収集したデータのことを**クロスセクションデータ**（cross sectional data）や**横断面データ**と呼びます（**図 12.1**）。

本書ではこの 12 章を除いて，基本的にクロスセクションデータを想定し，各手法の解説を行ってきました。しかし当然のことですが，パネルデータのほうがクロスセクションデータよりも情報量が多いため，パネルデータを用いることでより精密な分析が可能になります。まずは詳しい分析手法の解説に入る前に，パネ

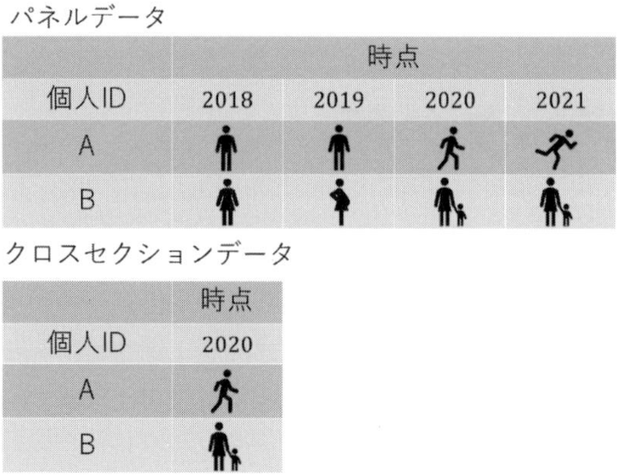

図 12.1　パネルデータとクロスセクションデータ

ルデータを用いるうえで注意すべき点を述べておきましょう。

■ **個人について不変の変数, 時点について不変の変数**　パネルデータの場合, 変数 X は個人を表す $i\,(i=1,\ldots,n)$ だけでなく, 観測時点を表す $t\,(t=1,\ldots,T)$ によっても変化し得ます。ここで, 各 t は月や 4 半期, 年などを表し, T は観測期間の総数に相当します。以降, 個人 i の時点 t における X の値を $X_{i,t}$ と書くことにします。

変数 $X_{i,t}$ について以下の 3 つのタイプが考えられます。すなわち,

① 個人 i と時点 t の両方に応じて値が変化し得る変数
② 個人間で異なり得るが, 時点によっては変化しない変数
③ 時点によって変化し得るが, 個人間では共通の変数

の 3 つです。①に該当する変数としては, たとえば年収や家賃, 労働時間, 生活習慣などが挙げられるでしょう。パネルデータの回帰分析において, 被説明変数は原則的に①のタイプの変数であると想定します。典型的なタイプ②の変数としては, たとえば性別, 母国語, 個人の先天的資質などが考えられます。最後に, ③のタイプについては, たとえば消費税率やパンデミック下の行動制限のように, 母集団全体に一律に影響する変数が該当します。この変数の分類は, 変数の観測可能性とは関係ありません。つまり, $X_{i,t}$ が観測できない変数であっても, 上記の 3 タイプに分類されることに注意してください。

以上の① ～ ③の分類に基づいて，パネルデータによる線形回帰モデルは一般的に以下のように書くことができるでしょう。

$$Y_{i,t} = \beta_0 + \underbrace{X_{i,t}^{(1)}\beta_1 + \cdots + X_{i,t}^{(k)}\beta_k}_{①} + \underbrace{Z_i^{(1)}\alpha_1 + \cdots + Z_i^{(l)}\alpha_l}_{②}$$

$$+ \underbrace{W_t^{(1)}\gamma_1 + \cdots + W_t^{(m)}\gamma_m}_{③} + \varepsilon_{i,t} \tag{12.1}$$

$$i = 1, \ldots, n,\ \ t = 1, \ldots, T$$

ここで，誤差項 $\varepsilon_{i,t}$ についても，

$$\varepsilon_{i,t} = \epsilon_{i,t} + e_i + u_t$$

のように，①，②，③にそれぞれ対応する誤差項に分解できます。これまでの議論より，もし $\epsilon_{i,t} + e_i + u_t$ が各説明変数と相関しないのであれば，通常の重回帰分析によって式（12.1）のモデルを推定できます。

■ パネルデータの種類

第 3 章で解説した通り，大数の法則や中心極限定理といった便利な結果を利用するためには，標本の大きさを無限に大きくできることが前提となります。パネルデータの場合，標本の全体の大きさは n ではなく nT です。したがって，標本の大きさを無限に大きくするためには，

ⓐ　n のみが無限に大きくなる（$n \to \infty, T < \infty$）
ⓑ　T のみが無限に大きくなる（$n < \infty, T \to \infty$）
ⓒ　n と T がどちらも無限に大きくなる（$n \to \infty, T \to \infty$）

のいずれかである必要があります。詳細には触れませんが，これらのⓐ ～ ⓒのうち，どの枠組みを採用するかによって選択可能な分析方法も変わります。数年おきに実施されるような公的統計調査をデータとして用いる場合は，ⓐを想定することが自然でしょう。また，日々更新される金融データや，インターネット上で自動収集されるようなデータはⓑやⓒに該当するかもしれません。本章ではⓐのケース，すなわち，「観測できる個人の総数 n は大きくできるが観測の総期間 T は限られている」場合を想定し，解説を行います。

また，一般的には，個人ごとにデータの観測できる時期や期間が異なる場合もあります。そのようなパネルデータを**アンバランスドパネルデータ**（unbalanced panel data）といいます。それに対して，すべての個人について同一の時期・期間でデータが観測できている場合は**バランスドパネルデータ**（balanced panel data）と呼びます。説明の簡単のため，本書ではバランスドパネルデータのみ扱います。

■ データの保存形式

少し細かい話になりますが，バランスドパネルデータを CSV ファイルなどに保存する際，保存の形式として **long 型**と **wide 型**があります。両者の違いは，ことばで説明するよりも図を見ていただいたほうが早いでしょう（**図 12.2**）。

long 型

ID	Time	$X^{(1)}$	$X^{(2)}$
1	1	$X_{1,1}^{(1)}$	$X_{1,1}^{(2)}$
1	2	$X_{1,2}^{(1)}$	$X_{1,2}^{(2)}$
1	3	$X_{1,3}^{(1)}$	$X_{1,3}^{(2)}$
2	1	$X_{2,1}^{(1)}$	$X_{2,1}^{(2)}$

（行数：nT）

wide 型

ID	$X_1^{(1)}$	$X_1^{(2)}$	$X_2^{(1)}$	$X_2^{(2)}$	$X_3^{(1)}$	$X_3^{(2)}$
1	$X_{1,1}^{(1)}$	$X_{1,1}^{(2)}$	$X_{1,2}^{(1)}$	$X_{1,2}^{(2)}$	$X_{1,3}^{(1)}$	$X_{1,3}^{(2)}$
2	$X_{2,1}^{(1)}$	$X_{2,1}^{(2)}$	$X_{2,2}^{(1)}$	$X_{2,2}^{(2)}$	$X_{2,3}^{(1)}$	$X_{2,3}^{(2)}$

（行数：n，列グループ：T, T, T）

図 12.2　long 型と wide 型

つまり，各個人について異なる時期のデータを「縦」に格納するか，「横」に格納するかの違いです。もちろん情報として両者に違いはないのですが，プログラミングの都合上 long 型にしておくほうが便利なことが多いです。

12.2　パネルデータ回帰分析

式（12.1）の回帰モデルの推定について考えてみましょう。さらに説明のため，説明変数の数を限定し，以下のようにモデルを単純化します。

$$Y_{i,t} = \beta_0 + X_{i,t}\beta_1 + Z_i\alpha + W_t\gamma + \epsilon_{i,t} + e_i + u_t$$
$$i = 1, \ldots, n,\ \ t = 1, \ldots, T$$

ここで，たとえば被説明変数 $Y_{i,t}$ をある年 t における地域 i の「新規求人数」，興味のある説明変数 $X_{i,t}$ として「人口増加数」を考えてみましょう。第7章で説明した通り，人口増加数が新規求人数に与える因果的効果 β_1 を正しく推定するためには，$X_{i,t}$ と $\epsilon_{i,t} + e_i + u_t$ は無相関である必要があります。

ここで，3種類の誤差項のうち e_i について考えてみましょう。e_i は「年 t に依らず新規求人数に影響する，観測できない地域 i 固有の要因」です。具体的には，「地域の潜在的魅力」や「交通の利便性」などが含まれるでしょう。そして，そういった地域固有の変数は人口増加数 $X_{i,t}$ と相関すると考えるほうが自然です。したがって，$X_{i,t}$ は内生変数となってしまい，通常の回帰分析から β_1 を推定することはできません。

交通の利便性などは，新たに説明変数を加えることでも対処できるのですが，地域の魅力といった変数は数値化しづらいものです。もちろん，操作変数を用いれば，2段階最小二乗法などで β_1 を推定できますが，適切な操作変数を見つけることは一般的に容易ではありません。一方で，後述の通りパネルデータが利用可能ならば，操作変数を見つけることなく，β_1 を推定することが可能です。

12.2.1　固定効果モデル

時点 t について不変の i 固有の効果すべてと定数項 β_0 をまとめたものを，

$$\phi_i = \beta_0 + Z_i\alpha + e_i$$

と定義します。同様に，時点 t にのみ依存し個人間で共通の効果をまとめたものを，

$$\psi_t = W_t\gamma + u_t$$

とします。後にわかるように，β_0 は ϕ_i と ψ_t のどちらにまとめても同じモデルにたどり着きます。すると，上の回帰モデルは次のように書けます。

$$Y_{i,t} = X_{i,t}\beta_1 + \phi_i + \psi_t + \epsilon_{i,t}, \ \ i = 1, \ldots, n, \ \ t = 1, \ldots, T$$

さらに，若干冗長的ですが，ϕ_i は n 個のダミー変数 $I_{i,j} = \mathbf{1}\{i = j\}$ $(j = 1, \ldots, n)$ を使って，$\phi_i = \sum_{j=1}^{n} I_{i,j}\phi_j$ と表すこともできます。同様に，T 個のダミー変数 $\delta_{t,k} = \mathbf{1}\{t = k\}$ $(k = 1, \ldots, T)$ を導入すれば，$\psi_t = \sum_{k=1}^{T} \delta_{t,k}\psi_k$ と書けます。これらを代入すれば，

$$Y_{i,t} = X_{i,t}\beta_1 + \sum_{j=1}^{n} I_{i,j}\phi_j + \sum_{k=1}^{T} \delta_{t,k}\psi_k + \epsilon_{i,t} \qquad (12.2)$$
$$i = 1, \ldots, n, \ \ t = 1, \ldots, T$$

のように書き換えることができます。ここで，個人固有の効果 ϕ_j や時点固有の効果 ψ_k は定義から確率変数なのですが，これらを「$I_{i,j}$ や $\delta_{t,k}$ の回帰係数」と見なして推定パラメータに含めてしまえば，式（12.2）のモデルは，

被説明変数: $Y_{i,t}$

説明変数: $X_{i,t}, \ I_{i,1}, \ldots, I_{i,n}, \ \delta_{t,1}, \ldots, \delta_{t,T}$

という重回帰モデルとして解釈できます（共通の定数項は含まれないことに注意）。したがって，通常の重回帰分析と同様に最小二乗法を実施し，β_1 を推定することができます。

式（12.2）のような重回帰モデルは**固定効果モデル**（fixed effects model）と呼ばれます[※1]。特に上記のように，個人効果と時点効果の両方を固定効果として含むモデルを **2 方向固定効果モデル**（two-way fixed effects model）といいます。

式（12.2）の固定効果モデルに対して重回帰分析を実施する際，以下の 3 つの点に注意してください。まず，$(\phi_1, \ldots, \phi_n)$ と $(\psi_1, \ldots, \psi_T)$ を未知の推定パラメータとして扱う場合，私たちはそれらの「相対的大きさ」までしか推定できません。

※1　一方で，ϕ_i や ψ_t の確率分布を明示的に定め，最尤法などでモデルを推定するアプローチを**ランダム効果モデル**（random effects model）といいます。ランダム効果モデルは分布の仮定などが制約的であったり，多くの場合固定効果モデルで代替可能なので，本書では詳しく解説しません。

つまり，$\sum_{j=1}^{n} I_{i,j} = 1$ かつ $\sum_{k=1}^{T} \delta_{t,k} = 1$ であることに注意すると，任意の定数 c について，

$$\sum_{j=1}^{n} I_{i,j}\phi_j + \sum_{k=1}^{T} \delta_{t,k}\psi_k = \sum_{j=1}^{n} I_{i,j}(c+\phi_j) + \sum_{k=1}^{T} \delta_{t,k}(\psi_k - c)$$

という等式が成立します。これは，個人効果と時点効果を改めて $\tilde{\phi}_i = c + \phi_i$, $\tilde{\psi}_t = \psi_t - c$ と定義しても，式 (12.2) とまったく同じ回帰モデルが得られることを意味します。c は任意でしたから，このままでは ϕ_i と ψ_t の値を一意に定めることができません。この問題を解消するには，たとえば $\psi_1 = 0$ とあらかじめ基準化する必要があります。実証分析の際には，単に $\delta_{t,1}$ を説明変数から除外しておけばよいでしょう。

次に，式 (12.2) の定式化から明らかですが，説明変数として含めることができる変数は 12.1 節のタイプ①に該当する変数だけです。もし興味のある変数が時点によって値が変わらなかったり，あるいは個人間で一定であったりする場合，それらの効果は固定効果にすでに含まれているので，説明変数に加えることはできません。

最後に，12.1 節で述べた通り，今私たちは「ⓐ n が増え，T は一定」というパネルデータを想定しています。したがって，個人効果パラメータ $(\phi_1, \ldots, \phi_n)$ の数も n と同じだけ無限に増えていきます。一方で，各 j について，$I_{i,j}$ が 1 をとるタイミングは $\{i = j\}$ が成立する T 回しかありません。これはつまり，各個人効果 ϕ_j を推定するのにそれぞれ T 個のデータしか使えないことを意味します。したがって，T が一定であるという設定では，$(\phi_1, \ldots, \phi_n)$ の推定値に対して大数の法則や中心極限定理を適用できる十分なデータがありません。そのため，推定された個人効果について，第 5 章で説明したような推測統計の手法を使用することはできないので注意してください。一方で，各時点効果パラメータ ψ_k はそれぞれ n 個のデータを使って推定されますので，$X_{i,t}$ の係数と同様に t 検定などを実施できます。

12.2.2 固定効果モデルの推定

次に，説明をさらに単純化するため，時点固有の効果を省略し，

$$Y_{i,t} = X_{i,t}\beta_1 + \sum_{j=1}^{n} I_{i,j}\phi_j + \epsilon_{i,t}, \ \ i = 1, \ldots, n, \ \ t = 1, \ldots, T \qquad (12.3)$$

という個人効果のみの固定効果モデルを考えます。ここで，各 i における全 T 期間の各変数の平均値を，

$$\overline{Y}_i = \frac{1}{T}\sum_{t=1}^{T} Y_{i,t}, \quad \overline{X}_i = \frac{1}{T}\sum_{t=1}^{T} X_{i,t}, \quad \bar{\epsilon}_i = \frac{1}{T}\sum_{t=1}^{T} \epsilon_{i,t}$$

と定義します。$\sum_{j=1}^{n} I_{i,j}\phi_j$ は t に依存していないので，その T 期間平均は当然 $\sum_{j=1}^{n} I_{i,j}\phi_j \ (= \phi_i)$ のままです。したがって，式（12.3）の両辺について t に関する平均をとると，

$$\overline{Y}_i = \overline{X}_i\beta_1 + \sum_{j=1}^{n} I_{i,j}\phi_j + \bar{\epsilon}_i, \ \ i = 1, \ldots, n$$

となります。さらに，この式を式（12.3）から辺々引くことで，

$$Y_{i,t} - \overline{Y}_i = [X_{i,t} - \overline{X}_i]\beta_1 + \epsilon_{i,t} - \bar{\epsilon}_i, \ \ i = 1, \ldots, n \tag{12.4}$$

を得ます。式（12.4）を見てみると，個人効果がモデルから除去されていることがわかります。したがって，式（12.4）に基づいて，被説明変数を $Y_{i,t} - \overline{Y}_i$，説明変数を $X_{i,t} - \overline{X}_i$ とする単回帰モデルを推定し，β_1 を求めることもできます。このような推定方法を **within 推定**などと呼びます。

実は，重回帰モデル（12.3）に通常の最小二乗法を適用して得られる β_1 の推定値と，式（12.4）の within 推定によって得られる β_1 の推定値は数値的に同じものです。重回帰モデル（12.3）において，係数 $(\beta_1, \phi_1, \ldots, \phi_n)$ のもとでの平均二乗誤差は，

$$\mathrm{MSE} = \frac{1}{nT}\sum_{i=1}^{n}\sum_{t=1}^{T}\left(Y_{i,t} - X_{i,t}\beta_1 - \sum_{j=1}^{n} I_{i,j}\phi_j\right)^2$$

です。これを最小化する係数の値を $(\hat{\beta}_1, \hat{\phi}_1, \ldots, \hat{\phi}_n)$ としましょう。ここで，ϕ_j に関する最適化の 1 階の条件を調べてみると，すべての j について

$$\hat{\phi}_j = \overline{Y}_j - \overline{X}_j\hat{\beta}_1$$

であることがすぐにわかります。また，$\hat{\phi}_i = \sum_{i=1}^{n} I_{i,j}\hat{\phi}_j$ に注意し，β_1 に関する最適化の 1 階の条件も導出すれば，

$$
\begin{aligned}
0 &= \frac{1}{nT}\sum_{i=1}^{n}\sum_{t=1}^{T} X_{i,t}\left(Y_{i,t} - X_{i,t}\hat{\beta}_1 - \hat{\phi}_i\right) \\
&= \frac{1}{nT}\sum_{i=1}^{n}\sum_{t=1}^{T} X_{i,t}\left([Y_{i,t} - \overline{Y}_i] - [X_{i,t} - \overline{X}_i]\hat{\beta}_1\right) \\
&= \frac{1}{nT}\sum_{i=1}^{n}\sum_{t=1}^{T} [X_{i,t} - \overline{X}_i]\left([Y_{i,t} - \overline{Y}_i] - [X_{i,t} - \overline{X}_i]\hat{\beta}_1\right)
\end{aligned}
$$

もわかります。最後の等式は，within 推定量の 1 階の条件に等しいので，$\hat{\beta}_1$ は within 推定量と一致します。時点の固定効果が含まれる場合や（タイプ①の）説明変数が複数存在する場合も同様の結果が成立しますので，確認してみてください。

12.2.3　R による固定効果モデルの推定

それでは R によって固定効果モデルを推定する方法を解説します。ここでは，都道府県別のパネルデータを用います。CSV ファイル prefecture.csv をオーム社 Web サイトの本書サポートページからダウンロードしてください。この CSV ファイルには，1997〜2019 年の 47 都道府県別の失業率と自殺死亡率のデータが含まれています：

pref	都道府県名	（個体：i）
year	年度	（時点：t）
suicide	自殺死亡率（単位：自殺者数/10 万人）	（被説明変数 Y_{it}）
unemp	完全失業率（単位：パーセント）	（説明変数 X_{it}）

失業などの経済的な不安定が心身の疲弊を招き，最悪の場合には自殺に至るというのは直観的にも自然な予想です。この予想を都道府県レベルのデータで検証してみましょう。

それでは，データを読み込みましょう。

```
prefdata <- readr::read_csv("prefecture.csv")
prefdata %>% print(n = 4)

# A tibble: 1,081 × 4
  pref    year suicide unemp
  <chr>  <dbl>   <dbl> <dbl>
```

```
1 北海道   1997     19.6   3.7
2 青森     1997     26.5   3.9
3 岩手     1997     25.8   2.4
4 宮城     1997     18.6   3.1
# … with 1,077 more rows
# i Use `print(n = ...)` to see more rows
```

まず，式（12.3）に通常の最小二乗法を適用して得られる β_1 の推定値と，式（12.4）の within 推定により得られる β_1 の推定値が同じであることを実際の計算で確認します。被説明変数 $Y_{i,t}$ を自殺率（suicide），説明変数を失業率（unemp）として固定効果モデルをそれら 2 つの方法で推定します。

早速，各都道府県に対応するダミー変数を回帰式に含めて通常の最小二乗法を適用する方法を試してみましょう。共通の定数項をモデルに含めない場合，lm() 関数の説明変数に「-1」と追加します。また，上で述べた通り，個体効果パラメータの推定値は解釈が難しいので，unemp と時点効果に関する推定結果のみ表示します。次のコードを実行してみてください。

```
library(dplyr)
library(broom)
prefdata %>%
  lm(suicide ~ -1 + unemp + pref, data = .) %>%
  tidy() %>%
  select(term, estimate) %>%
  filter(term == "unemp")

# A tibble: 1 × 2
  term   estimate
  <chr>     <dbl>
1 unemp2     3.07
```

予想された通り，都道府県固定効果を統制した上でも失業率は自殺率を増加させるようです。この結果は「失業率が 1 パーセントポイント増えると，人口 10 万人あたりの自殺者数が約 3 人増える」と解釈できます。なお，select() は dplyr

パッケージに含まれる関数で，ティブルから一部の項目だけを抽出してティブルとして出力する関数です。

次に，被説明変数と説明変数からそれぞれの都道府県別平均を引いた変数を作成して，within 推定を実施しましょう。dplyr パッケージの group_by() と mutate() を使って，これらの変数を新しく作成することができます。次のコードを実行してください。

```
prefdata %>%
  group_by(pref) %>%
  mutate(suicidebar = mean(suicide),
         unempbar   = mean(unemp),
         suicide2   = suicide - suicidebar,
         unemp2     = unemp - unempbar) %>%
  lm(suicide2 ~ -1 + unemp2, data = .) %>%
  tidy() %>%
  select(term, estimate)
```

```
# A tibble: 1 × 2
  term   estimate
  <chr>     <dbl>
1 unemp2     3.07
```

この結果を見ると，都道府県ごとに unemp から平均を引いて作成した unemp2 の係数の推定値は先ほどの重回帰分析で得られた結果と全く同じものです。以上の結果から，式 (12.3) に通常の最小二乗法を適用して得られる β_1 の推定値と，式 (12.4) の within 推定により得られる β_1 の推定値が数値的に同じであることを確認できました。

さて，ここまでの分析では時点効果を考慮していませんでした。今度は 2 方向固定効果モデルを推定して，都道府県効果と時点効果の両方を統制して分析してみましょう。また，先ほどは固定効果モデルの推定量の性質を理解するためにあえて使いませんでしたが，実際の分析で固定効果モデルを推定する際には，fixest パッケージの feols() 関数が操作しやすく，またデータセットが大きい場合にも計算が高速なので，次はそれを使ってみましょう。付録 A.3.4 を参考にし，fixest

パッケージをインストールしてください。

feols() 関数の使用方法は lm() 関数とほとんど同じですが，固定効果を入れる場合には feols(y ～ x | fe1 + fe2) のように縦棒の後ろで固定効果とする変数を指定する必要があります。次のコードを実行してみましょう。

```
library(fixest)
prefdata %>%
  feols(suicide ~ unemp | pref + year)
OLS estimation, Dep. Var.: suicide
Observations: 1,081
Fixed-effects: pref: 47,  year: 23
Standard-errors: Clustered (pref)
        Estimate Std. Error t value Pr(>|t|)
unemp 0.770868   0.298724 2.58054 0.013121 *
---
Signif. codes:  0 '***' 0.001 '**' 0.01 '*' 0.05 '.'
                0.1 ' ' 1
RMSE: 1.76097     Adj. R2: 0.8622
```

この結果を見ると，unemp の係数の推定値は都道府県固定効果のみのモデルの結果と比べて顕著に小さくなっており，時点効果をモデルに含めないことで大きな上方バイアスがかかっていたことがわかります※2。固定効果を表示させるには，fixest パッケージの fixef() 関数を用います。

```
prefdata %>%
  feols(suicide ~ unemp | pref + year) %>%
  fixef()
```

たくさん表示されるので紙面では出力は省きます。

まとめとして，(1) 都道府県効果も時点効果も統制しないモデル，(2) 時点効果のみ統制したモデル，(3) 都道府県効果のみ統制したモデル，(4) 2 方向固定

※2　feols() は，固定効果推定をする際に必要とされる標準誤差の調整を自動的に行います。lm() と同じ標準誤差を使いたい場合には，feols() の中で vcov = "iid"と指定してください。

効果モデルの推定結果を一覧にしましょう。なお，(1) のモデルのように，パネルデータの構造を無視して，個人や時点の固定効果をモデルに含めずに OLS 回帰を行うことを，**プールされた OLS**（pooled OLS）といいます。

```
POLS <- prefdata %>%
  feols(suicide ~ unemp)
prefFE <- prefdata %>%
  feols(suicide ~ unemp | pref)
yearFE <- prefdata %>%
  feols(suicide ~ unemp | year)
TWFE <- prefdata %>%
  feols(suicide ~ unemp | pref + year)
etable(POLS, prefFE, yearFE, TWFE)
```

```
                             POLS            prefFE            yearFE             TWFE
Dependent Var.:           suicide           suicide           suicide          suicide
(Intercept)     14.87*** (0.4313)
unemp           2.017*** (0.1085) 3.067*** (0.1648) 0.5133** (0.1461) 0.7709* (0.2987)
Fixed-Effects:  ----------------- ----------------- ----------------- ----------------
pref                           No               Yes                No              Yes
year                           No                No               Yes              Yes
________________________________________________________________________________________
S.E. type                     IID          by: pref          by: year         by: pref
Observations                1,081             1,081             1,081            1,081
R2                        0.24250           0.72676           0.48386          0.87100
Within R2                      --           0.55074           0.01461          0.02275
---
Signif. codes: 0 '***' 0.001 '**' 0.01 '*' 0.05 '.' 0.1 ' ' 1
```

時点効果のみを統制した分析における unemp の係数の推定値は 0.5133 で，2 方向固定効果モデルが正しいモデルだとすると，この結果には下方バイアスが疑われます。以上の通り，パネルデータ分析においては，個人・個体効果と時点効果を固定効果として含めるかどうかによって，関心のある説明変数の係数の推定値が大きく変わることがあります。

12.3　差の差分析

12.3.1　設　定

パネルデータを用いた因果分析手法として代表的なものに，**差の差分析**（difference-in-differences: DID）があります。差の差分析の基本的な設定として，2 期間のみのパネルデータを考えましょう（$t = 1, 2$）。ある興味のあるトリートメント変数について，D_i でトリートメントの状態を表すことにします。つまり，$D_i = 1\ (0)$ であれば i はトリートメントグループ（コントロールグループ）に属するものとします。トリートメントグループに属する場合，時点 $t = 1$ と $t = 2$ の間にトリートメントを受けます。

次に，ルービンの因果モデルに基づいて，$Y_{i,t}(d)$ を「$D_i = d$ であったときの潜在的な結果変数」と定義します。したがって，実際に観測される結果変数 $Y_{i,t}$ は，

$$Y_{i,t} = D_i Y_{i,t}(1) + (1 - D_i) Y_{i,t}(0)$$

と表すことができます。関心のあるトリートメント効果の尺度として，以下の ATET_2 の推定について考えてみましょう。

$$\mathrm{ATET}_2 = \mathrm{E}[Y_{i,2}(1) - Y_{i,2}(0) \mid D_i = 1]$$

すなわち，ATET_2 は「トリートメント実施後（$t = 2$）におけるトリートメントグループに対する平均トリートメント効果」です。事象 $\{D_i = 1\}$ のもとで，$Y_{i,t} = Y_{i,t}(1)$ ですから，簡単な計算から，

$$\begin{aligned}\mathrm{ATET}_2 &= \mathrm{E}[Y_{i,2}(1) - Y_{i,1}(1) \mid D_i = 1] - \mathrm{E}[Y_{i,2}(0) - Y_{i,1}(1) \mid D_i = 1] \\ &= \mathrm{E}[Y_{i,2} - Y_{i,1} \mid D_i = 1] - \mathrm{E}[Y_{i,2}(0) - Y_{i,1}(1) \mid D_i = 1]\end{aligned} \tag{12.5}$$

と分解できます。式（12.5）右辺の第 1 項 $\mathrm{E}[Y_{i,2} - Y_{i,1} \mid D_i = 1]$ は，「トリートメントグループにおける $Y_{i,2}$ と $Y_{i,1}$ の差の平均値」を計算することで容易に推定できます。よって，残りの第 2 項 $\mathrm{E}[Y_{i,2}(0) - Y_{i,1}(1) \mid D_i = 1]$ をどのようにして推定するかが問題となります。

ここで，以下の 2 つの仮定を導入します。

仮定 1　$D_i = 1$ であるすべての i について，$Y_{i,1}(1) - Y_{i,1}(0) = 0$
仮定 2　$\mathrm{E}[Y_{i,2}(0) - Y_{i,1}(0) \mid D_i = 1] = \mathrm{E}[Y_{i,2}(0) - Y_{i,1}(0) \mid D_i = 0]$

仮定 1 は no anticipatory effect などと呼ばれる仮定で，「トリートメントを実際に受ける以前（$t = 1$）にトリートメントの影響はない」という仮定です。一見当たり前のことを言っているように思われるかもしれませんが，たとえばパンデミック下の地域の感染拡大防止策として，「来週から飲食店の営業時間を短縮する」と市長や知事がアナウンスしたとします。すると，一部の人たちは，営業時間が短縮される前に会食の予定を前倒しようと考えるでしょう。この場合，「営業時間の短縮」というトリートメントが実際に導入するよりも前に人々の行動が変化しているため，仮定 1 は満たされません。

仮定 2 は**平行トレンド**（parallel trends assumption）と呼ばれる仮定で，差の差分析を実施するうえで最も重要な仮定です。平行トレンドは，「トリートメントグループが仮想的にトリートメントを受けなかった場合の結果変数の変動」は平均的に「コントロールグループの結果変数の変動」と同じであるという仮定です。トリートメントグループにおいて，仮定 1 のもとでは $Y_{i,1} = Y_{i,1}(0)$ なので，平行トレンドの仮定は，

$$\mathrm{E}[Y_{i,2}(0) \mid D_i = 1] = \mathrm{E}[Y_{i,1} \mid D_i = 1] + \mathrm{E}[Y_{i,2} - Y_{i,1} \mid D_i = 0]$$

と言い換えることができます。この等式において，左辺の $\mathrm{E}[Y_{i,2}(0) \mid D_i = 1]$ はデータから直接推定することができない仮想的な値です。したがって，原則的に平行トレンドの仮定はデータから検証できません。この問題については 12.3.3 項において詳しく解説します。

仮定 1，2 が満たされるとしましょう。すると，式（12.5）の第 2 項 $\mathrm{E}[Y_{i,2}(0) - Y_{i,1}(1) \mid D_i = 1]$ について，以下の等式が成立します。

$$\begin{aligned}
\mathrm{E}[Y_{i,2}(0) - Y_{i,1}(1) \mid D_i = 1] &= \mathrm{E}[Y_{i,2}(0) - Y_{i,1}(0) \mid D_i = 1] \quad (\text{仮定 } 1) \\
&= \mathrm{E}[Y_{i,2}(0) - Y_{i,1}(0) \mid D_i = 0] \quad (\text{仮定 } 2) \\
&= \mathrm{E}[Y_{i,2} - Y_{i,1} \mid D_i = 0]
\end{aligned}$$

したがって，結局 ATET_2 は，

$$\mathrm{ATET}_2 = \mathrm{E}[Y_{i,2} - Y_{i,1} \mid D_i = 1] - \mathrm{E}[Y_{i,2} - Y_{i,1} \mid D_i = 0] \qquad (12.6)$$

と表せます。すなわち，「トリートメントグループにおける $Y_{i,2}$ と $Y_{i,1}$ の差の期待値」と「コントロールグループにおける $Y_{i,2}$ と $Y_{i,1}$ の差の期待値」の差をさらにとることで，ATET_2 が求められます（**図 12.3**）。これが「差の差分析」という名前の由来です。

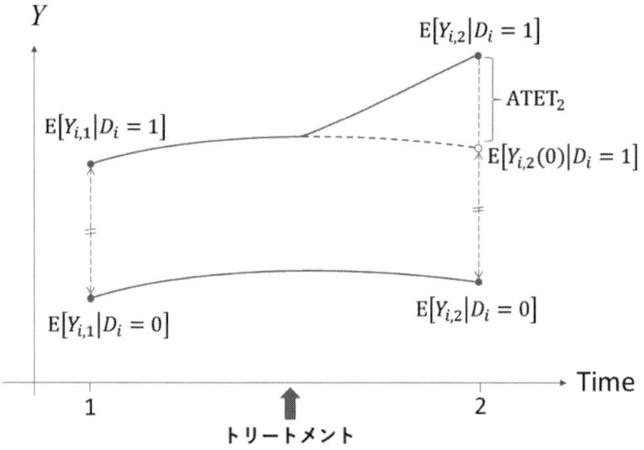

図 12.3　平行トレンド

ATET_2 の推定は，グループごとの期待値をそれぞれの標本平均に置き換えるだけです。データとして $\{(Y_{i,1}, Y_{i,2}, D_i) : i = 1, \ldots, n\}$ が得られたとします。このとき，$\hat{Y}_{t,D=1} = \sum_{i=1}^{n} D_i Y_{i,t} / \sum_{i=1}^{n} D_i$，$\hat{Y}_{t,D=0} = \sum_{i=1}^{n}(1-D_i) Y_{i,t} / \sum_{i=1}^{n}(1-D_i)$ とおけば，

$$\widehat{\mathrm{ATET}}_2 = (\hat{Y}_{2,D=1} - \hat{Y}_{1,D=1}) - (\hat{Y}_{2,D=0} - \hat{Y}_{1,D=0})$$

によって ATET_2 を推定できます。

12.3.2　回帰分析による推定

前項で説明した ATET_2 の推定量は，回帰分析によって求めることもできます。以下の 2 期間の 2 方向固定効果モデルを考えます。

$$Y_{i,t} = (\delta_{t,2} D_i)\beta_1 + \sum_{j=1}^{n} I_{i,j}\phi_j + \delta_{t,2}\psi + \epsilon_{i,t} \qquad i = 1, \ldots, n,\ \ t = 1, 2. \tag{12.7}$$

この重回帰モデルに最小二乗法を適用し，係数の推定値 $(\hat{\beta}_1, \hat{\phi}_1, \ldots, \hat{\phi}_n, \hat{\psi})$ を得たとします。このとき，簡単な計算から，

$$\begin{aligned}
\hat{Y}_{1,D=1} &= \qquad \hat{\phi}_{D=1} & (D = 1, t = 1)\\
\hat{Y}_{2,D=1} &= \hat{\beta}_1 + \ \hat{\phi}_{D=1} + \hat{\psi} & (D = 1, t = 2)\\
\hat{Y}_{1,D=0} &= \qquad \hat{\phi}_{D=0} & (D = 0, t = 1)\\
\hat{Y}_{2,D=0} &= \qquad \hat{\phi}_{D=0} + \hat{\psi} & (D = 0, t = 2)
\end{aligned} \tag{12.8}$$

となります（本章末の補足を参照)。ただし，$\hat{\phi}_{D=1}$ と $\hat{\phi}_{D=0}$ はそれぞれトリートメントグループとコントロールグループの個人効果の平均値，すなわち $\hat{\phi}_{D=1} = \sum_{i=1}^{n} D_i\hat{\phi}_i / \sum_{i=1}^{n} D_i$，$\hat{\phi}_{D=0} = \sum_{i=1}^{n}(1 - D_i)\hat{\phi}_i / \sum_{i=1}^{n}(1 - D_i)$ です。この結果から，

$$\begin{aligned}
\hat{Y}_{2,D=1} - \hat{Y}_{1,D=1} &= \hat{\beta}_1 + \hat{\psi}\\
\hat{Y}_{2,D=0} - \hat{Y}_{1,D=0} &= \hat{\psi}
\end{aligned}$$

であることがわかります。したがって，差の差分析による ATET_2 の推定量は $\hat{\beta}_1$ に一致します。すなわち，「式（12.7）の重回帰モデルの回帰係数 β_1 を最小二乗法で推定する」という方法でも，差の差分析を実施できます。また，得られた $\hat{\beta}_1$ に対して，第 5 章で説明した回帰分析における t 検定といった推測統計の手法もそのまま適用できるので，実務的にはこちらの方法のほうが便利でしょう。

実際の差の差分析による実証分析では，式（12.7）のようなシンプルなモデルではなく，説明変数を追加した以下のような重回帰モデルが主に用いられます。

$$Y_{i,t} = (\delta_{t,2} D_i)\beta_1 + X_{i,t}^{(2)}\beta_2 + \cdots + X_{i,t}^{(k)}\beta_k + \sum_{j=1}^{n} I_{i,j}\phi_j + \delta_{t,2}\psi + \epsilon_{i,t}$$

$$i = 1, \ldots, n,\ \ t = 1, 2.$$

もちろん，仮定 1，2 が成立すれば説明変数を追加せずとも差の差分析を行えます。ただし，説明変数を追加することで，回帰分析において誤差を小さくできるため，β_1（ATET_2）の推定における標準誤差が小さくなり精度の高い統計的推

論が可能となります。さらに，特に説明変数として「トリートメントグループダミー D_i と個人属性の交差項」を加えることで，平行トレンドの成否が何らかの属性に依存するような場合にも対応できます。さまざまな定式化を試し，$\hat{\beta}_1$ がどのように変化するかを確認することが重要でしょう。

12.3.3　平行トレンド仮定の検証

差の差分析を実施する際に避けられない問題が，「平行トレンドの妥当性」です。上で述べた通り，平行トレンドの仮定はデータから直接検証できません。この問題に対して多くの実証研究では，「トリートメント以前のデータを複数期間取得し，事前に平行トレンドが成立しているかを検証する」という次善の方法をとってきました。たとえば，**図 12.4** のような 3 期間データの場合，まずトリートメント以前の $t-1 \sim t$ 間のデータから $\mathrm{E}[Y_{i,t} - Y_{i,t-1} \mid D_i = 1] = \mathrm{E}[Y_{i,t} - Y_{i,t-1} \mid D_i = 0]$ を統計的にテストし，両グループで事前トレンドに差がないことを確かめます。そして，トリートメント後の $t+1$ 期においても同様の傾向が継続しているものと類推し，差の差分析を実施します。

また，平行トレンドが満たされるように，結果変数 $Y_{i,t}$ の定義を適宜変更すること（対数をとる，比率化する，等々）もしばしば行われます。

実際，以上のような手順で平行トレンドを検証することは慣例になりつつあるのですが，実は事前トレンドに基づいた方法には致命的な限界があることが Roth

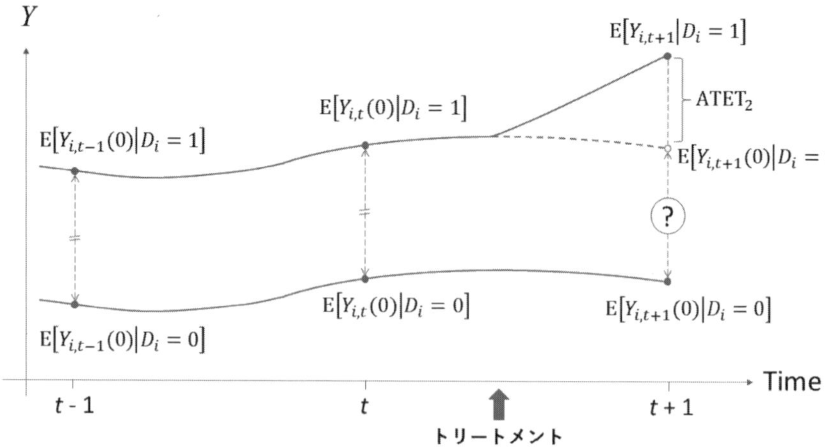

図 12.4　平行トレンド仮定の検証

(2022) [2] によって指摘されています。この問題は数値シミュレーションによって簡単に確認できます。

単純化のため期間は $t=0,1,2$ の 3 期間で，トリートメントは $t=2$ の時点で実施されるとします。トリートメント効果と時点の固定効果はゼロとし，結果変数の値は以下の式で決まるとしましょう。

$$Y_{i,t}(d) = \phi_i + tD_i + \epsilon_{i,t},\ \ i=1,\dots,n,\ \ t=0,1,2,\ \ d=0,1.$$

ここで，右辺の D_i は潜在的なトリートメント（d）ではなく，「実際のデータでトリートメントグループに属しているかどうか」を表すダミー変数です。

このとき，$t=0,1$ について以下が成り立ちます。

$$\begin{aligned}
&\mathrm{E}[Y_{i,t+1}(0) - Y_{i,t}(0) \mid D_i = 1] = 1 \\
&\mathrm{E}[Y_{i,t+1}(0) - Y_{i,t}(0) \mid D_i = 0] = 0
\end{aligned}$$

すなわち，トリートメントグループの結果変数はトリートメントを受ける以前から上昇傾向にあり，平行トレンドの仮定は満たされません。これは一種のセレクションバイアスとして解釈できます（人口が増加傾向にある地域に新しく駅を作るようなもの）。

データから事前トレンドの有無を統計的に検定するには，

$$\Delta\widehat{\mathrm{Trend}} = \underbrace{(\hat{Y}_{0,D=1} - \hat{Y}_{1,D=1})}_{\approx \mathrm{E}[Y_{i,0}(0)-Y_{i,1}(0)|D_i=1]} - \underbrace{(\hat{Y}_{0,D=0} - \hat{Y}_{1,D=0})}_{\approx \mathrm{E}[Y_{i,0}(0)-Y_{i,1}(0)|D_i=0]}$$

が十分ゼロに近いかどうか検証すればよいでしょう。その結果，もし事前トレンドの差が有意でないならば，ATET_2 の推定に進みます。ATET_2 は 2 期間の場合と同様，$\widehat{\mathrm{ATET}}_2 = (\hat{Y}_{2,D=1} - \hat{Y}_{1,D=1}) - (\hat{Y}_{2,D=0} - \hat{Y}_{1,D=0})$ で推定できます。

式（12.7）から（12.8）と同様の議論で，$\Delta\widehat{\mathrm{Trend}}$ と $\widehat{\mathrm{ATET}}_2$ は以下の重回帰モデルの β_1 と β_2 の最小二乗推定量にそれぞれ一致します。

$$\begin{aligned}
Y_{i,t} = (\delta_{t,0}D_i)\beta_1 + (\delta_{t,2}D_i)\beta_2 + \sum_{j=1}^{n} I_{i,j}\phi_j + \sum_{k\neq 1} \delta_{t,k}\psi_k + \epsilon_{i,t} \\
i=1,\dots,n,\ \ t=0,1,2.
\end{aligned}$$

モデルの設定から，平行トレンドは満たされていないので，β_1 はほとんどの場合「有意にゼロと異なる」と判定されるはずです。しかし，確率的な変動により稀にトレンドを有意に検出できず，事前トレンドテストを誤って通過してしまうことがあります。そのようなケースにおいて，$\widehat{\mathrm{ATET}}_2$ がどのような値をとるか調べてみましょう。

次のコードを実行してください。

```
n   <- 80                                 # 標本サイズ
ID  <- rep(1:n, each = 3)                 # 個人 ID
t   <- rep(c(0, 1, 2), times = n)         # 時点
D   <- rep(c(1, 0), each = 3 * (n / 2)) # トリートメント
phi <- rep(runif(n), each = 3)            # 個人効果
```

標本サイズ n は 80 とし，前半 40 人をトリートメントグループ，後半 40 人をコントロールグループに割り当てます。rep(v, each = a) はベクトル v の各要素を a 回ずつ繰り返したベクトルを作るコマンドで，同様に rep(v, times = a) は v をそのまま a 回繰り返すコマンドです。個人効果は $[0,1]$ 上の一様分布からランダムに決定します。

このシミュレーションでは，$\Delta\widehat{\mathrm{Trend}}$ の p 値が 10%以上の時に $\widehat{\mathrm{ATET}}_2$ の p 値が 10%以上か以下かを調べます。次のような関数を作成すればよいでしょう。

```
sim <- function(){
  Y     <- phi + D * t + rnorm(3 * n)
  t0D   <- D * (t == 0)
  t2D   <- D * (t == 2)
  df    <- tibble(ID, Y, D, t, t0D, t2D)
  reg   <- feols(Y ~ t0D + t2D | ID + t, data = df)
  pval  <- reg$coeftable[, 4]
  c(pval[1] < 0.1, pval[2] < 0.1)
}
```

誤差項 $\epsilon_{i,t}$ は標準正規分布から生成しています。ここで作成した sim 関数は，それを実行するたび，第 1 要素に「$\Delta\widehat{\mathrm{Trend}}$ の p 値 < 0.1」，第 2 要素に「$\widehat{\mathrm{ATET}}_2$ の p 値 < 0.1」という 2 つの論理演算の結果を返します。この関数を 500 回実行し，結果を見てみましょう。

```
nrep <- 500
res <- matrix(0, nrep, 2)

for(i in 1:nrep){
  res[i, ] <- sim()
}

# 事前トレンド非有意，ATET 非有意
sum(res[,1] == FALSE & res[,2] == FALSE)
# 事前トレンド非有意，ATET 有意
sum(res[,1] == FALSE & res[,2] == TRUE)
```

すると，事前トレンドの p 値が 10% 以上である場合，そのすべてのケースで ATET_2 が 10% 水準で有意に推定されていることがわかります。

```
# 事前トレンド非有意，ATET 非有意
sum(res[,1] == FALSE & res[,2] == FALSE)
[1] 0
# 事前トレンド非有意，ATET 有意
sum(res[,1] == FALSE & res[,2] == TRUE)
[1] 28
```

真の ATET_2 はゼロでしたから，せっかく事前トレンドテストを通過しても結果的に推定されるトリートメント効果が誤っているのでは大問題です。

なぜこのような結果になったのでしょうか。まず，時点 t におけるトリートメントグループとコントロールグループの結果変数の差は，期待値でちょうど t 異なります。

$$\mathrm{E}[Y_{i,t} \mid D_i = 1] - \mathrm{E}[Y_{i,t} \mid D_i = 0] = t$$

標本データでこれに対応する推定量は $\Delta\hat{Y}_t = \hat{Y}_{t,D=1} - \hat{Y}_{t,D=0}$ です。したがって，標本の大きさが十分ならば，$\Delta\hat{Y}_t \approx t$ となることが期待されます。また，$\Delta\widehat{\mathrm{Trend}}$ と $\widehat{\mathrm{ATET}}_2$ は，

$$\Delta\widehat{\text{Trend}} = \underbrace{\Delta\hat{Y}_0}_{\approx 0} - \Delta\hat{Y}_1, \qquad \widehat{\text{ATET}}_2 = \underbrace{\Delta\hat{Y}_2}_{\approx 2} - \Delta\hat{Y}_1$$

と表すこともできます。これを見てみると，どちらも $\Delta\hat{Y}_1$ の引き算が定義に含まれているため，両者の値は $\Delta\hat{Y}_1$ を通じて連動していることがわかります。具体的には，平均的に $\Delta\hat{Y}_1$ がゼロに近いほど $\Delta\widehat{\text{Trend}}$ はゼロに近く，$\widehat{\text{ATET}}_2$ は 2 に近くなります。したがって，「$\Delta\hat{Y}_1$ が偶然小さな値に下振れしたデータ」を引き当てるまで何度もモデルの設定やサンプリングを変えることで，真のトリートメント効果はゼロであったとしても，「事前トレンドの差が有意でなく，かつ推定された ATET_2 が有意」という実証分析する側にとって（ある意味）魅力的な結果を生み出せてしまうのです。これはいわゆる ***p* ハッキング**（p-hacking）と同じ問題です ※3。

ここで**図 12.5** を見てみましょう。破線は上のシミュレーションで $\Delta\widehat{\text{Trend}}$ が 10%有意でなかった 28 のケースについて，縦軸に $\Delta\hat{Y}_t$，横軸に t をとり図示した

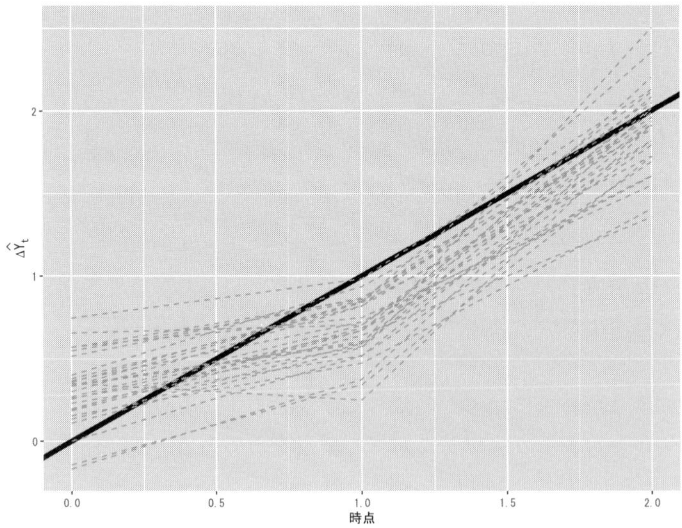

図 12.5　事前トレンドテストの罠

※3　*p* ハッキング：統計的に有意な結果を出すために，意識的にあるいは無意識的に，分析者がデータや分析手法を取捨選択することを *p* ハッキングといいます。ここでの数値シミュレーション同様，そのようにして得られた統計的有意性は単なる確率的な「ブレ」の産物である可能性が高く，結果の再現性が低いため問題視されています。

ものです。黒の実線は $\Delta\hat{Y}_t$ の期待値（すなわち t）を示しています。この図からも明らかなように，単に確率的な変動によって $\Delta\hat{Y}_1$ が期待値より下振れしたこと（さらに $\Delta\hat{Y}_0$ が上振れしたこと）が原因で，事前トレンドの差は有意でなく，かつ $\widehat{\mathrm{ATET}}_2$ が有意に検出されたのだとわかります。

それでは，事前トレンドに基づいて平行トレンドの仮定を検証することは控えるべきなのでしょうか。必ずしもそうとも限りません。まず，上の数値シミュレーションにおいても，ほとんどの場合（500 回中 472 回）は「事前トレンドに有意な差あり」と正しく判定されています。このシミュレーションでは $n = 80$ ですが，標本をさらに大きくすることで，より高い確率で誤った推論に陥ることを避けられるでしょう。またいうまでもなく，事前トレンドテストを通過するためだけに，変数定義の「微調整」を繰り返すことは p ハッキングにつながる行為ですので注意してください。結局のところ，さまざまな定式化に対して事前トレンドを検証し，推定値の頑健性から総合的に判断する方法が望ましいでしょう。

補足：式（12.8）の導出

式（12.7）の重回帰モデルを再掲します。

$$Y_{i,t} = (\delta_{t,2}D_i)\beta_1 + \sum_{j=1}^{n} I_{i,j}\phi_j + \delta_{t,2}\psi + \epsilon_{i,t}, \qquad i = 1,\ldots,n,\ \ t = 1,2.$$

最小二乗推定量 $(\hat{\beta}_1, \hat{\phi}_1, \ldots, \hat{\phi}_n, \hat{\psi})$ は以下の MSE を最小することで定まります。

$$\mathrm{MSE} = \frac{1}{2n}\sum_{i=1}^{n}\sum_{t=1}^{2}\left(Y_{i,t} - (\delta_{t,2}D_i)\beta_1 - \sum_{j=1}^{n} I_{i,j}\phi_j - \delta_{t,2}\psi\right)^2$$

ここで，最小二乗推定による残差を $\hat{e}_{i,t} = Y_{i,t} - (\delta_{t,2}D_i)\hat{\beta}_1 - \hat{\phi}_i - \delta_{t,2}\hat{\psi}$ とするとき，最小化の 1 階の条件から，

$$(1)\quad 0 = \frac{1}{n}\sum_{i=1}^{n}\sum_{t=1}^{2}(\delta_{t,2}D_i)\hat{e}_{i,t} = \frac{1}{n}\sum_{i:\,D_i=1}\hat{e}_{i,2}$$

$$(2)\quad 0 = \frac{1}{n}\sum_{i=1}^{n}\sum_{t=1}^{2} I_{i,j}\hat{e}_{i,t} = \frac{1}{n}\sum_{t=1}^{2}\hat{e}_{j,t}$$

$$(3)\quad 0 = \frac{1}{n}\sum_{i=1}^{n}\sum_{t=1}^{2} \delta_{t,2}\hat{e}_{i,t} = \frac{1}{n}\sum_{i=1}^{n}\hat{e}_{i,2}$$

を得ます。まず，(1) から $\hat{Y}_{2,D=1} = \hat{\beta}_1 + \hat{\phi}_{D=1} + \hat{\psi}$ がすぐにわかります。次に，トリートメントグループの割合を $p_T = \sum_{i=1}^{n} D_i/n$ と定義します。同様に，$p_C = \sum_{i=1}^{n}(1 - D_i)/n$ とします。すると，(3) は，

$$0 = p_T(\hat{Y}_{2,D=1} - \hat{\beta}_1 - \hat{\phi}_{D=1} - \hat{\psi}) + p_C(\hat{Y}_{2,D=0} - \hat{\phi}_{D=0} - \hat{\psi})$$

と書き換えることができます。ここで，先ほどの結果と組み合わせると，p_T のかかる項はゼロだとわかるので，$\hat{Y}_{2,D=0} = \hat{\phi}_{D=0} + \hat{\psi}$ が得られます。

(2) については j がコントロールグループの場合とトリートメントグループの場合に分けて考えます。まず，$D_j = 0$ の場合，(2) は，

$$0 = Y_{j,1} + Y_{j,2} - 2\hat{\phi}_j - \hat{\psi},\quad D_j = 0$$

を意味します。この式の両辺をコントロールグループ内で平均をとると，

$$0 = \hat{Y}_{1,D=0} + \hat{Y}_{2,D=0} - 2\hat{\phi}_{D=0} - \hat{\psi}$$

です。さらに，$\hat{Y}_{2,D=0} = \hat{\phi}_{D=0} + \hat{\psi}$ でしたから，$\hat{Y}_{1,D=0} = \hat{\phi}_{D=0}$ も得られます。最後に，$D_j = 1$ の場合についても同様の計算から $0 = \hat{Y}_{1,D=1} + \hat{Y}_{2,D=1} - \hat{\beta}_1 - 2\hat{\phi}_{D=1} - \hat{\psi}$ がわかります。これと $\hat{Y}_{2,D=1} = \hat{\beta}_1 + \hat{\phi}_{D=1} + \hat{\psi}$ から，$\hat{Y}_{1,D=1} = \hat{\phi}_{D=1}$ となります。

第 12 章のまとめ

- 同一の個体を複数期間観測したデータをパネルデータという。
- 固定効果回帰モデルを用いることで，操作変数を用いずに内生性の問題を克服できる可能性がある。
- 差の差分析からトリートメント変数の因果効果を推定するには，平行トレンドの仮定が必要。
- 平行トレンドの仮定はデータから直接検証できない。トリートメント以前のデータを使って事前トレンドの差を検証する方法には限界がある。

R によるデータ演習

本章では，最低賃金が雇用に与える影響を推定した Card and Krueger (1994) [1] のデータを用いて，差の差分析を実施してみましょう。R で固定効果モデルによる分析を実施するには，fixest パッケージを使用するのが便利です。付録 A.3.4 を参考にし，fixest パッケージをインストールしてください。minimum_wage.csv をオーム社 Web サイトの本書サポートページからダウンロードしてください。このデータには，以下の項目が含まれています。

store_id	店舗の ID 番号	（店舗 i）
post	最低賃金引き上げ後ダミー	（時点ダミー変数 $\delta_{t,2}$）
emp	従業員数	（結果変数 $Y_{i,t}^{\mathrm{emp}}$）
price	ミールセットの価格	（結果変数 $Y_{i,t}^{\mathrm{price}}$）
nj	NJ 州ダミー変数	（トリートメント変数 D_i）

労働経済学の標準的な理論では，政府により最低賃金が設定されると労働需要が減少することで雇用量が減少すると予測されています。最低賃金は本来，労働者保護のために設定されるものなのに，むしろ雇用量を減らして失業者を増やしてしまうのであれば本末転倒ということになるため，この理論的予測が正しいのかどうかは政策的に重要な論点となります。その理論的な予測をデータから検証したのが Card and Krueger (1994) です。

彼らは 1992 年に米国ニュージャージー州（NJ 州）で最低賃金が引き上げられた一方で，隣接するペンシルベニア州（PA 州）ではそうならなかったことを利用して，差の差分析を行いました。最低賃金引き上げの前後で両州のファストフード店に調査を行い，雇い入れている従業員の数やハンバーガー，フライドポテト，ドリンクのセットの価格についてのデータを集めて作成されたのが今回のデータセットです ※4。

それではデータを読み込んでみましょう。

```
mwdata <- readr::read_csv("minimum_wage.csv")
mwdata %>% print(n = 4)

# A tibble: 714 × 5
  store_id  post   emp price    nj
     <dbl> <dbl> <dbl> <dbl> <dbl>
1        6     0   5    4.72     1
```

※4 ファストフード店を対象としたのは，ファストフード店の従業員は最低賃金に近い時間給で働いていることが多いため，最低賃金の影響を受けやすいと考えられたからです。

```
2       14      0  16    4.4       1
3       26      0  41.5  2.95      1
4       27      0  13    4.25      1
# … with 710 more rows
# i Use `print(n = ...)` to see more rows
```

早速，2 方向固定効果モデルによって差の差分析を行いましょう。雇い入れている従業員の数（emp）を被説明変数として，最低賃金引き上げの効果を推定します。

```
mwdata %>%
  feols(emp ~ nj:post | store_id + post)

OLS estimation, Dep. Var.: emp
Observations: 714
Fixed-effects: store_id: 357,  post: 2
Standard-errors: Clustered (store_id)
        Estimate Std. Error t value Pr(>|t|)
nj:post  2.32583    1.45228  1.6015  0.11015
---
Signif. codes:  0 '***' 0.001 '**' 0.01 '*' 0.05 '.' 0.1 ' ' 1
RMSE: 4.3831     Adj. R2: 0.572598
               Within R2: 0.010618
```

推定値は統計的に有意ではなく，また符号も正となっており，理論的予測を積極的に支持しない結果となりました。

手動でも差の差を計算して，回帰分析による推定値と値が等しいことを確認しておきましょう。次のコードを実行してみてください。

```
mwdata %>%
  group_by(nj) %>%
  summarise(mean_post = mean(emp[post == 1]),
            mean_pre  = mean(emp[post == 0])) %>%
  mutate(diff = mean_post - mean_pre) %>%
  summarise(did = diff[nj == 1] - diff[nj == 0])

# A tibble: 1 × 1
    did
  <dbl>
1  2.33
```

四捨五入されていますが，回帰分析の結果と同じことが確認できました。

次に，ミールセットの価格（price）の対数を被説明変数として，同様の分析をしてみましょう。ただし，次のコードを実行すると，price が欠損値 NA になっている行があることがわかります。

```
mwdata %>%
  filter(is.na(price)) %>%
  print(n = 4)

# A tibble: 42 × 5
  store_id  post   emp price    nj
     <dbl> <dbl> <dbl> <dbl> <dbl>
1      234     0   8      NA     1
2      324     0  48      NA     1
3      326     0  45.5    NA     1
4      375     0  34      NA     1
# … with 38 more rows
# i Use `print(n = ...)` to see more rows
```

つまり，このデータはアンバランスドパネルデータになっています。ここでは簡単のため，1 時点でも price に欠損値があるものは除外することにして，バランスドパネルデータに変換しましょう。tidyr パッケージの drop_na() 関数を用いて，欠損値を含む行を除外することができます。次のコードを実行してみてください（出力結果は省略）。

```
mwdata %>%
  tidyr::drop_na(price) %>%
  group_by(store_id) %>%
  filter(n() == 2)
```

2 行目で price が NA になっているものを除外して，3 行目以降は，さらに price が NA ではないが片方の時点のデータがそろっていない店舗を完全に除外するために，group_by(store_id) でグループ化して店舗ごとに n() で行数を数え，その数が 2 であるものだけ（つまり 2 時点のデータがそろっている店舗だけ）になるようにフィルターをかけています。

後は，このデータフレームに feols() を適用するだけです。

```
mwdata %>%
  tidyr::drop_na(price) %>%
  group_by(store_id) %>%
```

```
  filter(n() == 2) %>%
  feols(log(price) ~ post:nj | store_id + post)

OLS estimation, Dep. Var.: log(price)
Observations: 634
Fixed-effects: store_id: 317,  post: 2
Standard-errors: Clustered (store_id)
        Estimate Std. Error t value Pr(>|t|)
post:nj 0.032525   0.014186  2.2928 0.022516 *
---
Signif. codes:  0 '***' 0.001 '**' 0.01 '*' 0.05 '.' 0.1 ' ' 1
RMSE: 0.050409     Adj. R2: 0.84979
                 Within R2: 0.015916
```

これを見ると，最低賃金の引き上げは，統計的に有意にミールセットの価格を約 3.25 パーセント上昇させたという結果になりました。これらの結果について，Card and Krueger (1994) は，雇用主が最低賃金引き上げによるコスト増加の分を雇用量によって調整するのではなく，消費者に価格転嫁した可能性があると論じています。

最低賃金引き上げは失業者の増加につながるというのが当時の労働経済学の常識でしたが，必ずしもそうではないことを因果分析によって示したこの研究は高い評価を得ました。

第 13 章 実証分析の手順

本書の最終章となる第 13 章では，実際に実証分析を行う際のプロセスや，得られた結果を解釈する際に気を付けること，また，分析の結果を報告するときの作法についてまとめておきます。実証分析を用いたレポートや卒業論文などを作成する際の参考にしてください。

13.1 データを集める

13.1.1 データの種類

実証分析を行うための，最初にして最大の一歩はデータを手に入れることです。まずはデータの種類と性格を押さえて，自分の分析の目的にはどのタイプのデータが適しているのかを見定めましょう。

社会現象の分析に用いられるデータには，大別して，**横断面データ**（cross sectional data），**時系列データ**（time series data），**パネルデータ**（panel data）の 3 種類があります。

横断面データには時間構造がなく，同時点で一度だけ観察された複数の主体（家計や個人，企業など）の情報が横断的に並んでいます。本書の R による実習で扱ったデータのほとんどが，横断面データです。

時系列データは，少数の変数について長期間にわたる継続的観察を行ったデータです。株価や為替レートなどの金融データ，GDP や失業率などのマクロ経済データの多くが時系列データです。本書では時系列データの取り扱いについては詳しく説明していませんが，第 4 章の R 実習で用いた電力使用量や気温の推移は時系列データと見なせます。

パネルデータは，複数の主体の行動を，複数時点にわたって追跡した記録からなるデータです。第 12 章で解説した通り，パネルデータを用いれば，個人の行動の変化を観察することも可能となり，計量分析に必要な多くの情報を得ることができます。

13.1.2　R の組み込みデータ

第 1 章でも紹介したように，R には分析練習用のデータがあらかじめ組み込まれています。R のコンソールに，

```
data()
```

と入力すれば，それらのデータのリストが現れます。リストには各データの内容に関する簡単な説明がありますが，もっと詳しい説明を見たいときには，

```
help("datasets")
```

を実行します。インターネットブラウザが立ち上がって，「The R Datasets Package」というタイトルの画面が現れるでしょう（RStudio を使っている場合には右下のウィンドウに表示されます）。ページ下部に，

```
[Package datasets version 4.2.1 Index]
```

というリンクがありますので，下線のある Index をクリックしてください。データの詳細解説の索引ページに移動できます。あとは，興味をもったデータの名前をクリックしてください。

しかしながら，ここに含まれるデータは自然科学や工学に関わるものも多く，すべてのデータが回帰分析の練習に適しているわけではありません。**表 13.1** に，いくつか役に立ちそうなデータをまとめておきます。

表 13.1　R の組み込みデータの例

データ名	内容
attitude	金融機関に勤める事務職員を対象に実施したサーベイデータ
cars	自動車のスピードと，ブレーキを掛けてから停止するまでの距離の関係
esoph	食道ガンの発生と生活習慣の関係
iris	さまざまな品種のアヤメの形態に関するデータ
LifeCycleSavings	貯蓄に関する国別データ
ToothGrowth	実験用モルモットの歯の成長データ
women	アメリカ女性の体重と身長の関係

これらのデータは最初からRに読み込まれています。もし，womenを使いたいのであれば，womenというコードを実行すればデータを呼び出せます。散布図を描くのであれば，

```
plot(women)
```

と入力するだけで十分ですし，

```
lm(height ~ weight, data = women)
```

とすれば回帰分析が実行されます。

13.1.3 Rパッケージの付属データ

以上の組み込みデータは，いずれも小さなものであり，得られる情報も限られています。さらに多様なデータを使いたいときには，何らかの分析手法に関するRのパッケージをダウンロードすれば，実習用のデータセットも一緒に付いてくることがあります。たとえば，パネルデータ分析用のパッケージplmには，回帰分析の練習に役立ちそうなデータがいくつもが収められています（**表13.2**）。詳細は，CRANのページ（https://cran.r-project.org/web/packages/plm/）からダウンロードできるplmのマニュアルを参照してください（2022年9月現在）。

表13.2 パッケージplmに付属するデータの一例

データ名	内容
Cigar	アメリカ各州におけるタバコの価格と売上
Crime	ノースカロライナ州の各郡における犯罪認知件数，検挙率，警官の数など
EmplUK	英国における賃金と雇用
Gasoline	各国のガソリン消費量，1人あたり所得，ガソリン価格
LaborSupply	賃金と勤務時間の関係
Males	教育年数，経験年数，賃金の関係

13.1.4 学術論文の公開データ

優れた実証研究の多くは国際的な学術雑誌に発表されます。それらの雑誌のWebページには，掲載論文に使用されたデータが公開されていることがあります。

たとえば，計量経済学の有力誌である*Journal of Applied Econometrics*は，Journal of Applied Econometrics Data Archiveという名前のページを公開して

います。このページには，さまざまなデータが詳しい説明付きで多数公開されています。面白そうな論文を見つけて，そのデータを実際に用いて論文の分析を模倣してみるのは，大変よい練習になるでしょう。本書を執筆している 2022 年 9 月の時点では，Data Archive のページの所在は http://qed.econ.queensu.ca/jae/ です。

また，他にも社会科学関係の研究に用いたデータセットと分析のコードを公開するレポジトリとして，openICPSR というサービスがあり，キーワードで検索して出てきた研究のデータセットや分析用のプログラミングコードを利用することができます。本書を執筆している 2022 年 9 月の時点では，openICPSR のページの所在は https://www.openicpsr.org/openicpsr/ です。

13.1.5　非公開データの利用を申請する

研究機関などが管理する非公開のデータであっても，所定の手続きのもとで申請することで研究を目的とする貸し出しを受けられる場合があります。たとえば，東京大学社会科学研究所付属社会調査・データアーカイブ研究センターでは，民間のシンクタンクや企業などから寄託されたアンケート調査などの個票データや独自のパネル調査データの貸し出しを行っています（通称 SSJDA）。他にも，慶応義塾大学パネルデータ設計・解析センターでも家計などを対象とするパネル調査の貸し出しを行っています（通称 PDRC）。ただし，上 2 つの例は大学などの研究機関に所属していない人は利用できません。また，学部学生による利用の場合はデータセットや調査によって利用に制限がかかることがあります。詳しくは，Web サイトを参照してください。

- 東大社研社会調査・データアーカイブ研究センター
  ：https://csrda.iss.u-tokyo.ac.jp/
- 慶応大学パネルデータ設計・解析センター：https://www.pdrc.keio.ac.jp/

13.1.6　データをながめる

無事にデータが手に入ったら，最初にすべきことはデータの内容を要約したり視覚化して全容を把握することです。分析を始める前にデータにはどのような性質があるのかをざっと見ておくことは，分析の方針を立てるための重要な準備となります。

ここでは `Males1980.csv` のデータを用いて，実証分析の典型的な手順を実演しましょう。このデータは，1980〜1987年に，アメリカ合衆国の男性労働者545人を対象に実施された調査結果の一部で，教育や就労経験などの個人的属性と，1時間あたりの賃金（対数値）との関係を調べたものです。このデータには1980年における教育，就労経験と1時間あたりの賃金（対数値）が含まれています。早速読み込んでみましょう。

```
library(dplyr)
malesdata <- readr::read_csv("Males1980.csv") # データ読み込み
malesdata

# A tibble: 545 × 3
   school exper  wage
    <dbl> <dbl> <dbl>
 1     14     1 1.20
 2     13     4 1.68
 3     12     4 1.52
 4     12     2 1.89
 5     12     5 1.95
 6     10     2 0.259
 7     13     2 1.74
 8     12     2 1.21
 9     11     2 0.502
10     10     2 1.01
# … with 535 more rows
# i Use `print(n = ...)` to see more rows
```

readr::read_csv() で読み込んだ malesdata はティブルになっているので，malesdata というコードを実行すれば冒頭部分が表示され，どのような変数があるのかを確認できます。

また，summary() を使えば平均や中央値，四分位点と最小値・最大値をざっと確認することができます。

```
malesdata %>% summary()
```

```
     school           exper             wage       
 Min.   : 3.00   Min.   : 0.000   Min.   :-1.114  
 1st Qu.:11.00   1st Qu.: 2.000   1st Qu.: 1.165  
 Median :12.00   Median : 3.000   Median : 1.448  
 Mean   :11.77   Mean   : 3.015   Mean   : 1.393  
 3rd Qu.:12.00   3rd Qu.: 4.000   3rd Qu.: 1.742  
 Max.   :16.00   Max.   :11.000   Max.   : 2.822  
```

これにより，データの項目名と分布の範囲がわかります。たとえば教育年数については平均が 11.77 年，中央値が 12 年，最大値が 16.00 年ですから，多くは高校卒業程度であり，大学卒までが含まれていることがわかります。

表計算ソフトや View() 関数を使ってデータフレームそのものをながめてみるのもよいでしょう。View(malesdata) を実行すると，データフレームを簡易な表計算ソフトのようなインターフェースでながめることができます。

次のコードを実行すると，**図 13.1** が描画されます。

```
library(ggplot2)

g1 <- malesdata %>%
  ggplot(aes(x = wage)) +
  geom_histogram(bins = 15)

g2 <- malesdata %>%
  ggplot(aes(x = school)) +
  geom_histogram(bins = 15)

g3<- malesdata %>%
  ggplot(aes(x = exper)) +
  geom_histogram(bins = 15)

library(patchwork)

g1 + g2 + g3 + plot_layout(ncol = 1)
```

ここでは patchwork というパッケージを使っていますが，これは ggplot() で

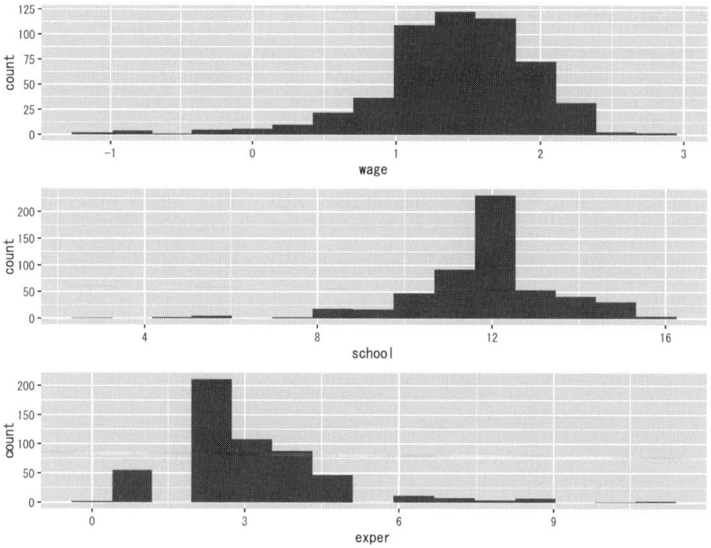

図 13.1　Males1980.csv における，賃金 wage，教育年数 school，経験年数 exper のヒストグラム

作成したグラフを簡単に並べて表示させることができるパッケージです。単純に ggplot() の出力結果を+を使って並べるだけです。plot_layout() の ncol という引数で配置する際の列数を指定しています。

さて，これを見ると，教育年数が 7 年以下，および 16 年のケースや，経験年数が 9 年以上の場合は外れ値に近いこと，経験年数の分布が大きく偏っていることなどが見て取れます。したがって，教育年数が 7 年以下であるデータなどは，異常なケースとして分析から取り除くべきかもしれません。また，経験年数の少ないデータがほとんどであることは，調査の対象となっている個人が年若いことを示唆していますので，分析結果を解釈するときには，それが比較的若い世代に関する結果であることを念頭に置くべきだということもわかります。

このように，本格的なデータ分析の前に基本的な手順を踏んで，どのような特徴の人々が含まれているのかを説明できるくらいデータセットに慣れ親しんでおくことが望ましいでしょう。

13.1.7　データの相関

データの分布の偏りだけでなく，データの相関にも気をつけましょう。被説明変数との相関の強さや正負を確認しておくことで，どのような回帰式を想定するべきかの目星が付くことがあります。また，散布図が回帰式の非線形性を示唆している場合には，1 次関数ではなく 2 次関数を用いたり，変数の対数をとるなどの加工が必要になるかもしれません。

また，説明変数間に強い相関が見られるときには，多重共線性（multicollinearity）と呼ばれる問題が生じて計算に支障をきたすこともあるので要注意です[※1]。

データ間の関係を見るためには，`cor(malesdata)` を実行すれば，次のようにすべての変数間の相関係数が出力されます。

```
        school       exper       wage
school  1.0000000    -0.57975653 0.18114299
exper   -0.5797565   1.00000000  0.07689126
wage    0.1811430    0.07689126  1.00000000
```

また `plot(malesdata)` を実行すれば，図 3.5 のように，すべての変数の組み合わせについての散布図が描かれます。

13.2　推定結果を検証する

13.2.1　統計的有意性を確認する

データの中身を一通りながめたら，回帰分析を実行しましょう。説明を簡単にするために，ここではごく単純な重回帰分析を実行するものとします。

分析結果が得られたら回帰係数の推定値を確認します。推定値の符号は，直感的に正しいものでしょうか？ t 値や p 値は有意性を示していますか？もし，理論的には正であるべきところで負の推定値が得られていたり，統計的に有意な変数がほとんどなかったりする場合には，モデルの設定を変えてみたり，変数を追加したり，場合によってはデータを追加する必要があります。

たとえば，`Males1980.csv` を用いた重回帰分析からは次のような推定結果が得られます。

※1　多重共線性が存在すると，回帰係数の分散が大きくなり推定が不安定になってしまいます。詳しくは，『R による計量経済学（第 2 版）』（秋山裕 著，オーム社）の第 8 章などを参照してください。

```
library(broom)
malesdata %>%
  lm(wage ~ school + exper, data = .) %>%
  tidy()

# A tibble: 3 × 5
  term        estimate std.error statistic  p.value
  <chr>          <dbl>     <dbl>     <dbl>    <dbl>
1 (Intercept)  -0.161     0.224     -0.718 4.73e- 1
2 school        0.108     0.0161     6.73  4.22e-11
3 exper         0.0923    0.0170     5.43  8.66e- 8
```

各回帰係数について，符号は直感に合うものですし，切片を除いて統計的な有意性は十分です。決定係数はどうでしょうか？

```
malesdata %>%
  lm(wage ~ school + exper, data = .) %>%
  glance() %>%
  select(r.squared)

# A tibble: 1 × 1
  r.squared
      <dbl>
1    0.0827
```

決定係数は 0.0827 しかありません。これは，常識的に考えて，他にも重要な説明変数が存在する可能性が高いことを示唆しています。

13.2.2 モデルを変えてみる

実は，ここまで用いたデータ Males1980.csv は，plm というパッケージに収録されている本来のデータ Males の一部を抜き出したものです。本来の Males データには，以下の**表 13.3** にある変数がすべて含まれています。

以上のすべての項目を含むデータは，Males.csv という名前のファイルとしてオーム社 Web サイトの本書サポートページでも提供しています。表 13.3 をな

表 13.3　Males データにおける変数とその定義（$n = 545$）

変数	定義
nr	個人 ID
year	1980-1987
school	教育年数
exper	職業の経験年数
union	労働組合に加盟している（yes/no）
ethn	人種（black/hispanic/other）
married	結婚している（yes/no）
health	健康に問題がある（yes/no）
wage	時給の対数値
industry	産業の種別（Agricultural, Finance, Trade など）
occupation	職業（professional, service, manager など）
residence	住居の場所

がめて，賃金の予測に役立ちそうなものを考えます。たとえば，ethn，health，industry，occupation などは，賃金と相関がありそうです。産業によって給料が高い，低いというのは当然あるでしょうし，管理職や専門職になれば昇給するでしょう。そこで，これらのデータを説明変数に加えてみます。データを読み込んで，少し整理しましょう。

```
malesdata <- readr::read_csv("Males.csv")
malesdata <- malesdata %>%
  mutate(black      = 1 * (ethn == "black"),
         industry   = as.factor(industry),
         industry   = relevel(industry,
                              ref = "Manufacturing"),
         occupation = as.factor(occupation),
         occupation = relevel(occupation,
                              ref = "Clerical_and_kindred"))
```

ここでは，まず黒人ダミー変数を作成し，その後に産業と職種を as.factor() で因子型（<fct>）に変換しています。さらに，ダミー変数は除外されるカテゴリとの比較になるので，除外するカテゴリを製造業（Manufacturing）と事務職（Clerical_and_kindred）などの一般的な業種に設定しておくと解釈しやすいでしょう。そのため，relevel() 関数を用いて，基準となるカテゴリを指定しています。

さて，これまでの推定結果と比較が可能になるように，最初はこれまでどおりに 1980 年のデータだけを用いましょう。これらの新しい変数を追加した推定結果は以下のようになりました。

```
malesdata %>%
  filter(year == 1980) %>%
  lm(wage ~ school + exper + black + health + married +
       union + industry + occupation,
     data = .) %>%
  tidy() %>%
  filter(p.value < 0.01)
```

```
# A tibble: 8 × 5
  term                          estimate std.error statistic    p.value
  <chr>                            <dbl>     <dbl>     <dbl>      <dbl>
1 school                          0.0847    0.0166      5.11 0.000000443
2 exper                           0.0625    0.0170      3.67 0.000269
3 marriedyes                      0.158     0.0596      2.66 0.00808
4 unionyes                        0.210     0.0543      3.87 0.000124
5 industryEntertainment          -0.698     0.204      -3.42 0.000674
6 industryMining                 -0.577     0.216      -2.68 0.00766
7 industryProfessional           -0.356     0.101      -3.53 0.000444
  ␣and␣Related Service
8 industryTrade                  -0.217     0.0708     -3.07 0.00229
```

ここでは見やすいように，`filter()` を使って p 値がある程度小さいものに絞って表示しています。これまでどおり，教育年数と経験年数が有意ですが，それ以外にも，結婚（marriedyes），組合への加入（unionyes），エンターテインメント産業（industryEntertainment）や鉱業（industryMining）などの産業が有意になっていることがわかります。

決定係数についても見てみましょう。

```
malesdata %>%
  filter(year == 1980) %>%
  lm(wage ~ school + exper + black + health + married +
       union + industry + occupation,
     data = .) %>%
```

```
  glance() %>%
  select(r.squared)

# A tibble: 1 × 1
  r.squared
      <dbl>
1     0.210
```

決定係数も 0.210 にまで上昇しています。

13.2.3　データを変えてみる

今度は，1980 年のデータだけでなく，1980 年から 1987 年までのすべての年のデータを用いて推定してみましょう。その結果は次のとおりです。

```
malesdata %>%
  lm(wage ~ school + exper + black + health + married +
       union + industry + occupation,
     data = .) %>%
  tidy() %>%
  filter(p.value < 0.01)

# A tibble: 15 × 5
   term                                          estimate std.error statistic  p.value
   <chr>                                            <dbl>     <dbl>     <dbl>    <dbl>
 1 (Intercept)                                     0.418    0.0695       6.02 1.93e- 9
 2 school                                          0.0845   0.00471     17.9  2.31e-69
 3 exper                                           0.0434   0.00281     15.5  1.37e-52
 4 black                                          -0.127    0.0224      -5.66 1.65e- 8
 5 marriedyes                                      0.0838   0.0152       5.52 3.55e- 8
 6 unionyes                                        0.182    0.0172      10.6  6.40e-26
 7 industryAgricultural                           -0.378    0.0524      -7.22 6.01e-13
 8 industryBusiness_and_Repair_Service            -0.143    0.0294      -4.87 1.13e- 6
 9 industryConstruction                           -0.0898   0.0297      -3.02 2.51e- 3
10 industryEntertainment                          -0.522    0.0597      -8.74 3.23e-18
11 industryPersonal_Service                       -0.150    0.0571      -2.63 8.57e- 3
12 industryProfessional_and_Related Service       -0.319    0.0312     -10.2  3.50e-24
13 industryTrade                                  -0.225    0.0210     -10.8  1.16e-26
14 occupationManagers, Officials_and_Proprietors   0.136    0.0318       4.28 1.94e- 5
15 occupationProfessional, Technical_and_kindred   0.158    0.0317       4.97 6.95e- 7
```

多くの変数について有意性が改善されています。これは，すべての年数を用いたことでデータ数が増えたことの効果でしょう。このように，データ数を増やすことで，しばしば劇的な効果が得られます。

13.2.4 推定手法を変えてみる

データ数を増やしたことで，推定の結果は大きく改善されました。しかし，この推定には改善すべき問題があります。すなわち，上の分析ではデータのパネル構造を無視して，あたかも横断面データであるかのように扱ってプールされたOLSを実施しているため，貴重な情報を無駄にしています。パネルデータでは同一の個人が何度もサンプルされているわけですから，第12章で学んだ固定効果推定を実施することができるはずです。固定効果推定では，欠落変数（例：能力など）が存在していても，時間について変化しないのであればその影響を統制することができるので，内生性を軽減できると期待できます。

そこで，固定効果推定を追加的に行ってみましょう。第12章で学んだように `fixest` パッケージを使って，個人固定効果と時点効果を入れて，2方向固定効果モデルを推定してみましょう。

```
library(fixest)
malesdata %>%
  feols(wage ~ school + exper + black + health + married +
          union + industry + occupation | nr + year) %>%
  tidy() %>%
  filter(p.value < 0.01)
```

```
Variables ’school’, ’exper’ and ’black’ have been removed
because of collinearity (see $collin.var).
# A tibble: 4 × 5
  term                                            estimate std.error statistic  p.value
  <chr>                                              <dbl>     <dbl>     <dbl>    <dbl>
1 unionyes                                          0.0828    0.0221      3.75 0.000195
2 industryEntertainment                            -0.223     0.0685     -3.25 0.00123
3 industryTrade                                    -0.106     0.0274     -3.87 0.000123
4 occupationManagers, Officials_and_Proprietors     0.0896    0.0320      2.79 0.00538
```

先ほどの推定結果と比べると，固定効果推定では多くの変数が統計的有意性を失い，統計的に有意な変数の係数も絶対値で小さくなりました。先ほどのプールされたOLSによる推定値は，効果の規模を過大に評価するバイアスが含まれていたということになります。固定効果推定によってバイアスがある程度軽減されたといえるでしょう。

ただし，出力結果の冒頭にある通り，`school`，`exper`，`black` などの変数は完全な多重共線性によって除外されてしまいました。`black` は時間について変動しないので個人固定効果を入れると効果が推定できません。また，このデータセットでは school も時間について変動しないため効果を推定することができませんでした。exper は，1 年経つごとに 1 年増えるという関係になっているので，個人固定効果と時点効果を入れると効果が推定できません。固定効果推定では特定の変数の係数を推定できなくなるという点には注意してください。

固定効果推定により一定のバイアスが解消できたといえそうですが，結婚しているか（married）や組合に加入しているか（union）などの変数は，依然としてモデルの内生変数である可能性があります。つまり，賃金が高くなったから結婚する，あるいは賃金が低くて不満がある人ほど賃金を上げるために組合に入るという，回帰分析が想定するものとは逆向きの因果関係が存在する可能性があります。したがって，これらの変数や固定効果推定では推定できない変数の因果的効果に関心がある場合には，本書の第 11 章で解説した操作変数法などを使うことが望ましいでしょう。

たとえ内生変数がある場合でも，第 5 章で解説した予測としての回帰分析は実行可能です。ただし，そのような場合では，推定結果は因果関係ではなく単に相関関係の強さを示しているにすぎなくなることを忘れないようにしてください。

13.2.5　経済学的な有意性

推定値の評価にあたっては，有意性だけでなく，その大きさも重要です。たとえば，ある回帰の結果，次のような推定値を得たとしましょう。簡単のため，変数 X_1 と X_2 はいずれも，0 か 1 の値しかとらないダミー変数であるとします。

$$\begin{array}{ccccccccc}\log Y & = & -0.2972 & + & 0.0112\ X_1 & + & 0.3234\ X_2 & + & \text{誤差} \\ & & (-2.4566) & & (3.2344) & & (2.9211) & & \end{array}$$

推定値の下の () 内に示されているのは t 値であり，変数 X_1 と X_2 はいずれも 5%の水準で有意です。

しかし，両変数の変化が Y に与える影響は大きく違います。変数 X_1 が 0 から 1 になったときには，$\log Y$ の値はおよそ 0.01 上昇します。変数 Y が微小な量 ΔY だけ増加するとき，$\log Y$ は，

$$\Delta(\log Y) = \frac{\Delta Y}{Y}$$

だけ増加します。したがって，$\log Y$ が 0.01 増加したということは，Y が 1%増加したことを意味しています。その一方で，X_2 が 0 から 1 に増加すれば，Y は

およそ32%も増加します。したがって，変数の重要さとしては，X_2 のほうが X_1 よりもはるかに上であるといえます。

より具体的な例として，Y を個人の体重，X_1 をその人の髪の毛の本数，X_2 を身長とする回帰を考えましょう。体重には髪の毛の重さも含まれるわけですから，当然のことながら，ある人の髪の毛の本数は体重に正の影響を与えています。十分に大きな標本を集めれば，髪の毛の本数が統計的に有意となることは間違いありません。

しかしながら，髪の毛の重さが体重に与える影響は，大きさとしては微々たるものであるはずです。したがって，たとえ統計的には有意であっても，その影響は無視して構わないことになります。そのようなとき，その変数は経済学的有意性（economic significance）を持たない，ということができるでしょう。

回帰分析の結果を解釈する際には，統計的有意性だけでなく，その経済学的有意性にも注意を払うようにしましょう。

13.3　実証レポートの構成

一通りの分析が終了して，満足の行く結論が得られたら，それをもとに実証レポートを書きましょう。読み手にとってわかりやすい報告にするためには，いくつか気をつけておくべきことがあります。その第一は，レポートの全体を見通しのよい構成とすることです。

典型的な実証レポートは，イントロダクション，データの説明，分析手法，分析結果，結論の各章からなります。各章に書くべき内容は次のとおりです。

1. イントロダクション

レポートの導入部分にあたるイントロダクションでは，このレポートでは一体どんな分析を行うのか，その研究テーマを簡潔に説明します。ある変数 Y を他の説明変数 $X_1, \ldots, X_d$ に回帰するとき，それらの説明変数のすべてが等しく興味深いということはありません。最も大切に思われる説明変数は $X_1, \ldots, X_d$ のうちのどれなのか，どうしてそれが重要と思われるのかを，読み手に説明してください。それが，あなたの分析のテーマです。

テーマを手っ取り早く説明する方法の1つは，既存の研究を引き合いに出すことです。高名な研究者たちが権威ある学術雑誌に発表した素晴らしい研究成果をざっと紹介したうえで，それらの既存研究があなたの研究テーマとどのように関係しているのか（どこが似ていて，どこが異なるのか）を語れば，それだけであなたの問題意識を読者に伝えることができます。「既存研究と同じ手法で同じテーマを分析するが，用いるデータが異なる」というあたりが，学生や初学者でも手のつけやすいところではないかと思います。

2. データ

次に，研究で用いるデータについて説明してください。その際には，以下のことに必ず言及してください。特に，変数の定義表と，基本統計量の表を作成することが重要です。

- **データの名称と入手方法**
  - **データの種類とサイズ**：横断面データ，時系列データ，パネルデータのいずれのタイプのデータであるのか。またその標本の大きさはどれくらいか。
  - **データの観測単位**：横断面データやパネルデータであれば，それが個人データなのか，家計データなのか，企業データなのか，観察の単位についてはっきりと説明してください。時系列データであるなら，年次・月次・日次・秒次の別に言及します。
  - **データに含まれる項目**：そのデータにはどのような変数が含まれるのか，またその計測の単位は（ドル）であるのか，（円）であるのか，それとも（kg）や（kW）なのかについて説明してください。本文中で述べるだけでなく，表13.3 のような変数の定義表を付けると読者には大変な助けになります。
  - **データの基本統計量**：データの各項目について，平均値や最大値，最小値，標準偏差などについて，表を用いて報告します。読者は，その基本統計量の表を見て，あなたがこれから分析しようとするデータの性質を判断することができます。

3. 分析手法

どのような分析手法を用いるかを説明します。場合によっては，「データ」のセクションとまとめてもよいでしょう。典型的には，どのような回帰モデルをどのように推定するのかを説明することが多いでしょう。1 つのレポートや論文では，複数の回帰モデルを推定することが多いので，その一つ一つについて詳述する必要はありませんが，最も基本となるモデルについては数式で提示すると自身の問題設定が読者に伝わりやすくなります。特に，因果的な効果を推定することに関心がある場合には，このセクションにおいてなぜその分析手法で因果関係を把握できるのかを説明する必要があるので，分析結果と同じくらい大事な部分でもあります。

このセクションに含めるとよい内容をまとめておきましょう。

- **推定する回帰モデル**：そのレポートで最も基本となる回帰モデルについては，数式で提示して，被説明変数が何か，関心のある説明変数は何かなどを説明しましょう。
- **推定手法**：回帰モデルのパラメータをどのように推定するのかを記述しましょう。たとえば，OLS なのか 2 段階最小二乗法なのか，固定効果推定なのかなどを説明します。
- **推定手法の妥当性**：因果的な効果を推定することに関心がある場合には，その推定手法によって内生性が解決できるという根拠を丁寧に論じてください。

4. 分析結果

ここがレポートの最も大切な部分です。回帰係数の推定値だけでなく，標準誤差や t 値，p 値などの有意性に関する情報について報告します。標準誤差，t 値，p 値のすべてを報告しているレポートを目にすることも多いですが，そのうちどれか 1 つがあれば，そこから他の値は推測できます。

なお，回帰式の推定は，必ず数本行いましょう。1 本の回帰式を 1 回だけ推定して結果を報告しているレポートをときどき目にしますが，他に比べるものがなければ，それがよい結果であるのかどうかの判断ができません。

理想的には 3〜5 本くらいの，異なる説明変数の組み合わせからなる回帰式を推定し，それぞれの結果を報告するように心がけましょう。

報告には，以下の内容を必ず含めます。

- **推定結果の表**：異なる説明変数の回帰式のそれぞれについて，回帰式の推定値と t 値や標準誤差などを報告します。表の形式は，**表 13.4** を参考にしてください。
- **統計的有意性の確認**：研究テーマとして選ばれた説明変数のそれぞれについて，統計的有意性を確認して報告してください。
- **推定結果の解釈**：推定値の大きさを評価して，それがどのような意味をもつ

表 13.4　分析結果表の一例

変数	被説明変数：wage		
	(i)	(ii)	(iii)
切片	0.0337 (0.0617)	0.0397 (0.0841)	—
married	0.1124*** (0.0157)	0.0838*** (0.0152)	0.0511* (0.0194)
union	0.1836** (0.0171)	0.1822*** (0.0172)	0.0828** (0.0257)
health	−0.0521 (0.0565)	−0.0331 (0.0541)	−0.0090 (0.0296)
school	0.1030*** (0.0045)	0.0845*** (0.0047)	—
exper	0.0502*** (0.0029)	0.0434*** (0.0028)	—
black	−0.1452*** (0.0232)	−0.1266*** (0.0224)	—
Industry	No	Yes	Yes
Occupation	No	Yes	Yes
Individual FE	No	No	Yes
Year FE	No	No	Yes
決定係数 (R^2)	0.1836	0.2608	0.6218
サンプルサイズ (n)	545	545	545

( ) 内は標準誤差。***：有意水準 0.1%未満で有意，**：1%，*：5%。

のか，読者に説明してください。特に，本格的な実証研究であるほど，推定結果の表が大きなものになることがあります。読者はその表のどこに注目すればよいのか，どの説明変数についての結果が興味深いのかについて，説明しましょう。

5. 結　論

レポートの内容をもう一度要約します。そのうえで，あなたのレポートの重要性を自己採点してください。今までに知られていないような瞠目すべき結果が得られたのか，それともこれまでの既存研究によるものと同じ結論が再確認されたのか等々，既存研究に比較して，自分自身の研究を評価してください。

また，今後なされるべき研究課題の検討を行うのもよいでしょう。

最後に，レポートの作成に用いた文献のリストを付けます。これで，レポートの完成です。

補足：テーブルの作成方法

レポートに掲載するテーブルをRで作成する方法について補足します。しばしば，コンソールの出力結果をそのままスクリーンショットしたりコピーペーストしてレポートに載せている人を見かけますが，見づらいですし論文としての見栄えも悪いのでやめましょう。ここでは`modelsummary`パッケージを用いたテーブル作成方法を解説します。

記述統計表

`modelsummary`パッケージの`datasummary_skim()`関数を用いると簡単に記述統計のテーブルが作成できます。引き続き，`Males.csv`を用います。

```
malesdata <- readr::read_csv("Males.csv")
```

早速，次のコードを実行してみてください。

```
library(modelsummary)
library(dplyr)
malesdata %>%
  datasummary_skim(hisogram = FALSE)
```

Rを単体で使っていればブラウザのウィンドウに，RStudioを使っていれば右下のウィンドウにHTMLをレンダリングしたテーブルが表示されるはずです。ただし，デフォルトでは数値型の変数しかテーブルに含まれないので，以下のコードのように数値型に変換しておきましょう。

```
malesdata <- malesdata %>%
  mutate(union   = 1 * (union == "yes"),
         black   = 1 * (ethn == "black"),
         married = 1 * (married == "yes"),
         health  = 1 * (health == "yes"))

malesdata %>%
  select(wage, married, union, health,
```

```
          school, exper, black) %>%
  datasummary_skim(histogram = FALSE,
                   fmt       = "%.2f",
                   output    = "table1.docx")
```

ここでは datasummary_skim(output = "table1.docx") としていますが，このようにすると，そのテーブルを Microsoft Word の DOCX ファイルに出力したものが作業ディレクトリに保存されます。.docx 拡張子の前の部分には任意のファイル名を指定できます。そのファイルを開くと**図 13.2** のようになります。なお，fmt = "%.2f"の 2 の部分の数字は表示する小数桁の数を指定しています。

table1.docx [互換モード] - Word

	Unique (#)	Missing (%)	Mean	SD	Min	Median	Max
wage	3631	0	1.65	0.53	-3.58	1.67	4.05
married	2	0	0.44	0.50	0.00	0.00	1.00
union	2	0	0.24	0.43	0.00	0.00	1.00
health	2	0	0.02	0.13	0.00	0.00	1.00
school	13	0	11.77	1.75	3.00	12.00	16.00
exper	19	0	6.51	2.83	0.00	6.00	18.00
black	2	0	0.12	0.32	0.00	0.00	1.00

図 13.2　datasummary_skim() によって作成した DOCX ファイルの例

推定結果表

推定結果は modelsummary パッケージの modelsummary() 関数を用いると簡単にテーブルが作成できます。3 つの回帰モデルを推定してみましょう。

```
m1 <- malesdata %>%
  feols(wage ~ married + union + health + school +
        exper + black )
m2 <- malesdata %>%
  feols(wage ~ married + union + health + school +
```

```
        exper + black + industry + occupation)
m3 <- malesdata %>%
  feols(wage ~ married + union + health + school +
        exper + black+ industry + occupation | nr + year)
```

これらの推定結果を list() 関数でリスト化し，それに対し modelsummary() を適用します。

```
list(m1, m2, m3) %>%
  modelsummary()
```

すると，datasummary_skim() と同様に HTML がレンダリングされます。同じくして，output = "latex"や output = "table2.docx"として LaTeX のコードを出力したり，DOCX ファイルを作成したりできます。また，modelsummary() にはテーブルの見た目や仕様をカスタマイズするオプションがたくさんあります。いくつかの変数を非表示にしたり，変数名を変更したり，備考を追加したりすることができます。詳細は割愛しますが，次のコードを実行すると，**図 13.3** のような DOCX ファイルが作成されます。

```
rows <- tribble(~term, ~`Model 1`, ~`Model 2`, ~`Model 3`,
                "Industry",      "No", "Yes", "Yes",
                "Occupation",    "No", "Yes", "Yes",
                "Individual FE", "No", "No",  "Yes",
                "Year FE",       "No", "No",  "Yes")
attr(rows, "position") <- 15:18
msummary(list(m1, m2, m3),
         coef_omit   = "industry|occupation",
         coef_rename = c("(Intercept)" = "切片"),
         gof_map     = "nobs",
         add_rows    = rows,
         stars        = TRUE,
         output       = "table2.docx",
         notes        = "備考：対数賃金を被説明変数として線形回帰モデル
を最小二乗法により推定して得られた推定値。丸括弧内は標準誤差。")
```

table2.docx [互換モード] - Word

	Model 1	Model 2	Model 3
切片	0.034	0.040	
	(0.062)	(0.084)	
married	0.112***	0.084***	0.051*
	(0.016)	(0.015)	(0.021)
union	0.184***	0.182***	0.083***
	(0.017)	(0.017)	(0.022)
health	-0.052	-0.033	-0.009
	(0.057)	(0.054)	(0.048)
school	0.103***	0.084***	
	(0.004)	(0.005)	
exper	0.050***	0.043***	
	(0.003)	(0.003)	
black	-0.145***	-0.127***	
	(0.023)	(0.022)	
Industry	No	Yes	Yes
Occupation	No	Yes	Yes
Individual FE	No	No	Yes
Year FE	No	No	Yes
Num.Obs.	4360	4360	4360

備考：対数賃金を被説明変数として線形回帰モデルを最小二乗法により推定して得られた推定値。丸括弧内は標準誤差。

+ p < 0.1, * p < 0.05, ** p < 0.01, *** p < 0.001

図 13.3　modelsummary() によって作成した DOCX ファイルの例

なお，msummary() は modelsummary() と全く同じ機能の関数です。ちなみに，図 13.3 や表 13.4 のように産業カテゴリや職種カテゴリのような変数は表に入りきらないので，それ自体に関心があるわけではない場合には統制したかどうかだけを Yes, No で示すことがあります。同様に固定効果を入れたかどうか Yes, No で示すこともよくあります。また，レポートの中の表や図はなるべく自己完結であることが望ましいので，備考欄に最低限の情報を入れておくとよいでしょう。

このように modelsummary パッケージを用いることで，そのままレポートに掲載できるテーブルを簡単に作成することができます。このパッケージにはさらに多くの機能があるので，ぜひ開発者による解説 Web サイトを参照してください（https://vincentarelbundock.github.io/modelsummary/）。

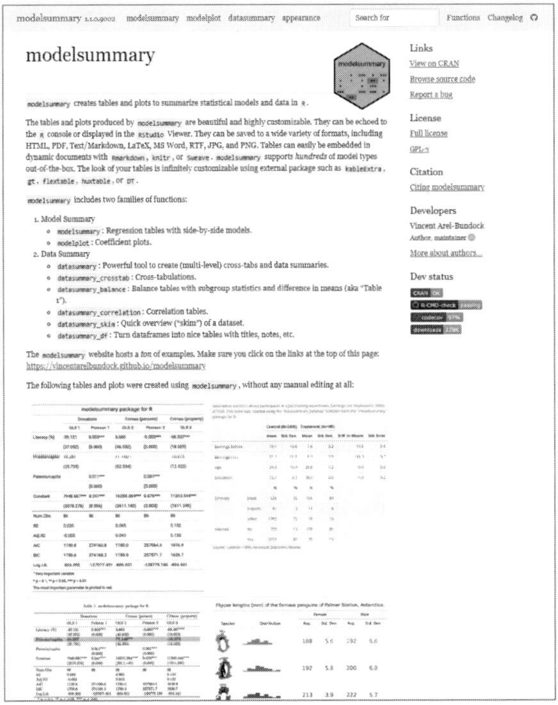

図 13.4　modelsummary 解説サイト

第 13 章のまとめ

- 複数のデータセットを使いやすくまとめているパッケージが R にはあります。
- 学術雑誌の Web ページなどにも利用可能なデータが存在します。
- データを手に入れたら，データの偏りや変数間の相関について確認しましょう。
- 回帰分析は，1 つの分析結果にとらわれず総合的に結果を判断するため，さまざまな設定で繰り返しましょう。
- 分析結果を解釈するときには，推定値の符号，大きさ，有意性に注目し，特にどの説明変数が重要であるのかを考えましょう。
- 結論が得られたらレポートの形にまとめましょう。レポートには，変数の定義表，基本統計量の表，回帰分析の結果表の 3 つを必ず載せましょう。

付　録　A
Rの導入・基本操作

A.1　統計分析ソフトR

統計分析ソフトウェアには，おなじみのマイクロソフトのExcelにはじまり，さまざまな種類のものがあります。それぞれのソフトウェアにそれぞれの利点・欠点がありますが，本書で使用する統計分析ソフトウェアRには，他のソフトウェアと比べて勝っている特徴が主に3つあげられます。

まず第一に，なんといってもフリーソフトウェアであること。すなわち，Rは無料です。通常の市販の統計分析ソフトウェアは数万円から，高いものでは数十万円までしますが，RはPCとインターネット環境さえあれば，いつでもどこでも，何回でもインストールすることができます。

第二点目は，最新の統計分析手法が素早く反映されることです。Rはオープンソースなので，世界中の研究者やRユーザーは，自身の開発したプログラムをCRANと呼ばれるネットワークを通じて自由に頒布できます。これを「パッケージ」といいます。このようなパッケージをインストールすることで，複雑なプログラムを自ら書くことなく，最新の分析手法を容易に実施できるのです。

最後に，Web上でのサポートや情報交換が充実している点があげられます。Rのコマンドやパッケージの使用方法などの解説は，すべてWebからダウンロードすることができます。また，インターネット上の資料やコミュニティフォーラムなども非常に充実しています。最近ではRに関する解説書も多く出版されるようになりました。

以上のような利点から，専門の研究者だけでなく，多くの教育現場においてもRの使用が広まっています。

A.2　Rの導入

それでは，実際にRをインストールしてみましょう。まずRの公式ページ

https://www.r-project.org

にアクセスし，ページ上部の「download R」をクリックしましょう。

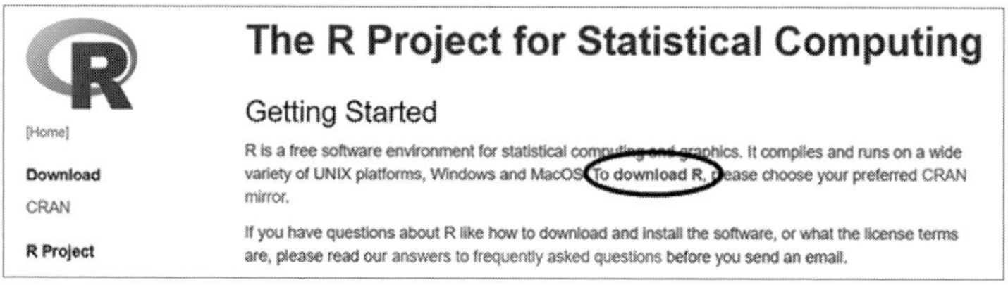

すると，Rのインストールファイルをダウンロードするサーバー（CRAN Mirror）を選択するページに移動しますので，最寄りのサーバーを選択してください。本書を執筆の時点では，日本国内では統計数理研究所（Institute of Statistical Mathematics）などから選択できます。

サーバーを選択するとCRANサイト（The Comprehensive R Archive Network）に移動します。このページの上部に「Download and Install R」という項目があります。ここでは，Linux，Mac，WindowsのうちどのOSにRをインストールするか選択します。本付録ではWindowsのPCにRを導入する方法を説明します。「Download R for Windows」をクリックしてください。

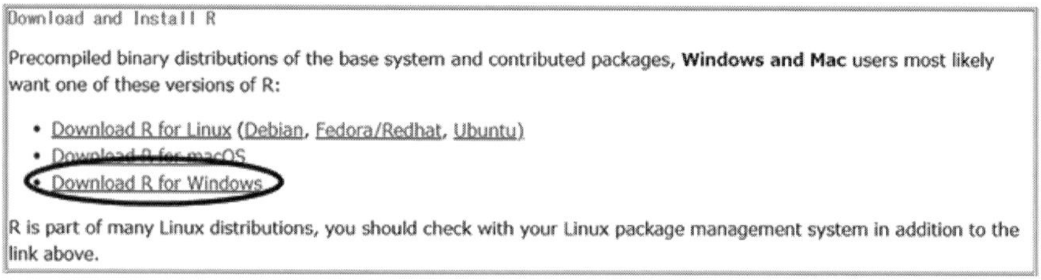

すると，R for Windowsというページに移動しますので，ページ上部右側の「install R for the first time」をクリックします。

インストーラーのダウンロードページに移動したら，「Download R “バージョ

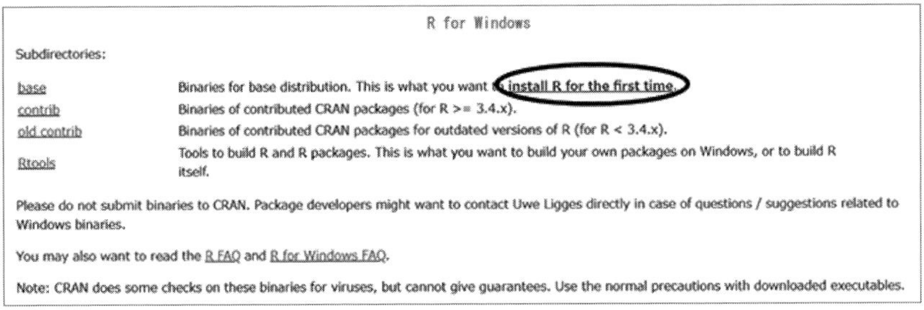

ン" for Windows」をクリックし，ダウンロードを開始します。本書を執筆の時点では，バージョン 4.2.1 が最新版となっています。最新版以前のバージョンの R をインストールしたい場合は，同ページ下部にある「Previous releases」というリンクに移動し，インストールしたいバージョンを選択してください。

すると，R-"バージョン"-win という実行ファイルがダウンロードされますので，ダブルクリックしてファイルを開いてください。「この不明な発行元からのアプリがデバイスに変更を加えることを許可しますか？」という警告が出ることもありますが，そのまま「実行」を選択し，R のインストールを開始します。

まずは言語を指定します。日本語の PC を使用している場合は，初期設定として日本語が指定されています。日本語でよければ「OK」をクリックし，次に進みます。もし日本語以外の言語を使用したいのであれば，適宜選択してください。

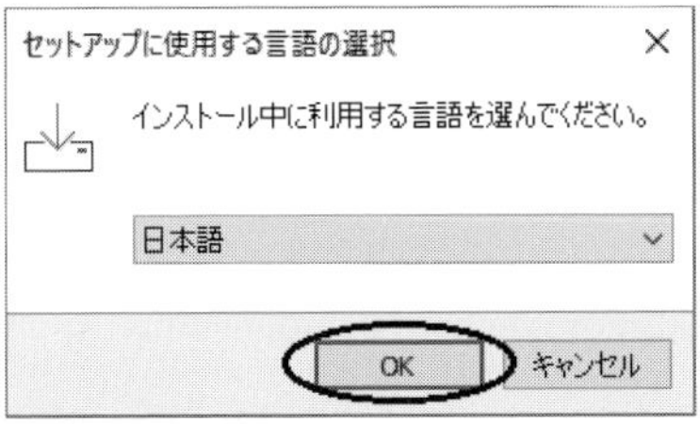

言語を選択した後，インストールの同意を求める画面が出てきますが，「次へ」をクリックして続行します。すると，R のインストール先を指定する画面が表示

されます。ここは特に変更する必要ありませんので，「次へ」をクリックします。

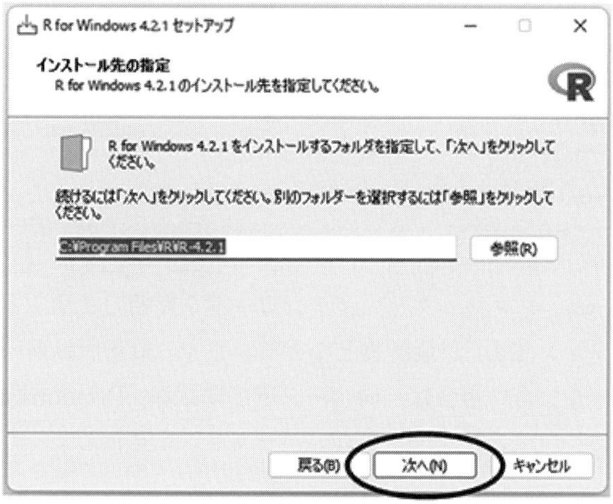

次の画面では，インストールするファイルの選択を行います。Windows版のRにはかつて32ビット版と64ビット版の2種類がありましたが，バージョン4.2.0以降は64ビット版しかリリースされていませんので，バージョン4.2.1では64ビット版しかチェックできません。「Main Files」は初回のインストールであれば必ず必要になりますので，チェックは残しておきます。「Message translations」はR起動中のメッセージの翻訳ファイルになります。不要であればチェックを外してください。必要なファイルのチェックを残し，「次に」をクリックしましょう。

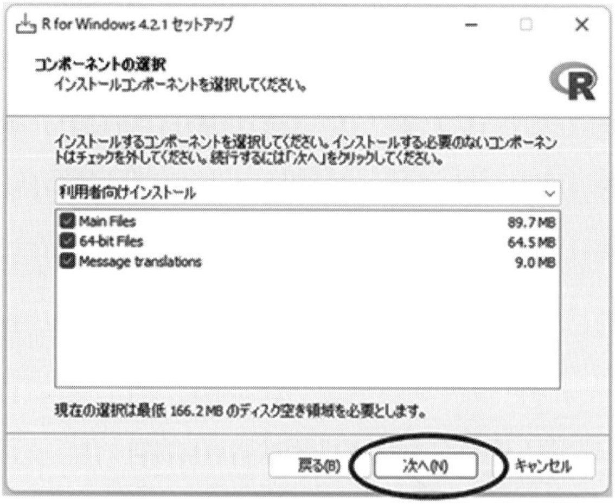

すると，R 起動時のオプションの設定画面に移動します。ここは特にカスタマイズしなくても問題ありませんが，個人的には表示モードを「MDI」から「SDI」に変更することをおすすめします。MDI とは，複数のウィンドウを大きな 1 つのウィンドウを分割して表示する方法で，SDI はそれらをそれぞれ独立したウィンドウとして表示する方法です。

オプションの選択を終えると，「プログラムグループの指定」，「追加タスクの選択」と移動しますが，ここはすべて「次へ」を選択し，R のインストールが始まります。インストールが終了したら「完了」をクリックし，R の導入は完了です。

A.3　R の基本操作

A.3.1　数式の入力

それでは早速 R を起動してみましょう。このとき最初に表示されるウィンドウを「R コンソール」といいます。コンソール画面に計算命令を送ることで，計算結果が表示されます。計算の命令は赤字で表示され，その結果は青字で表示されます。

試しに R を電卓代わりに使ってみましょう。コンソール画面に 1 + 1 と半角で直接入力し，Enter キーを押して計算を実行します。すると，すぐ下の行に計算結果の 2 が表示されます。四則演算の計算コマンドは以下のとおりです。

足し算	+
引き算	-
掛け算	*
割り算	/

計算は掛け算・割り算を優先して行われますので，たとえば 2 + 3 * 4 と入力した場合は，2 と 3×4 を足して「14」という値が計算されます。ここで，$2+3$ を先に計算し，その結果に 4 を掛けたい場合は，$2+3$ を括弧で囲い，(2 + 3) * 4 と入力します。すると計算結果は 20 となります。また，べき乗の計算には^を用います。たとえば 5 の 2 乗を計算したいときは 5^2 と入力します。

以上のような初歩的な計算でなく，複雑で長い計算を実施する場合は，数式や

値を変数に割り当ててから計算しましょう。たとえば，6 - 1 の結果を A という名前で保持しておきたい場合は，

```
A <- 6 - 1
```

と入力して割り当てを行います。すると，6 - 1 という演算の結果が A という名前に割り当てられます。A のような情報のかたまりをオブジェクトといいます。割り当てを行った以降は，A の値を知りたいときは，単に A と入力すれば見ることができます。さらに，A についての四則演算やべき乗も同様に計算できます。たとえば A^2 と入力すれば，25 という値が返ってきます。なお，<-という記号は割り当て演算子（代入演算子）といいます。

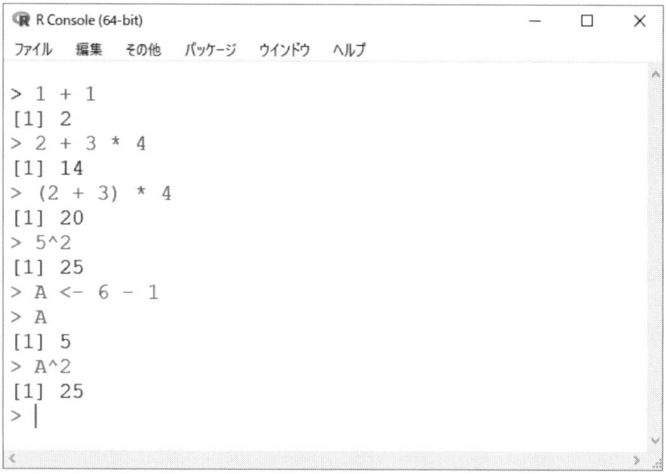

また，1 つのオブジェクトに複数の要素をまとめて格納することもできます。たとえば，B <- c(6, 7, 8) と入力すれば，6，7，8 の 3 つの数をまとめて B に保存できます。ここで，c(a, b, c, ...) は括弧内の要素を 1 つのベクトルにまとめるコマンドです。さらに，この B について四則演算やべき乗を適用した場合は，B の各要素についてそれぞれ計算が行われます。

また，プログラムの中に説明やコメントを書きたい場合は，ハッシュ記号 # の後に書きます。#の後に書かれた文章やプログラミングコードは命令として認識されません。

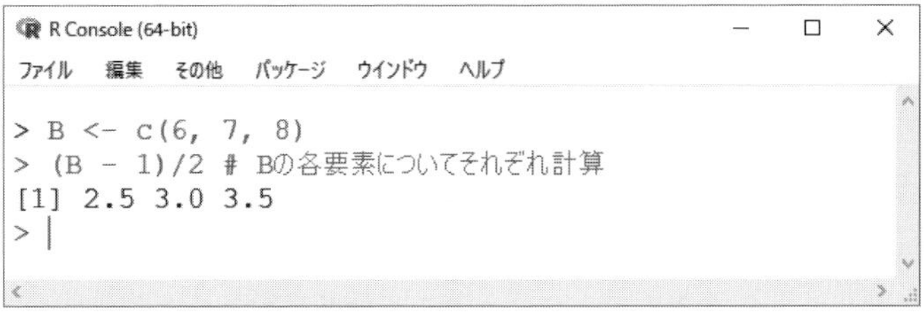

A.3.2　R スクリプトの利用

コンソールに直接計算プログラムを入力すると，R を終了したときにプログラムも消えてしまい不便です。そこで，通常は複数の命令がまとめて書いてある R スクリプトファイルを別に作成しておき，コンソール画面に貼り付けて計算を行います。R スクリプトファイルは.R 拡張子を持つテキストファイルです。

新しく R スクリプトファイルを作成するには，メニューバーの「ファイル」から「新しいスクリプト」をクリックします。すると，「R エディタ」が起動しますので，そこにコマンドを書き込んでプログラムを作成します。プログラムを実行したいときには，実行したいコマンドの行を選択し，コンソール画面にコピーペーストするか，右クリックメニューの「カーソル行または選択中の R コードを実行」を選択します。また，ショートカットキーは「Ctrl」+「R」です。

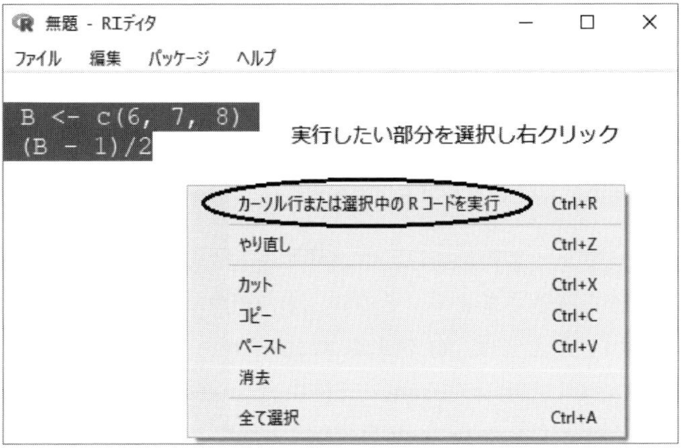

作成したスクリプトファイルを保存するには，R エディタのメニューバーの「ファイル」から「保存」を選択し，名前をつけて保存します。再び開きたいときは，R コンソールのメニューバーの「ファイル」から「スクリプトを開く・・・」を

クリックし，開きたいRファイルを選択します。メモ帳などのテキストエディタでも開くことができます。

A.3.3　データの読み込み，基本統計の計算

Rで統計データの分析を行うには，まずデータをRに読み込ませる必要があります。Rで読むことのできるデータファイルの種類は数多くありますが，ここではCSV形式のファイルについて解説します。CSVとはcomma-separated valuesの略で，データをコンマ「,」で区切ったテキスト形式のことを指します。CSVはRを含むほとんどすべての統計分析ソフトで扱える非常に汎用性の高い形式で，Excelを使って編集や保存もできます※1。

CSVファイルには下のように，1行目に変数名，2行目以降にデータが入力されているものとします。データは数字だけでなく，文字列であっても読み込むことができます。ただし，数値は全角で入力されていると，文字列と判別されてしまいますので注意してください。

変数1	変数2	変数3
10	0.5	YES
12	0.22	NO
9	−0.1	NO

CSVファイルを読み込むコマンドは`read.csv()`を用います。たとえば，CSVファイル`data.csv`を読み込むには，

```
read.csv("data.csvの置いてある場所/data.csv")
```

とします。CSVファイルの場所は，ファイルを右クリックし，「プロパティ」の「場所」の項目から確認できます（その際，半角円マーク「¥」はスラッシュ「/」に置き換えます）。たとえば，Cドライブにフォルダ`datasets`を作り，そこに`data.csv`を置いている場合，`read.csv("C:/datasets/data.csv")`と入力することで，CSVファイル`data.csv`を読むことができます。`setwd("CSV`ファイ

※1　Excelで作ったデータをCSV形式で保存するには，Excelファイルを保存する際に「名前を付けて保存」をクリックし，「ファイルの種類」から「CSV（コンマ区切り）」を選択してください。

ルの置いてある場所")としてあらかじめ作業ディレクトリを指定してから，ファイル名だけを書き read.csv("data.csv") でデータを読むこともできます。作業ディレクトリの指定は，ファイルメニューの「ディレクトリの変更 ･･･」から CSV ファイルの置いてあるフォルダを選択する方法でも可能です。

このCSVファイル data.csv には，ある 17 人の個人について，1 列目に個人番号（ID），2 列目は年齢（age），3 列目に性別（sex）のデータが含まれています。

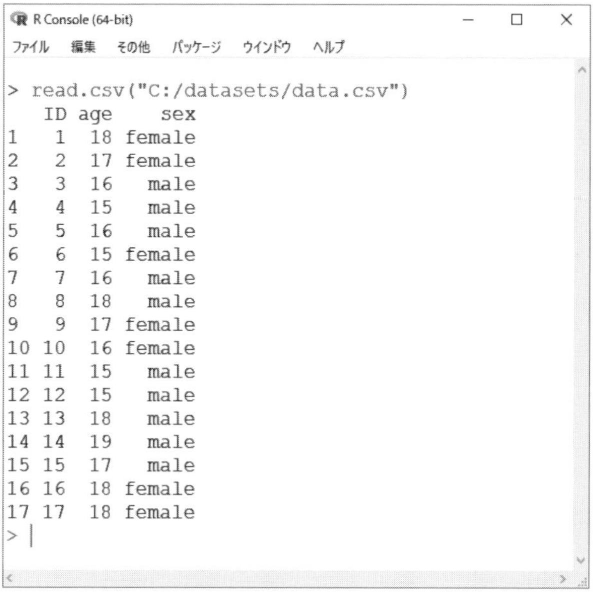

このように read.csv をそのまま実行すると，CSV ファイルの中身が表示されるだけで，データの分析が行えません。そこで，たとえば，

```
mydata <- read.csv("C:/datasets/data.csv")
```

として，データをまとめて mydata というオブジェクトに格納します。データの中身を確認するには，mydata と直接コンソールに入力する方法もありますが，サンプルサイズの大きなデータの場合は画面一杯にデータが表示されてしまい不便です。そのようなときには，head() というコマンドを使い，データの最初の一部分だけを表示させましょう。

```
> mydata <- read.csv("C:/datasets/data.csv")
> head(mydata)
  ID age    sex
1  1  18 female
2  2  17 female
3  3  16   male
4  4  15   male
5  5  16   male
6  6  15 female
> |
```

また，データの1つの変数項目だけを取り出したいときは，mydata$項目名として半角ドルマーク$の後に項目名を指定します。たとえば，年齢データを取り出すにはmydata$ageとします。さらに，平均年齢を計算したい場合はmean(mydata$age)とすれば求めることができますし，同様に，sd(mydata$age)とすれば年齢の標準偏差が，min(mydata$age)，max(mydata$age)とすれば最小値と最大値がそれぞれ計算できます。また，性別のようなカテゴリ変数については，table(mydata$sex)とすることで，各カテゴリに含まれるデータ数を取得できます。

```
> mean(mydata$age)
[1] 16.70588
> sd(mydata$age)
[1] 1.311712
> min(mydata$age)
[1] 15
> max(mydata$age)
[1] 19
>
> table(mydata$sex)

female   male
     7     10
> |
```

なお，本書ではread.csv()関数だけでなく，readrパッケージに含まれるread_csv()関数も用います。利用方法に大きな違いはありませんが，read_csv()の方がより高速にデータを読み込める特徴があります。

A.3.4　パッケージのインストール・読み込み

単純な四則演算や初歩的な回帰分析であれば，R にはじめから実装されているコマンドで事足りますが，最新の統計分析手法は R に標準実装されていません。ただし，それらの多くは「パッケージ」として配布されており，パッケージをインストールすることで使用が可能です。

ここでは，第 9 章で使用する MatchIt というパッケージのインストールを例に説明しましょう。まず，パッケージをインストールするには，install.packages() 関数を用いて，

```
install.packages("MatchIt")
```

というコードを実行すればよいです。実行すると，CRAN Mirror の選択画面が現れますので，最寄りのサーバーを選択して「OK」をクリックします。

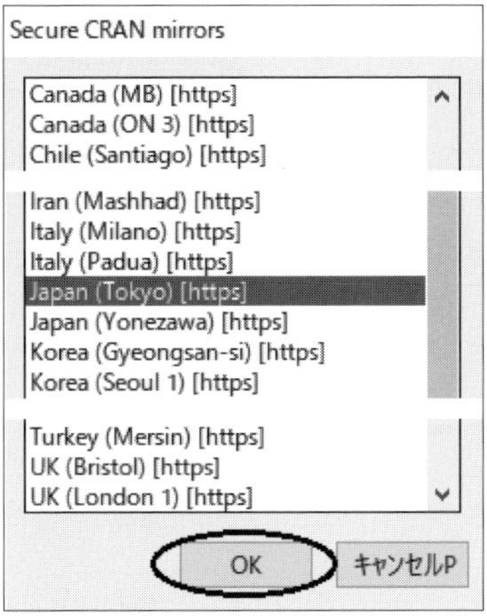

すると，パッケージのインストールが開始されるので，完了するまで待つだけです。

パッケージはインストールするだけでは使用できません。パッケージを使用するには R を起動するたびにパッケージを読み込む必要があります。パッケージを読み込むためには，library() 関数を使います。たとえば，MatchIt パッケージを読み込む場合は，

```
library(MatchIt)
```

を実行します。

A.3.5　RStudio

多くのRユーザはRStudioというソフトウェアを利用しています。これはPositという企業が開発・公開しているソフトウェアで，Rによるデータ分析を効率化するための統合開発環境です。RStudioもフリーソフトなので，無料でダウンロードすることができ，さまざまな便利な機能が備わっています。本書ではRStudioについて詳述しませんが，特に分析環境などにこだわりがないのであれば，RStudioを使うことをおすすめします。RStudioは以下のURLにあるWebサイトからダウンロードすることができます。

https://www.rstudio.com/products/rstudio/

RStudioに関する詳しい解説は浅野・中村（2018）などを参照するとよいでしょう[※2]。

※2　浅野・中村（2018）『はじめてのRStudio エラーメッセージなんかこわくない』，オーム社

付　録　B
最尤法と2値選択モデル

B.1　最尤推定

本書では，計量経済学の最も基本的なツールである最小二乗法を中心に解説を行いました。この付録Bでは，もうひとつの代表的な推定手法である**最尤法**（maximum likelihood method）について説明します。

これまでは，回帰モデル $Y = \beta_0 + \beta_1 X + \varepsilon$ の誤差項 ε について，$\mathrm{E}[\varepsilon \mid X] = 0$ となることだけを仮定していました。ここでさらに，ε は X とは独立に正規分布 $N(0, \sigma^2)$ に従うことを仮定しましょう。誤差項 ε が正規分布に従うという仮定は，X に条件をつけたときの $Y - \beta_0 - \beta_1 X$ の値が正規分布 $N(0, \sigma^2)$ に従うということを意味しています。したがって (Y, X) の同時確率密度は，

$$p(y, x \mid \beta_0, \beta_1, \sigma) = \frac{1}{\sqrt{2\pi\sigma^2}} \exp\left[-\frac{(y - \beta_0 - \beta_1 x)^2}{2\sigma^2}\right] \cdot f_X(x)$$

という式で与えられます。右辺の末尾についている f_X は X の密度関数です。

ここから大きさ n の標本 $\{(Y_i, X_i) : i = 1, \ldots, n\}$ が独立に得られたとすれば，そのような標本がまとめて得られる同時確率密度は，

$$\prod_{i=1}^{n} p(Y_i, X_i \mid \beta_0, \beta_1, \sigma)$$

のように，それぞれの観察結果が得られる確率密度の積によって与えられます。この同時確率密度の大きさをパラメータ $(\beta_0, \beta_1, \sigma)$ における**尤度**（likelihood）といいます。

直感的にいえば，未知のパラメータの組 $(\beta_0, \beta_1, \sigma)$ のもとで，実際に観測されているデータがどれだけ得られやすいのかを評価するのが尤度です。もし尤度が

0 に近いのであれば，そのパラメータのもとでは滅多に観測されないはずのデータが得られてしまったことになります。逆に尤度が大きな値をとるならば，そのパラメータのもとで生じやすそうなデータが実際に観測されているということになります。

この直感を逆手にとって，尤度が最大になるように未知パラメータ $(\beta_0, \beta_1, \sigma)$ の値を決めてしまおうというのが最尤法の発想です。尤度を $(\beta_0, \beta_1, \sigma)$ の関数として，尤度関数 $L_n(\beta_0, \beta_1, \sigma)$ で表すことにします。誤差項が正規分布に従うという仮定のもとでは，

$$L_n(\beta_0, \beta_1, \sigma) \\ = \frac{1}{(2\pi)^{n/2}\sigma^n} \exp\left[-\frac{\sum_{i=1}^n (Y_i - \beta_0 - \beta_1 X_i)^2}{2\sigma^2}\right] \cdot \prod_{i=1}^n f_X(X_i) \quad \text{(B.1)}$$

となります。あとはこの値が最大になるように $(\beta_0, \beta_1, \sigma)$ を決めます。

ここで，尤度を直接最大化するかわりに，尤度の対数

$$\ell_n(\beta_0, \beta_1, \sigma) = \log L_n(\beta_0, \beta_1, \sigma)$$

の最大化を考えます。対数関数は単調増加ですから，L_n を最大化することと ℓ_n を最大化することは同じなのです。尤度の対数をとったものを**対数尤度**（log-likelihood）といいます。尤度関数が (B.1) である場合には，対数尤度関数は，

$$\ell_n(\beta_0, \beta_1, \sigma) = -\frac{n}{2}\log 2\pi - n\log\sigma - \frac{\sum_{i=1}^n (Y_i - \beta_0 - \beta_1 X_i)^2}{2\sigma^2} \\ + \sum_{i=1}^n \log f_X(X_i)$$

となり，対数尤度関数を最大化する $(\beta_0, \beta_1, \sigma)$ が**最尤推定量**（maximum likelihood estimator）になります。対数尤度関数の最後の項 $\sum_{i=1}^n \log f_X(X_i)$ は推定パラメータに依存しないので，最大化の際に無視することができます。したがって，X の密度関数 f_X は未知でも問題ありません。

最尤推定量は，対数尤度関数を β_0, β_1, σ のそれぞれで偏微分して 0 に等しくおき，最適化の 1 階の条件を解くことで得られます。特に β_0 と β_1 について 1 階の条件を実際に計算してみれば，

$$\frac{\partial \ell_n(\beta_0, \beta_1, \sigma)}{\partial \beta_0} = \frac{\sum_{i=1}^n (Y_i - \beta_0 - \beta_1 X_i)}{\sigma^2} = 0$$

$$\frac{\partial \ell_n(\beta_0, \beta_1, \sigma)}{\partial \beta_1} = \frac{\sum_{i=1}^{n}(Y_i - \beta_0 - \beta_1 X_i)X_i}{\sigma^2} = 0$$

となりますが，これは最小二乗推定量の 1 階の条件と同値です（4.2.3 項参照）。したがって，これを解いて得られる最尤推定量は，最小二乗推定量と数値的に同じになることがわかります。ただし，最小二乗推定量と最尤推定量が一致してしまうことは，線形回帰モデルなどの一部のケースのみで生じる現象ですので，注意してください。

B.2　ロジットモデル

計量経済学における最尤法の応用例として代表的なものに，**2 値選択モデル**（binary choice model）があります。2 値選択モデルでは，被説明変数 Y は 0 か 1 のどちらかの値しかとりません。具体的には 2 値選択モデルでは，

$$Y = \begin{cases} 1 & (\beta_0 + \beta_1 X + \varepsilon \geq 0 \text{ のとき}) \\ 0 & (\beta_0 + \beta_1 X + \varepsilon < 0 \text{ のとき}) \end{cases}$$

のように，$\beta_0 + \beta_1 X + \varepsilon$ の符号によって Y の値が決定されるものと考えます。

このモデルは，たとえば「大学に行くか，行かないか」や，「都心に住むか，郊外に住むか」のように，2 つの選択肢のうち一方しか選べない場合の個人の行動を説明する際に使われます。また，本書第 9 章では傾向スコアの計算方法としても重要な役割を果たします。

このモデルにおいて，誤差項 ε が**ロジスティック分布**（logistic distribution）に従って分布しているものと仮定しましょう。ロジスティック分布の分布関数は，

$$F_\varepsilon(u) = \frac{\exp(u)}{1 + \exp(u)}$$

によって与えられます。2 値選択モデルにおいて，ε がロジスティック分布に従うことを仮定するモデルを特に**ロジットモデル**（logit model）といいます ※1。

ロジットモデルにおいて，X と Y の同時確率密度は，

※1　また，ε が標準正規分布 $N(0, 1)$ に従って分布していると仮定すれば，そのようなモデルは**プロビットモデル**（probit model）と呼ばれます。

$$p(y, x \mid \beta_0, \beta_1) = F_\epsilon(\beta_0 + \beta_1 x)^y \cdot (1 - F_\epsilon(\beta_0 + \beta_1 x))^{1-y} \cdot f_X(x)$$

によって与えられます。この分布から大きさ n の標本 $\{(Y_i, X_i) : i = 1, \ldots, n\}$ が独立に得られたとすると，

$$L_n(\beta_0, \beta_1) = \prod_{i=1}^{n} F_\epsilon(\beta_0 + \beta_1 X_i)^{Y_i} \cdot (1 - F_\epsilon(\beta_0 + \beta_1 X_i))^{1-Y_i} \cdot f_X(X_i)$$

によって尤度関数が定義されます。尤度関数 $L_n(\beta_0, \beta_1)$ の対数をとり，対数尤度関数

$$\ell_n(\beta_0, \beta_1) = \sum_{i=1}^{n} [Y_i \log F_\epsilon(\beta_0 + \beta_1 X_i) + (1 - Y_i) \log(1 - F_\epsilon(\beta_0 + \beta_1 X_i))] + \sum_{i=1}^{n} \log f_X(X_i)$$

を最大化する (β_0, β_1) を求めることで，ロジットモデルの最尤推定量が得られます。

B.3　R による推定

ロジットモデルにおいて，推定値を手計算で求めることは困難です。R を用いてロジットモデルを推定する場合には，以下のように glm() 関数を使います。

```
glm(y ~ x, family = binomial("logit"), data = mydata)
```

それでは実際のデータを使って練習してみましょう。union.csv をオーム社 Web サイトの本書サポートページからダウンロードしてください。このデータは第 13 章で用いた Males.csv を簡略化したもので，以下の項目が含まれています。

union	労働組合加入ダミー	（被説明変数 Y_i）
school	教育年数	（説明変数 X_{1i}）
black	黒人ダミー	（説明変数 X_{2i}）
married	結婚ダミー	（説明変数 X_{3i}）
wage	時間あたり賃金（単位：ドル）	（説明変数 X_{4i}）

以下では，データに含まれる男性労働者について，彼らの労働組合に入るか

$(Y=1)$，入らないか $(Y=0)$ の意思決定がどのように決まっているのかを推定してみます。まずはデータを読み込みましょう。

```
library(dplyr)
library(broom)
uniondata <- readr::read_csv("union.csv")
```

それではロジットモデルを推定します。glm の出力には summary() や tidy() が適用できます。

```
uniondata %>%
  glm(union ~ school + black + married + wage,
      family = binomial(link = "logit"),
      data = .) %>%
  tidy()

# A tibble: 5 × 5
  term        estimate std.error statistic  p.value
  <chr>          <dbl>     <dbl>     <dbl>    <dbl>
1 (Intercept)  -1.28      0.245      -5.20 1.96e- 7
2 school       -0.0500    0.0213     -2.34 1.91e- 2
3 black         0.803     0.102       7.84 4.42e-15
4 married       0.181     0.0737      2.46 1.39e- 2
5 wage          0.0892    0.0117      7.66 1.93e-14
```

因果分析においては，係数の推定値よりも，各 X のもとで $Y=1$ となる確率 $\mathrm{P}(Y=1 \mid X)$ の推定値（傾向スコア）のほうが重要になる場合があります。この確率の推定値は，

```
result <- uniondata %>%
  glm(union ~ school + black + married + wage,
      family = binomial(link = "logit"),
      data = .)
result$fitted.values
```

とすれば得られます。augment() を使っても，この確率の推定値は得られます。以下のコードを実行し，

```
result %>% augment()
```

出力されるティブルの.fitted という項目が確率の推定値です。

練習問題略解

第2章

問題 2.1

1. 解答略
2. 解答略
3. 次のプログラムの n をさまざまに変えて実行することで，標本が大きくなるにつれて標本平均が 0.5 に近づく様子を観察できます。

```
S <- 1000
n <- 1000
rec <- numeric(S)
for(i in 1:S){
  rec[i] <- mean(runif(n))
}
summary(rec)
```

問題 2.2

1. 次のコードを実行します。関数 par() を使うことで複数のプロットを 1 つのプロットとして表示させることができます。詳細については，help(par) を実行してドキュメンテーションを参照してください。

```
n <- 100
x <- runif(n)
y <- rnorm(n, 0, 1)
z <- 1.3 * x - 0.7 * y

par(mfrow=c(1, 3)) # 1 行 3 列の配置で複数の散布図を表示
plot(x, y)
plot(y, z)
plot(z, x)

w <- cbind(x, y, z) # 複数のベクトルをまとめる
```

```
cor(w)
```

代替的に，data.frame() を使ってデータフレームに変換して，plot() を適用してもよいでしょう。

```
plot(data.frame(x, y, z))
```

2. 1. のプログラムについて，n の値を増やしてみてください。

第3章

問題 3.1　データの読み込みには，次の命令を実行します。

```
> data <- read.csv("data_3_1.csv")
```

そのうえで，各問について以下の命令を実行してください。

(1) mean(data$temp)
(2) mean(data$temp[1:100])
(3) mean(sample(data$temp,100))
(4) 解答略

問題 3.2　データの読み込みには，次のコードを実行します。

```
tempdata <- read.csv("data_3_1.csv")
```

そのうえで，各問について以下のコードを実行してください。

(1) mean(tempdata$temp)
(2) mean(tempdata$temp[1:100])
(3) mean(sample(tempdata$temp, 100))
(4) 解答略

問題 3.3　データの読み込みには，次の命令を実行します。

```
icedata <- read.csv("data_3_2.csv")
```

1. アイスクリーム消費額の最大値は，

```
max(icedata$icecream)
```

によって発見できます。最大値をとる都市は，

```
which.max(icedata$icecream)
```

により，データの 17 番目の位置にある都市であることがわかります。都市の名前を直接表示させるには，

```
icedata$city[which.max(icedata$icecream)]
```

とすればよいでしょう。

2. 1. に引き続いて次の命令を実行します。

```
with(icedata, plot(icecream, income))
with(icedata, cor(icecream, income))
```

3. 2. と同様です。
4. アイスクリームの消費量は，所得とは一定の相関関係が認められるのに対して，子供の数とはほとんど無相関であるようです。

問題 3.4　いずれもほとんど同じプログラムになりますので，2. についてのみ作例を与えます。事象「$-10 < X < 10$」の成立を判定する際には，論理積「&」を用いて，(-10 < X) & (X < 10) とすることに注意しましょう。

```
S <- 1000
X <- rnorm(S, 50, 10)
rec <- numeric(S)
for(i in 1:S){
  rec[i] <- (-10 < X[i]) & (X[i] < 10)
}
mean(rec)
```

このコードを実行すると，結果は 0 となります。実際に，この事象が成立する確率の理論値を計算してみると，

```
pnorm(10, 50, 10) - pnorm(-10, 50, 10)
[1] 3.167026e-05
```

すなわち，0.00003167026 という非常に小さな値になります。標本の大きさを S = 1000000 程度にまで増やせば，理論値に近い結果が得られるでしょう。

問題 3.5

```
S <- 10000
n <- 10000
rec <- numeric(S)
```

```
for(i in 1:S){
  X <- rnorm(n, 50, 10)
  Xbar <- mean(X)
  Vn <- var(X)
  lb <- Xbar - 1.64 * sqrt(Vn / n)
  ub <- Xbar + 1.64 * sqrt(Vn / n)
  rec[i] <- (lb < 50) & (50 < ub)
}

mean(rec)
```

筆者がこのプログラムを実行したところ，0.8935 という結果が得られました。したがって，おおむね 0.9 の確率で，母集団平均 50 は信頼区間に含まれています。

第 4 章

問題 4.1

```
library(dplyr)
library(lubridate)
library(broom)

elecdata <- readr::read_csv("data_4_1.csv") # データの読み込み

# 1
elecdata <- elecdata %>%
  mutate(morning   = 1 * (6 <= time & time <= 12),  # 午前ダミー
         afternoon = 1 * (13 <= time & time <= 18)) # 午後ダミー
elecdata %>%
  select(time, morning, afternoon)

# 2
elecdata <- elecdata %>%
  mutate(date     = ymd(date),
         dow      = wday(date, label = TRUE),
         saturday = 1 * (dow == "土")) # 土曜ダミー
elecdata %>%
  filter(saturday == 1)
```

```
# 3
elecdata <- elecdata %>% # 日曜ダミーと盆休みダミー
  mutate(sunday = 1 * (dow == "日"),
         recess = 1 * ("2014-08-11" <= date & date <= "2014-08-16"))
elecdata %>%  # OLS 推定の実施
  lm(elec ~ temp + prec + sunday +
       recess + morning + afternoon + saturday,
     data = .) %>%
  tidy()
# 4
elecdata %>%
  lm(elec ~ temp + prec + sunday +
       recess + morning + afternoon + saturday,
     data = .) %>%
  glance() %>%
  pull(r.squared)
```

問題 4.2

```
library(ggplot2)

icedata <- readr::read_csv("data_3_2.csv")

# 1
icedata %>%
  ggplot(aes(x = income, y = icecream)) +
  geom_point() +
  geom_smooth(method = "lm",
              se = FALSE)

# 2
icedata %>%
  lm(icecream ~ income + u15, data = .) %>%
  glance() %>%
  pull(r.squared)
```

問題 4.3

```
library(dplyr)
```

```
library(broom)
library(ggplot2)

wagedata <- readr::read_csv("wage.csv")

# 1
wagedata %>%
  lm(log(wage) ~ educ, data = .) %>%
  augment() %>%
  ggplot(aes(x = educ, y = `log(wage)`)) +
  geom_point() +
  geom_line(colour = "blue", aes(y = .fitted))

# 2
wagedata %>%
  lm(log(wage) ~ educ + exper, data = .) %>%
  tidy()
```

第5章

問題 5.1　解答略

問題 5.2　解答略

問題 5.3

```
S <- 10000
ci.count <- numeric(S)

for(i in 1:S){
  x <- rnorm(1000, 0, 1)
  y <- 1 + 5 * x + rnorm(1000, 0, 1)
  result <- summary(lm(y ~ x))
  beta1 <- result$coefficients[2, 1]
  sigma <- result$coefficients[2, 2]
  ci.count[i] <- (abs(beta1 - 5) < 1.96 * sigma)
}

mean(ci.count)
```

筆者がこのプログラムを実行した結果，0.9496 という値が得られました。

第 6 章

問題 6.1 この記事は，「留学経験と年収の相関関係」から，留学経験が仕事上の個人能力について「正の因果的効果」を与える，ということを主張しています。一方，通常，留学経験のある個人はもともとの能力が高い傾向があるでしょう。当然，そのような個人の年収は，留学経験の有無に関わらず，高くなるはずです。したがって，留学経験と年収の相関が単なる擬似相関である可能性は排除できず，記事の主張は説得的ではありません。

問題 6.2 暑い日ほどアイスクリームは売れるでしょうし，海や川のレジャーに出かける人も多いでしょう。したがって，観察された相関は，「気温」を共通の要因とする擬似相関と考えられます。

問題 6.3 解答略

問題 6.4 $\dfrac{1}{n}\displaystyle\sum_{i=1}^{n}(Y_{1i} - Y_{0i})$

問題 6.5 ある病気の治療について，Y を寿命，D を手術療法ならば $D = 1$，薬物療法ならば $D = 0$ とします。ある患者に対しては手術療法が有効な治療法であり，また別の患者では薬物療法が有効という状況は一般的でしょう。具体的には，たとえばデータが 2 人だけの場合，各個人のトリートメント効果が $Y_{11} - Y_{01} = 1, Y_{12} - Y_{02} = -1$ だとすると，ATE はゼロになりますが，各々のトリートメント効果はゼロではありません。このように，ATE がほとんどゼロだからといって，必ずしもその処置のトリートメント効果がゼロだということにはなりません。

第 8 章

問題 8.1

1. 主張できません。この調査は，コーヒーと寿命の相関関係を示していますが，因果関係については言及できません。コーヒーを多く飲む人は，酒やたばこなど，その他の刺激の強いものも好む傾向があるかもしれず，コーヒー自体ではなくそれらの習慣が寿命に影響している可能性があります。
2. 教員 T（あるいはどちらともいえない）。コーヒーに寿命を縮める効果があるならば，コーヒーを多く飲む H 氏のほうが寿命は短くなるでしょう。一方，コーヒーと寿命が完全に無関係であっても，H 氏がその他の健康リスクの高い習慣も有している場合は寿命は短くなるかもしれませんが，そういった習慣を好まない場合は，寿命が短くなるとは限りません。

3. 寿命がのびるとは必ずしも考えられません。上の調査結果がコーヒーを飲む習慣とその他の健康リスクの高い行動が相関していることを反映しているだけであるとすると，コーヒーを飲むことだけをやめても寿命がのびるとは考えられません。ただし，コーヒー自体に実際に健康を損ねる効果がある場合，またはコーヒーの消費をやめると他の生活習慣も改められるという関係があるのであれば，寿命はのびると期待されるでしょう。
4. 個人をランダムに抽出し，「コーヒーを毎日飲むグループ」と「コーヒーを飲まないグループ」にランダムに割り当てます。その後，長期間にわたって，各グループの健康状態に差が生じるかを観察します。

問題 8.2

1. 成績のよい学生は，情報を整理する能力が高いと考えられます。したがって，図や表，数式が書きやすく，視覚的に整理しやすい方眼ノートを好む傾向があるでしょう。必ずしも，方眼ノートを使用することが成績に直接寄与するわけではなく，生徒の情報整理の能力を向上させることこそが重要です。
2. ある授業を受講している学生に対して，はじめに「方眼ノートを使うグループ」と「方眼ノートを使わないグループ」にランダムに割り当てておきます。期末試験を実施し，2 つのグループの平均点に差が生じるかを観察します。

問題 8.3　まず，最小二乗推定量 $\hat{\beta}$ は式（4.2）から，

$$\hat{\beta} = \frac{\frac{1}{n}\sum_{i=1}^{n}\left(T_i - \overline{T}_n\right)\left(Y_i - \overline{Y}_n\right)}{\frac{1}{n}\sum_{i=1}^{n}\left(T_i - \overline{T}_n\right)^2} \tag{1}$$

として求めることができます。ただし，$\overline{T}_n = \frac{1}{n}\sum_{i=1}^{n} T_i$，$\overline{Y}_n = \frac{1}{n}\sum_{i=1}^{n} Y_i$ とします。分母から先に見てみましょう。分母を展開してみると，

$$\begin{aligned}
\frac{1}{n}\sum_{i=1}^{n}\left(T_i - \overline{T}_n\right)^2 &= \frac{1}{n}\sum_{i=1}^{n}\left[T_i^2 - 2T_i\overline{T}_n + \overline{T}_n^2\right] \\
&= \frac{1}{n}\sum_{i=1}^{n} T_i^2 - \overline{T}_n^2 \\
&= \frac{1}{n}\sum_{i=1}^{n} T_i - \overline{T}_n^2 \\
&= \overline{T}_n\left(1 - \overline{T}_n\right)
\end{aligned} \tag{2}$$

となることがわかります。ここで，3 つ目の等号は，T_i が 1 か 0 の値をとる 2 値変数であることから導かれます。次に分子を展開してみましょう。

$$\begin{aligned}\frac{1}{n}\sum_{i=1}^{n}\left(T_i-\overline{T}_n\right)\left(Y_i-\overline{Y}_n\right) &= \frac{1}{n}\sum_{i=1}^{n}\left[T_iY_i-T_i\overline{Y}_n-\overline{T}_nY_i+\overline{T}_n\overline{Y}_n\right]\\ &= \frac{1}{n}\sum_{i=1}^{n}T_iY_i-\overline{T}_n\overline{Y}_n\\ &= \frac{\sum_{i=1}^{n}T_i}{n}\frac{\sum_{i=1}^{n}T_iY_i}{\sum_{i=1}^{n}T_i}-\overline{T}_n\overline{Y}_n\\ &= \overline{T}_n\frac{\sum_{i=1}^{n}T_iY_i}{\sum_{i=1}^{n}T_i}-\overline{T}_n\overline{Y}_n\end{aligned} \tag{3}$$

となります。また，

$$\begin{aligned}\overline{Y}_n &= \frac{1}{n}\sum_{i=1}^{n}Y_i\\ &= \frac{1}{n}\sum_{i=1}^{n}T_iY_i+\frac{1}{n}\sum_{i=1}^{n}(1-T_i)Y_i\\ &= \frac{\sum_{i=1}^{n}T_i}{n}\frac{\sum_{i=1}^{n}T_iY_i}{\sum_{i=1}^{n}T_i}+\frac{\sum_{i=1}^{n}(1-T_i)}{n}\frac{\sum_{i=1}^{n}(1-T_i)Y_i}{\sum_{i=1}^{n}(1-T_i)}\\ &= \overline{T}_n\frac{\sum_{i=1}^{n}T_iY_i}{\sum_{i=1}^{n}T_i}+(1-\overline{T}_n)\frac{\sum_{i=1}^{n}(1-T_i)Y_i}{\sum_{i=1}^{n}(1-T_i)}\end{aligned}$$

と表すことができるので，式（3）の最右辺に代入すると，

$$\begin{aligned}&\frac{1}{n}\sum_{i=1}^{n}\left(T_i-\overline{T}_n\right)\left(Y_i-\overline{Y}_n\right)\\ &= \overline{T}_n\frac{\sum_{i=1}^{n}T_iY_i}{\sum_{i=1}^{n}T_i}-\overline{T}_n^2\frac{\sum_{i=1}^{n}T_iY_i}{\sum_{i=1}^{n}T_i}-\overline{T}_n(1-\overline{T}_n)\frac{\sum_{i=1}^{n}(1-T_i)Y_i}{\sum_{i=1}^{n}(1-T_i)} \qquad (4)\\ &= \overline{T}_n(1-\overline{T}_n)\left[\frac{\sum_{i=1}^{n}T_iY_i}{\sum_{i=1}^{n}T_i}-\frac{\sum_{i=1}^{n}(1-T_i)Y_i}{\sum_{i=1}^{n}(1-T_i)}\right]\end{aligned}$$

が成立します。さらに，式（2），（4）を式（1）に代入することで，

$$\begin{aligned}\hat{\beta} &= \frac{\overline{T}_n\left(1-\overline{T}_n\right)}{\overline{T}_n\left(1-\overline{T}_n\right)}\left[\frac{\sum_{i=1}^{n}T_iY_i}{\sum_{i=1}^{n}T_i}-\frac{\sum_{i=1}^{n}(1-T_i)Y_i}{\sum_{i=1}^{n}(1-T_i)}\right]\\ &= \frac{\sum_{i=1}^{n}T_iY_i}{\sum_{i=1}^{n}T_i}-\frac{\sum_{i=1}^{n}(1-T_i)Y_i}{\sum_{i=1}^{n}(1-T_i)}\end{aligned}$$

となり，式（8.8）が確認できました。

参考文献

6章

[1] Donald B Rubin. Estimating causal effects of treatments in randomized and nonrandomized studies. *Journal of Educational Psychology*, Vol. 66, No. 5, pp. 688–701, 1974.

7章

[1] Jere R Behrman and Mark R Rosenzweig. Returns to birthweight. *Review of Economics and Statistics*, Vol. 86, No. 2, pp. 586–601, 2004.

[2] Stefan Boes and Stephan Nüesch. Quasi-experimental evidence on the effect of aircraft noise on apartment rents. *Journal of Urban Economics*, Vol. 69, No. 2, pp. 196–204, 2011.

[3] 小原美紀, 大竹文雄. 子どもの教育成果の決定要因. 日本労働研究雑誌, Vol. 588, pp. 67–84, 2009.

8章

[1] Guido Friebel, Matthias Heinz, Mitchell Hoffman, and Nick Zubanov. What do employee referral programs do? measuring the direct and overall effects of a management practice. 2019.

[2] Paul W Holland. Statistics and causal inference. *Journal of the American statistical Association*, Vol. 81, No. 396, pp. 945–960, 1986.

[3] Alan B Krueger. Experimental estimates of education production functions. *The Quarterly Journal of Economics*, Vol. 114, No. 2, pp. 497–532, 1999.

[4] Frederick Mosteller. The Tennessee study of class size in the early school grades. *The Future of Children*, pp. 113–127, 1995.

[5] David Romer. Do students go to class? should they? *Journal of Economic Perspectives*, Vol. 7, No. 3, pp. 167–174, 1993.

◤9章

[1] Paul J Ferraro, Craig McIntosh, and Monica Ospina. The effectiveness of the us endangered species act: An econometric analysis using matching methods. *Journal of Environmental Economics and Management*, Vol. 54, No. 3, pp. 245–261, 2007.

[2] Guido W Imbens and Donald B Rubin. *Causal inference in statistics, social, and biomedical sciences.* Cambridge University Press, 2015.

[3] Dean Lueck and Jeffrey A Michael. Preemptive habitat destruction under the endangered species act. *The Journal of Law and Economics*, Vol. 46, No. 1, pp. 27–60, 2003.

[4] Paul R Rosenbaum and Donald B Rubin. The central role of the propensity score in observational studies for causal effects. *Biometrika*, Vol. 70, No. 1, pp. 41–55, 1983.

◤10章

[1] Fernando Ferreira and Joseph Gyourko. Do political parties matter? evidence from us cities. *The Quarterly Journal of Economics*, Vol. 124, No. 1, pp. 399–422, 2009.

[2] Guido Imbens and Karthik Kalyanaraman. Optimal bandwidth choice for the regression discontinuity estimator. *The Review of Economic Studies*, Vol. 79, No. 3, pp. 933–959, 2012.

[3] David S Lee. Randomized experiments from non-random selection in us house elections. *Journal of Econometrics*, Vol. 142, No. 2, pp. 675–697, 2008.

[4] Justin McCrary. Manipulation of the running variable in the regression discontinuity design: A density test. *Journal of Econometrics*, Vol. 142, No. 2, pp. 698–714, 2008.

◤11章

[1] David Card. Using geographic variation in college proximity to estimate the return to schooling. In Louis N. Christofides, Grant E. Kenneth, and Robert Swidinsky, editors, *Aspects of Labour Market Behaviour: Essays in Honour of John Vanderkamp*, chapter 7, pp. 201–222. University of Toronto Press, Oxford, 1995.

[2] William N Evans and Jeanne S Ringel. Can higher cigarette taxes improve birth outcomes? *Journal of Public Economics*, Vol. 72, No. 1, pp. 135–154, 1999.

[3] Steven D Levitt. Using electoral cycles in police hiring to estimate the effect

of police on crime. *American Economic Review*, Vol. 87, No. 3, pp. 270–290, 1997.

12章

[1] David Card and Alan B. Krueger. Minimum wages and employment: A case study of the fast-food industry in New Jersey and Pennsylvania. *American Economic Review*, Vol. 84, No. 4, p. 772, 1994.

[2] Jonathan Roth. Pretest with caution: Event-study estimates after testing for parallel trends. *American Economic Review: Insights*, Vol. 4, No. 3, pp. 305–22, 2022.

索　引

英数字

ア　行

カ　行

ハ　行

マ　行

ヤ　行

ラ　行

ワ　行

R コマンド・パッケージ

〈著者略歴〉

星野匡郎（ほしの　ただお）

1984 年　群馬県生まれ
2007 年　早稲田大学政治経済学部卒業
2008 年　ロンドンスクールオブエコノミクス MSc 課程修了
　　　　（専攻：Local Economic Development）
2012 年　東京工業大学大学院社会理工学研究科博士後期課程修了
現　在　早稲田大学政治経済学術院准教授

■ 主な著書
『環境評価の最新テクニック』勁草書房（2011）（分担執筆）
『統計リテラシー β—データの分布—』早稲田大学出版部（2014）

田中久稔（たなか　ひさとし）

1974 年　福岡県生まれ
1997 年　早稲田大学政治経済学部卒業
2000 年　早稲田大学大学院経済学研究科修士課程修了
2013 年　ウィスコンシン大学マディソン校博士課程修了（Ph.D. in Economics）
現　在　早稲田大学政治経済学術院准教授

■ 主な著書
『経済数学』培風館（2013）（分担執筆）
『経済学入門（第 3 版）』東洋経済新報社（2015）（分担執筆）

北川梨津（きたがわ　りつ）

1997 年　大阪府生まれ
2020 年　早稲田大学政治経済学部卒業
2022 年　早稲田大学大学院経済学研究科修士課程修了
現　在　早稲田大学大学院経済学研究科博士後期課程

Rによる実証分析（第2版）
—回帰分析から因果分析へ—

2016年11月25日　第1版第1刷発行
2023年 1 月25日　第2版第1刷発行

著　者　星野匡郎
　　　　田中久稔
　　　　北川梨津
発行者　村上和夫
発行所　株式会社 オーム社
　　　　郵便番号 101-8460
　　　　東京都千代田区神田錦町 3-1
　　　　電話 03(3233)0641(代表)
　　　　URL https://www.ohmsha.co.jp/

印刷・製本　三美印刷
ISBN978-4-274-23002-8　Printed in Japan